高等院校“十二五”重点规划教材

金工实习

编　委　宋金波　齐泊洋　黄飞腾　称　义

主　编　宋金波　侯蜀昌

副主编　田　科　刘井才　王　芳

主　审　章继涛

合肥工业大学出版社

内容提要

本书是根据教育部基础课程教学指导委员会颁发的“高等工业学校金工实习教学基本要求”,结合作者多年金工实习教学经验,经结构优化、整合而成的一本机械类实习教材。

全书共分11章,主要内容包括工程材料及热处理、铸造、锻压、焊按、切削加工、车工、铣工、磨工、刨工、钳工及数控加工、特种加工等,每章均附有复习思考题。

本书适用于高等工业学校机械类、近机械类各专业的本科、专科的金工实习教材,还可供有关工程技术人员参考使用。

图书在版编目(CIP)数据

金工实习/宋金波,侯蜀昌主编.—合肥:合肥工业大学出版社,2012.6(2017.7重印)
ISBN 978-7-5650-0759-0

Ⅰ.①金… Ⅱ.①宋…②侯 Ⅲ.①金属加工—实习—高等教育—教材 Ⅳ.①TG-45

中国版本图书馆CIP数据核字(2012)第133256号

金 工 实 习

宋金波 侯蜀昌 主编　　　　责任编辑 马成勋

出 版	合肥工业大学出版社	**版 次**	2012年6月第1版
地 址	合肥市屯溪路193号	**印 次**	2017年7月第5次印刷
邮 编	230009	**开 本**	787毫米×1092毫米 1/16
电 话	总 编 室:0551—62903038	**印 张**	16
	市场营销部:0551—62903198	**字 数**	380千字
网 址	www.hfutpress.com.cn	**印 刷**	合肥现代印务有限公司
E-mail	hfutpress@163.com	**发 行**	全国新华书店

ISBN 978-7-5650-0759-0　　　　定价:35.00元

前　言

本书是根据教育部基础课程教学指导委员会颁发的“高等工业学校金工实习教学基本要求”，结合作者多年金工实习教学经验，经优化、整合而成的机械类实习教材。

全书共分11章，内容包括工程材料及热处理、铸造、锻压、焊接、切削加工、车工、铣工、磨工、刨工、钳工及数控加工、特种加工等，每章后均附有复习思考题。

本书主要有以下特点：

(1)坚持“少而精”的原则，做到内容必须够用，重点突出。

(2)全书内容深入浅出，图文并茂，直观形象。

(3)本书适合于高等学校机械类、近机械类专业4～6周金工实习教学使用。鉴于各院校实习条件和专业特点不一样，各校可根据不同专业需要，有针对性地选择不同实习内容进行教学。

(4)每章都附有实训安排，仅供各院校在做实习安排时参考。

本书由江西科技学院宋金波、江西电力职业技术学院侯蜀昌担任主编，江西科技学院田科、刘井才、王芳担任副主编。其中第1章至第3章、第5章、第7章由宋金波编写，第8章、第9章由侯蜀昌编写，第4章由王芳编写，第6章由齐泊洋编写，第10章由黄飞腾、称义编写，第11章由魏传兵编写。全书由宋金波负责统稿、定稿，江西科技学院章继涛主审。

由于编者水平有限，书中难免出现错误与不妥之处，敬请读者批评指正。

编　者

2012年6月

目　录

绪　论

机械制造业是一个国家工业的基础和重要组成部分。自第一次工业革命以来,无论是工业、农业还是交通运输业都是以机械现代化为标志的。因此机械制造业的水平也是衡量一个国家经济发展水平的重要标志。

理工科大学生应具有工程技术人员的全面素质,即不仅具有优秀的思想品质、扎实的理论基础和专业知识,而且要有解决实际工程技术问题的能力。金工实习作为大学生进行工程训练的重要环节之一,绝大多数工科专业以及部分理科专业大学生的必修课,更是学习其他技术基础课程和专业课程的重要必修课。金工实习与工程材料和机械制造基础等课程有着特殊的关系,既是机械制造基础课程的必修课,又是其实践环节和重要组成部分。在教师和有实践经验的技工的指导下进行的,学生通过亲身实践,学习机械制造的实际知识,掌握一定的操作技能,培养动手能力,并且尝试解决生产中的一些实际问题。

1. 金工实习内容

用系统的观点分析,机械制造是指将毛坯(或材料)和其他辅助材料作为原料,输入机械制造系统,经过存储、运输、加工、检验等环节,最后实现符合要求的零件或产品从系统输出。概括地讲,机械制造就是将原材料转变为成品的各种劳动总和。其过程如图0-1所示。

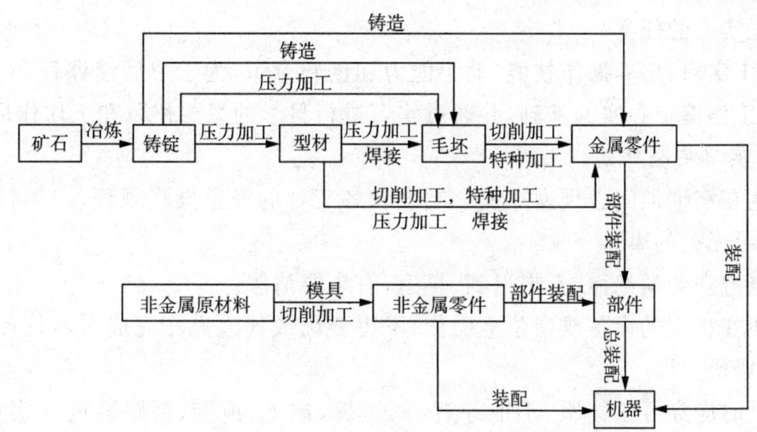

图0-1　机械制造框图

从图0-1可以看出,多数零件是先用铸造、压力加工或焊接等方法制成毛坯,再用切削加工的方法加工而成。为了改善材料的加工性能,在各工序中间常穿插各种不同的热处理，这就组成了本书十一章内容，其内容概括如下。

第 1 章为“工程材料及热处理”：主要介绍工程材料的分类以及为改善其性能所采用的常用热处理方法，为合理选材和制订铸造、锻造和焊接等加工工艺打下基础。

第 2 章至第 4 章分别介绍了毛坯制造方法“铸造、锻压和焊接”：阐述了各自的工艺基础、常用成型方法、质量分析及安全知识等。

第 5 章至第 9 章分别介绍了各种属切削加工方法：主要阐述金属切削加工的基础知识、各种加工方法所用设备、工件安装、所用刀具及安全知识等。

第 10 章、第 11 章介绍了先进制造方法：分别介绍了数控加工的基础知识、编程方法、编程举例及常用特种加工方法的基本原理、应用等。

上述各工种的实习可以通过现场教学、实际操作、参观演示及实习报告等多种形式完成教学任务。实习过程应特别强调对学生的实际动手操作的训练和考核，只有对实习过程中发现的相关问题才能进行综合分析，找到发生问题的原因，提出解决问题的方法。使学生通过实习，具有相应的工程实践能力，成为生产一线的高素质、高层次的应用型人才。教师要着重于分析综合，启发学生的思维能力，以培养学生的创新精神和解决生产实际问题的基本技巧和技能。

2. 金工实习的目的及任务

(1)金工实习的目的

◆了解机械制造的一般过程，熟悉机械零件的常用加工方法及其所用主要设备的工作原理及典型结构、工夹量具的使用以及安全操作技术。了解机械制造工艺知识和一些新工艺、新技术在机械制造中的应用。

◆ 对简单零件初步具有选择加工方法和进行工艺分析的能力，在主要工种上应具有独立完成简单零件加工制造的实践能力。

◆ 培养和锻炼具有理论联系实际、作风科学以及遵守安全技术操作、热爱劳动、爱护公物等方面的基本素质。

(2)金工实习的任务

通过金工实习，培养操作技能、动手能力和创新意识，为学习后续课程和从事与机械相关方面的工作奠定扎实的基础，并通过实习进行科学的思想作风和工作作风的培养。

3. 金工实习安全守则

(1)学生在实训期间必须遵守安全制度和各工种的安全操作规程，一切行动听指挥，严禁做与实习无关的事。

(2)严格遵守劳动纪律，不得迟到、早退，有事要请假。

(3)只能在指定的设备或岗位上操作，不得要岗或代人操作完成实习任务，也不得擅自离开实训场所。

(4)实训时应穿好工作服，不准穿背心、短裤、裙子、拖鞋、高跟鞋进入实训场所。头发过耳者必须戴工作帽方可上机操作。

(5)实训时必须按各工种要求戴防护用品，如手工电弧焊时必须戴面罩、浇注时应戴手套等。

(6)不准违章操作。未经允许，不准启动扳动任何机床、设备、电器等。

(7)不准攀登任何设备,不准在车间内追逐、打闹、喧哗以及聚众聊天。在车间内行走时应走人行通道。

(8)操作时必须单人单机操作,精神集中。

(9)若发生问题,首先切断电源,并进行必要的救助。同时保持现场,并立即报告教师和安全员。

(10)爱护财产,损坏赔偿,注意节约水、电、油和原材料。

(11)实训时应专心听讲,仔细观察、做好笔记。认真操作,不怕苦,不怕累,不怕脏。

(12)严格遵守各实训工种的安全技术要求,做到文明实训,保持良好卫生。

第1章 工程材料及热处理

【实训要求】

(1)了解金属材料的常用力学指标。

(2)了解生产中常用硬度测定方法。

(3)了解常用工程材料的种类、牌号、性能和用途。

(4)熟悉生产中常用钢材的鉴别方法。

(5)了解常用热处理设备。

(6)掌握普通热处理方法的种类、目的及应用。

(7)了解热处理常见缺陷及其控制。

【安全文明生产】

1. 安全技术操作规程

(1)在生产操作之前,首先要熟悉热处理工艺规程和所要使用的设备。

(2)在进入操作岗位之前,必须按规定穿戴好劳动防护用品。

(3)使用油浴及各种硝盐浴时要经常检查仪表指示和浴炉实际温度,严防超温起火。使用淬火冷却油槽时不得使油超温或因局部过热引起火灾。

(4)进入浴炉的零件、工具和添加的盐、脱氧剂必须经过烘烤。

操作硝盐炉、可控气氛炉、液体及气体燃料炉时,应严格按各设备的安全操作规程进行操作。

各种高压气瓶、火焰加工设备的使用和搬运应符合有关规定。

无通气孔的中空件,不允许高温加热;有盲孔的工件在盐浴炉内加热时,孔口应向上,以防引起各种爆炸事故。

(5)生产过程中产生的各种废液应按规定处理。入炉抢修煤气总阀,应戴好防毒面具,并有专人监护。渗碳及碳氮共渗时,氮碳共渗废气必须点燃。严禁在盐浴炉上烘烤食物,以防各类中毒事故的发生。

(6)打开各种火焰炉和可控气氛炉炉门时,不应站立在炉门的正面。由窥视孔观察炉膛时要保持一定距离。配制各种酸、碱溶液时,应当按规定的顺序加入。各种电气设备严禁带负荷拉合总闸,以防火焰、化学及电弧烧伤。

(7)所有电气设备、电气测温仪表,必须有可靠的绝缘及接地。电阻炉不得带电装卸零件,零件及工具不得与电热元件接触。高频设备工作时不得打开机门,接通高压后严禁人员到机后活动。检修及清洁机内元件必须先行放电,以防触电。

(8)使用砂轮机应站立在砂轮机的侧面。矫正工件时,应站立于适当的位置,防止工件折断崩出伤人。起重吊装工件应按起重吊装安全规定进行,正确堆放工件,以防砸伤。

2. 设备安全

(1)使用液体及气体燃料炉,必须经常仔细地检查设备燃料管路及空气管路是否有泄漏现象。在操作时必须注意以下几点:

◆ 点火前先将烟道闸门开到适当位置。

◆ 开动风机,将燃料室内残留的可燃气体吹清,保持炉子良好的通风,以防点火时炉内余气爆炸。

◆ 点火时先开风门,然后慢慢地打开液体或气体燃料的阀门,防止火焰回击伤人。

◆ 停炉熄火时应先关闭燃料阀门,后关闭空气阀门。

(2)在电极式盐浴炉的电极上不得放置任何金属物品,以免变压器发生短路。

(3)硝盐浴中不得混入木炭、木屑、炭黑、油和其他有机物质,以免硝盐与炭结合形成爆炸性物质而引起爆炸事故。

(4)在进行镁合金的热处理时,应特别注意防止炉子“跑温”而引起镁合金燃烧。

【讲课内容】

本章主要介绍工程材料的分类以及为改善其性能所采用的常用热处理方法,为合理选材和制订铸造、锻造和焊接等加工工艺打下基础。

1.1　材料的性能

在国民经济的各个领域需要使用大量的工程材料,但生产实践中,往往由于选材不当造成设备或器件达不到使用要求或过早失效,因此了解和熟悉材料的性能成为合理选材、充分发挥工程材料性能的主要依据。

金属材料的性能分为使用性能和工艺性能。使用性能是指金属材料在使用过程中反映出来的特性,包括力学性能、物理性能和化学性能等。它决定金属材料的应用范围、安全可靠性和使用寿命。工艺性能是指材料对各种加工工艺适应的能力,它包括铸造性能、锻造性能、焊接性能、切削加工性能和热处理工艺性能等。

在选用金属和制造机械零件时,主要考虑力学性能和工艺性能。在某些特定条件下工作的零件,还要考虑物理性能和化学性能。

金属材料的使用性能见表 1-1。

表 1-1　金属材料的使用性能

性能名称		性能内容
物理性能		物理性能是指金属材料的密度、熔点、热膨胀性、导热性、导电性和磁性等
化学性能		金属材料的化学性能主要是指在常温或高温时，抵抗各种活泼介质的化学侵蚀的能力，如耐酸性、耐碱性、抗氧化性等
力学性能	强度	强度是指金属材料在静载荷作用下，抵抗塑性变形和断裂的能力，分为屈服点 σ_s、抗拉强度 σ_b、抗弯强度 σ_{bb}、抗剪强度 τ_b、抗压强度 σ_{bc} 等
	硬度	硬度是指金属材料抵抗更硬的物体压入其内的能力，常用的硬度测定方法有布氏硬度(HBS、HBW)、洛氏硬度(HRA、HRB、HRC)和维氏硬度(HV)
	塑性	塑性是金属材料产生塑性变形而不被破坏的能力。通常用伸长率 δ 和断面收缩率 ψ 表示材料塑性的好坏
	冲击韧性	冲击韧性是指金属材料在冲击载荷作用下，抵抗破坏的能力，用 a_k 表示
	疲劳强度	疲劳强度是指金属材料经无数次循环载荷作用下而不致引起断裂的最大应力

1.2　材料的种类

工程上所用的各种金属材料、非金属材料和复合材料统称为工程材料。为了便于材料的生产、应用与管理，也为了便于材料的研究与开发，有必要对材料进行分类。

工程材料的分类见表 1-2。

表 1-2　工程材料的分类

金属材料		非金属材料			复合材料
黑色金属材料	有色金属材料	无机非金属材料	有机高分子材料		
碳素钢、合金钢、铸铁等	铝、铜、镁及其合金、轴承合金等	水泥、陶瓷、玻璃等	合成高分子材料(塑料、合成纤维、合成橡胶等)	天然高分子材料(木材、纸、纤维、皮革等)	金属基复合材料、塑料基复合材料、橡胶基复合材料、陶瓷基复合材料等

工程材料按照用途可分为两大类，即结构材料和功能材料。结构材料通常指工程上

对硬度、强度、塑性及耐磨性等力学性能有一定要求的材料，主要包括金属材料、陶瓷材料、高分子材料及复合材料等。功能材料是指具有光、电、磁、热、声等功能和效应的材料，包括半导体材料、磁性材料、光学材料、电介质材料、超导体材料、非晶和微晶材料、形状记忆合金等。

1.2.1　金属材料

金属材料是人们最为熟悉的一种材料。在国民经济的各个领域都需要使用大量的金属材料。因此，金属材料在现代工农业生产中占有极其重要的地位。

金属材料是由金属元素或以金属元素为主，其他金属或非金属元素为辅构成的，并具有金属特性的工程材料。金属材料的品种繁多，工程上常用的金属材料主要有黑色及有色金属材料等。

1. 碳素钢

碳素钢是指碳的质量分数小于 2.11% 并含有少量硅、锰、硫、磷等杂质元素所组成的铁碳合金，简称碳钢。其中锰、硅是有益元素，对钢有一定强化作用；硫、磷是有害元素，分别增加钢的热脆性和冷脆性，应严格控制。碳钢的价格低廉、工艺性能良好，在机械制造中应用广泛。常用碳钢的牌号及用途见表 1-3。

表 1-3　常用的碳钢牌号

分　类	编号方法		常用牌号	用　途
	举　例	说　明		
碳素结构钢	Q235－AF	屈服点为 235MPa、质量为 A 级沸腾钢	Q195、Q215A、Q275 等	一般以型材供应的工程构件，制造不太重要的机械零件及焊接件
优质碳素结构钢	45、65Mn	两位数表示平均碳的质量分数的万分数，Mn 表示含锰量较高	08F、10、40、50、60 等	用于制造曲轴、传动轴、齿轮、连杆等重要零件
碳素工具钢	T8、T8MnA	数字表示平均碳的质量分数的千分数，A 表示高级优质，Mn 表示含锰量较高	T7、T9、T10、T11、T12、T13 等	制造需较高硬度、耐磨性、又能承受一定冲击的工具，如手锤、冲头等
铸造碳钢	ZG200－400	表示屈服点为 200MPa、抗拉强度为 400MPa 的铸造碳钢	ZG230－450、ZG270－500 等	形状复杂的需要采用铸造成形的钢质零件

2. 合金钢

为了改善和提高钢的性能，在碳钢的基础上加入其他合金元素的钢称为合金钢。金工实习常用的合金元素有硅、锰、铬、镍、钨、钼、钒、稀土元素等。合金钢还具有耐低温、耐腐蚀、高磁性、高耐磨性等良好的特殊性能，它在工具或力学性能、工艺性能要求高的、形状复杂的大截面零件或有特殊性能要求的零件方面，得到了广泛应用。常用合金钢的牌号、性能及用途见表 1-4。

表 1-4　常用合金钢的牌号、性能及用途

<table>
<tr><th colspan="3">钢　种</th><th>典型牌号</th><th>性能特点及应用</th></tr>
<tr><td colspan="2" rowspan="5">合金结构钢</td><td>低合金高强钢</td><td>Q295～Q460</td><td>较好的塑性、韧性、成形性及可焊性，较高的强度，用于工厂构件，如桥梁、船等</td></tr>
<tr><td>渗碳钢</td><td>20Cr、20CrMnTi</td><td>表面高硬度、耐磨性，心部具有良好的韧性，用于制造重要的齿轮、轴类零件</td></tr>
<tr><td>调质钢</td><td>40Cr、40MnB</td><td>良好的综合机械性能，用于制作轴类、连杆、螺栓、齿轮等重要零件</td></tr>
<tr><td>弹簧钢</td><td>60Si2Mn</td><td>高的弹性极限、屈强比及疲劳强度，足够的韧性，用于制作各种弹簧</td></tr>
<tr><td>滚动轴承钢</td><td>GCr15</td><td>高硬度、耐磨性及接触疲劳强度、足够的韧性，用于制作轴承、丝杠等</td></tr>
<tr><td colspan="2" rowspan="4">合金工具钢</td><td>量具刃具钢</td><td>9SiCr、CrWMn</td><td>硬度高、耐磨性好，有一定的红硬性，用于制造各种低速切削刀具</td></tr>
<tr><td>高速钢</td><td>W18Cr4V
W6Mo5Cr4V2</td><td>高硬度、耐磨性和红硬性，用于制造各种高速切削的刃具</td></tr>
<tr><td>冷作模具钢</td><td>Cr12、Cr12MoV</td><td>高硬度、耐磨性及疲劳强度，变形小，用于制造各种冷作模具（大型）</td></tr>
<tr><td>热作模具钢</td><td>5CrMnMo
5CrNiMo</td><td>具有较高的强度、韧性及热疲劳强度，足够的耐磨性，用于制作各种热作模具</td></tr>
<tr><td rowspan="4">特殊性能钢</td><td rowspan="3">不锈钢</td><td>马氏体型</td><td>1Cr13</td><td>较高的强度、硬度及耐磨性，用于力学性能要求较高、耐蚀性要求较低工件，如汽轮机叶片、水压阀及硬而耐磨的医疗工具</td></tr>
<tr><td>铁素体型</td><td>1Cr17</td><td>高的耐蚀性、良好的塑性，较低的强度，主要用于化工设备中的容器、管道等</td></tr>
<tr><td>奥氏体型</td><td>0Cr18Ni9</td><td>优良的耐蚀性，良好的塑性、韧性和冷变形性、焊接性，但切削加工性较差，主要用于耐蚀性要求较高及冷变形成形后需焊接的轻载零件</td></tr>
<tr><td colspan="2">耐磨钢</td><td>ZGMn13－1</td><td>主要用于严重摩擦和强烈撞击条件下工作的零件</td></tr>
</table>

3. 铸铁

碳的质量分数大于 2.11％的铁碳合金称为铸铁。由于铸铁含有的碳和杂质较多，其力学性能比钢差，不能锻造。但铸铁具有优良的铸造性、减振性及耐磨性等特点，加之价格低廉、生产设备和工艺简单，是机械制造中应用最多的金属材料。据资料表明，铸铁件占机器总质量的 45％～90％。常用铸铁的牌号、用途见表 1－5。

表 1－5　常用铸铁的种类、牌号及用途

分　类	编号方法		用　途
	举　例	说　明	
灰口铸铁	HT200	平均抗拉强度为 200MPa 的灰口铸铁	承受较大载荷和较重要的零件，如气缸、齿轮、底座、飞轮、床身等
可锻铸铁	KTZ450－06	平均抗拉强度为 450MPa、最低伸长率为 6％的可锻铸铁	制造负荷较高的耐磨零件，如曲轴、连杆、齿轮、凸轮轴等薄壁小铸件
球墨铸铁	QT450－10	平均抗拉强度为 450MPa、最低伸长率为 10％的球墨铸铁	承受冲击振动的零件，如曲轴、蜗杆等
蠕墨铸铁	RuT420	平均抗拉强度为 420MPa 的蠕墨铸铁	制造大截面复杂铸件，主要用来代替高强度灰口铸铁、合金铸铁

4. 有色金属及其合金

有色金属包括铝、铜、钛、镁、锌、铅及其合金等，虽然它们的产量及使用量不如钢铁材料多，但由于具有某些独特的性能和优点，从而使其成为当代工业生产中不可缺少的材料。常用有色金属及其合金的种类见表 1－6。

表 1－6　常用有色金属及其合金的种类及用途

种　类			常用牌号	用　途
纯铝	变形纯铝		1A30	代替贵重的铜合金制作导线；配制铝合金以及制作要求质轻、导热或耐大气腐蚀但强度要求不高的器皿
	铸造纯铝		ZAl99.5	
铝合金	变形铝合金	防锈铝	5A05	主要用于受力不大、经冲压或焊接制成的结构件，如各种容器、油箱、导管、线材等
		硬铝	2A01、2A10	主要用在航空工业中，如作飞机构架、螺旋桨、叶片等
		超硬铝	7A04	常作飞机上主要受力部件，如大梁、桁架、翼肋、起落架和活塞等
		锻铝	2A50	常用作棒料或模锻件
	铸造铝合金		ZL102 ZL301	用作形状复杂的零件，如仪表、抽水机壳体、活塞、飞机零件等

（续表）

种类			常用牌号	用途
纯铜	加工产品		T1、T2	主要用作配制铜合金，制作导电、导热材料及耐蚀器件等
	未加工产品		Cu－1	
铜合金	黄铜	普通黄铜	H70	主要用作水管、油管、散热器、螺钉等
		特殊黄铜	HPb59－1	主要用于制造冷凝管、齿轮、螺旋桨、钟表零件等
	青铜	锡青铜	QSn6－6－3	主要用于制造弹性元件、耐磨零件、抗磁及耐蚀零件，如弹簧、轴承、齿轮、蜗轮、垫圈等
		特殊青铜	QBe4	
	白铜		B19	主要用作耐蚀及电工仪表等
	铸造铜合金		ZCuAl10Fe3 ZCuZn40Mn3Fe1	主要用作阀、齿轮、蜗轮、滑动轴承等

1.2.2 非金属材料

1. 高分子材料

高分子材料是指分子量很大的化合物，它们的分子量可达几千甚至几百万以上。高分子材料因其原料丰富，成本低，加工方便等优点，发展极其迅速，目前在工业上得到广泛应用，并将越来越多地被采用。高分子材料的分类见图 1－1。

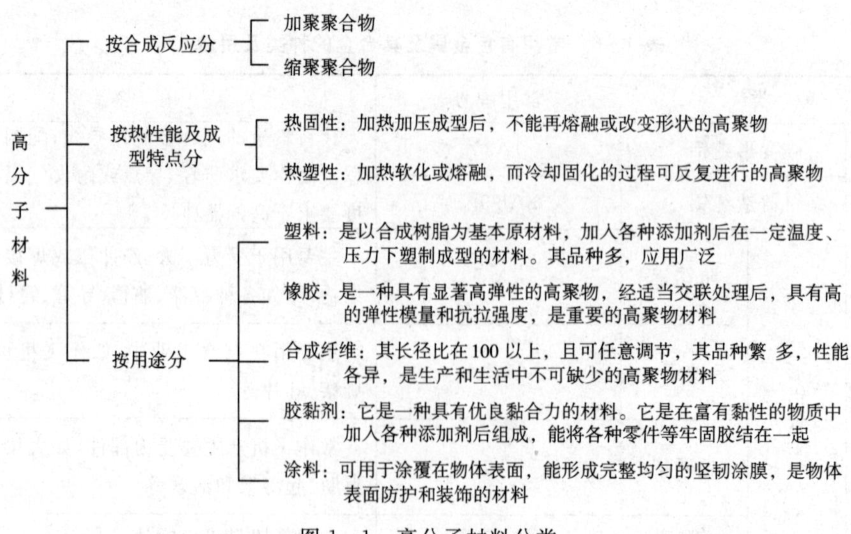

图 1－1 高分子材料分类

2. 陶瓷材料

陶瓷是各种无机非金属材料的总称，是现代工业中很有前途的一类材料。今后将是陶瓷材料、高分子材料和金属材料三足鼎立的时代，它们构成固体材料的三大支柱。

陶瓷的种类繁多，工业陶瓷大致可分为普通陶瓷和特种陶瓷两大类。

(1)普通陶瓷(传统陶瓷)。除陶、瓷器之外，玻璃、水泥、石灰、砖瓦、搪瓷、耐火材料都属于陶瓷材料。一般人们所说陶瓷常指日用陶瓷、建筑瓷、卫生瓷、电工瓷、化工瓷等。普通陶瓷以天然硅酸盐矿物如粘土(多种含水的铝硅酸盐混合料)、长石(碱金属或碱土金属的铝硅酸盐)、石英、高岭土等为原料烧结而成的。

(2)特种陶瓷。它是以人工化合物为原料(如氧化物、氮化物、碳化物、硅化物、膨化无机氟化物等)制成的陶瓷，它具有独特的力学、物理、化学、电、磁、光学等性能，主要用于化工、冶金、机械、电子、能源和一些新技术中。

3. 复合材料

由两种或两种以上不同化学成分或组织结构、经人工合成获得的多相材料称为复合材料。它不仅具有各组成材料的优点，而且还具有单一材料无法具备的优越的综合性能。因此，复合材料发展迅速，在各个领域都得到广泛应用。如先进的 B−2 隐形战斗轰炸机的机身和机翼大量使用了石墨和碳纤维复合材料，这种材料不仅比强度大，而且具有雷达反射波小的特点。

复合材料依照增强相的性质和形态可分为纤维增强复合材料、层合复合材料与颗粒增强复合材料三类。

1.3 钢的热处理

钢的热处理是指钢在固态下采用适当的方式进行加热、保温和冷却以获得所需组织结构与性能的工艺。

钢的热处理目的是显著提高钢的力学性能，发挥钢材的潜力，提高工件的使用性能和寿命。还可以消除毛坯(如铸件、锻件等)中的缺陷，改善其工艺性能，为后续工序作组织准备。随着工业和科学技术的发展，热处理还将为改善和强化金属材料、提高产品质量、节省材料和提高经济效益等方面发挥更大的作用。

根据加热和冷却方法不同，常用的热处理方法大致分类如下

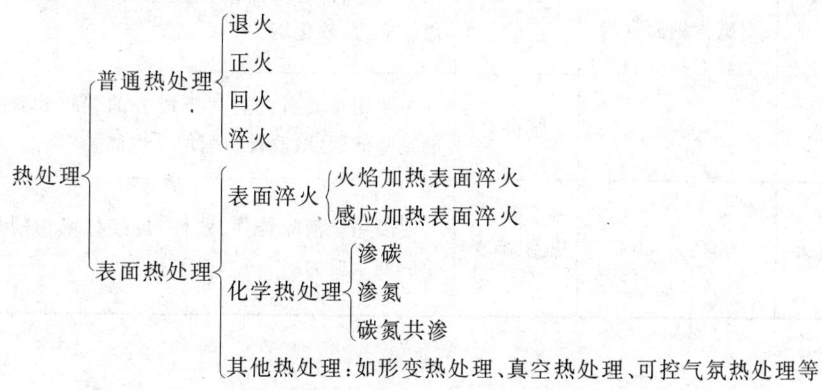

热处理方法虽然很多，但任何一种热处理工艺都是由加热、保温和冷却三个阶段所组成。图1-2是热处理最基本的热处理工艺曲线。对不同的钢材，三个阶段工艺参数的选择不同；对同一钢材，冷却方式和冷却速度不同，所获得的组织和性能也不同。

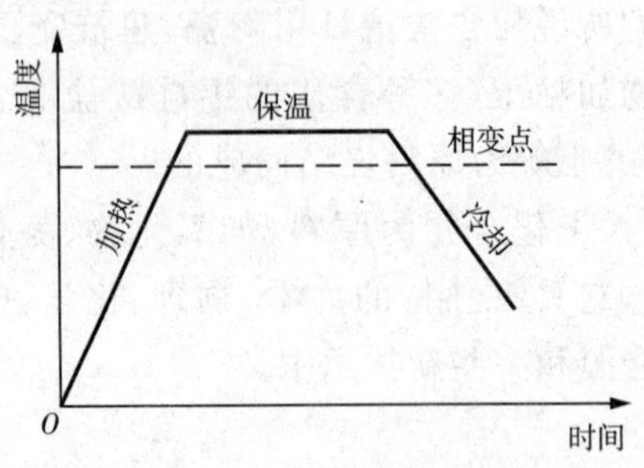

图1-2　热处理工艺曲线

1.3.1　钢的热处理基本工艺

不同工艺要素构成不同基本工艺。

1. 普通热处理

(1)退火

退火是将钢件加热到适当温度，保持一定时间后缓慢冷却的热处理工艺。退火态的组织基本上接近平衡组织。退火的主要目的是降低材料硬度，改善其切削加工性，细化材料内部晶粒，均匀组织及消除毛坯在成形（锻造、铸造、焊接）过程中所造成的内应力，为后续的机械加工和热处理做好准备。

常用的退火方式见表1-7。

表1-7　常用的退火工艺

种　类	加热温度范围	热处理后组织	应　用
完全退火	对碳素钢而言为740℃～880℃	P+F	主要用于亚共析成分的碳钢和合金钢的铸件、锻件及热轧型材，也可用于焊接结构。目的是细化晶粒、消除应力、软化钢
球化退火		球状P	主要用于共析或过共析成分的碳钢和合金钢。目的是降低硬度，改善切削加工性能
去应力退火	500℃～600℃	组织不变	主要用于消除铸件、锻件、焊接件或切削加工过程中的残余应力

(2)正火

正火是将钢加热到某一温度(对碳素钢而言为760℃～920℃)完全奥氏体化后,保温后在空气中冷却的热处理工艺。

由于正火的冷却速度稍快于退火,经正火后的零件,其强度和硬度较退火零件要高,且操作简便,生产周期短,能量耗费少。故在可能条件下,应优先考虑采用正火处理。但消除应力不如退火。正火主要用于:

① 对于要求不高的结构零件,可作最终热处理。正火可细化晶粒,正火后组织的力学性能较高。而大型或复杂零件淬火时,可能有开裂危险,所以正火可作为普通结构零件或大型、复杂零件的最终热处理。

② 改善低碳钢和低碳合金钢的切削加工性。一般认为硬度在(160～230)HBS范围内,金属的切削加工性好。硬度过高时,不但加工困难,刀具还易磨损;而硬度过低时切削容易“粘刀”,也使刀具发热和磨损,且加工零件表面粗糙度值大。低碳钢和低碳合金钢退火后的硬度一般都在160HBS以下,因而切削加工性不良。正火可以提高其硬度,改善切削加工性。

③ 消除过共析钢中二次渗碳体,为球化退火作好组织准备。因为正火冷却速度较快,二次渗碳体来不及沿奥氏体晶界呈网状析出。

(3)淬火

将钢加热到某一温度(对碳素钢而言为770℃～870℃),保温一定时间后快速冷却以获得马氏体或贝氏体的热处理工艺称为淬火。淬火的目的是提高钢的硬度和耐磨性。

影响淬火质量的主要因素是淬火加热温度,冷却剂的冷却能力及零件投入冷却剂中的方式等。一般情况下,常用非合金钢的加热温度取决于钢中碳含量。淬火保温时间主要根据零件有效厚度来确定。零件进行淬火冷却所使用的介质叫做淬火介质,水最便宜而且冷却能力较强,适合于尺寸不大,形状简单的碳素钢零件的淬火。浓度为10%的NaCl和10%的NaOH的水溶液与纯水相比,能提高冷却能力。油也是一种常用的淬火介质。早期采用动、植物油脂。目前工业上主要采用矿物油,如全损耗系统用油(俗称机油)、柴油等,多用于合金钢的淬火。此外还必须注意零件浸入淬火冷却剂的方式。如果浸入方式不当,会使零件因冷却不均而导致硬度不均,产生较大的内应力,发生变形,甚至产生裂纹。

(4)回火

回火是指将淬火钢重新加热到某一温度,保温一定时间,然后冷却到室温的热处理工艺。回火的目的是获得工件所需的组织和性能、稳定工件尺寸、消除或减小淬火应力。

回火操作主要是控制回火温度。回火温度越高,工件韧性越好,内应力越小,但硬度、强度下降得越多。根据回火加热温度的不同,回火常分为低温回火、中温回火和高温回火,见表1-8。

表 1-8 回火的种类及应用

回火种类	回火温度	应用场合
低温回火	150℃～250℃	用于要求硬度高、耐磨性好的零件，如各类高碳工具钢、低合金工具钢制作的刃具，冷变形模具、量具，滚珠轴承及表面淬火件等
中温回火	350℃～450℃	主要用于各类弹簧，热锻模具及某些要求较高强度的轴、轴套、刀杆的处理
高温回火	500℃～650℃	生产中通常把淬火加高温回火的处理称为调质处理。对于各种重要的结构件，特别是在交变载荷下工作的零件，如连杆、螺栓、齿轮、轴等都需经过调质处理后再使用

2. 表面热处理

在各种机器中，齿轮、轴和活塞销等许多零件都在动载荷和摩擦条件下工作。因此要求齿部和轴颈等处表面硬而耐磨，还要求心部有足够的强度和韧性，以传递很大的扭矩和承受相当大的冲击载荷，即要求零件“表硬里韧”。但是采用普通热处理工艺是难以达到这两方面的要求，因此在生产中广泛采用表面热处理。

所谓表面热处理是指只对零件表面进行热处理，以改变其组织(化学热处理还改变表层的化学成分)和性能的工艺。它可分为表面淬火和化学热处理两大类。

(1)表面淬火

表面淬火是一种不改变钢的表层化学成分，但改变表层组织的局部热处理方法。它是通过快速加热，使钢的表层奥氏体化，在热量尚未充分传至中心时立即予以淬火冷却，使表层获得硬而耐磨的马氏体组织，而心部仍保持着原有塑性、韧性较好的退火、正火或调质状态的组织。

根据加热方法的不同，表面淬火可分为感应加热表面淬火、火焰加热表面淬火、电解液加热表面淬火、激光加热表面淬火和电子束加热表面淬火等。

火焰加热表面淬火就是利用氧-乙炔(或其他可燃气)火焰对零件表面进行加热，随之淬火冷却的工艺。火焰加热表面淬火淬硬层深度可达 2～6mm，且设备简单、使用方便、不受工件大小和淬火部位的限制、灵活性大。但由于其加热温度不易控制、容易过热、硬度不匀，故主要用于单件小批生产及大型工件的表面淬火。

感应加热表面淬火是目前应用较广的一种表面淬火方法，它是利用零件在交变磁场中产生感应电流，将零件表面加热到所需的淬火温度，而后喷水冷却的淬火方法。感应加热表面淬火，淬火质量稳定，淬火层深度容易控制。这种热处理方法生产效率极高，加热一个零件仅需几秒至几十秒即可达到淬火温度。由于这种方法加热时间短，故零件表面氧化、脱碳极少，变形也小，还可以实现局部加热、连续加热，便于实现机械化和自动化。但高频感应设备复杂，成本高，故适合于形状简单，大批量生产的零件。

(2)化学热处理

化学热处理是指将工件放在一定的活性介质中加热，使某些元素渗入工件表层，以改变表层化学成分和组织，从而改善表层性能的热处理工艺。它与其他热处理比较，其特点使表层不仅有组织变化，而且化学成分也发生了变化。

化学热处理的种类很多，一般都以渗入元素来命名。渗入元素不同，工件表层所具有的性能也不同。如渗碳、渗氮、碳氮共渗能提高工件表层的硬度和耐磨性；渗铬、渗铝、渗硅大多是为了使工件表层获得某些特殊的物理化学性能（如抗氧化性、耐高温性、耐酸性等）。

渗碳是将钢件置于渗碳介质中加热并保温，使碳原子渗入钢件表面，增加表层碳含量及获得一定碳浓度梯度的工艺方法。适用于碳的质量分数为 0.1%～0.25%的低碳钢或低碳合金钢，如 20、20Cr、20CrMnTi 等。零件渗碳后，碳的质量分数从表层到心部逐渐减少，表面层碳的质量分数可达 0.80%～1.05%，而心部仍为低碳。渗碳后再经淬火加低温回火，使表面具有高硬度，高耐磨性，而心部具有良好塑性和韧性，使零件既能承受磨损和较高的表面接触应力，同时又能承受弯曲应力及冲击载荷。渗碳用于在摩擦冲击条件下工作的零件，如汽车齿轮、活塞销等。

渗氮是在一定温度下将零件置于渗氮介质中加热、保温，使活性氮原子渗入零件表层的化学热处理工艺。零件渗氮后表面形成氮化层，氮化后不需淬火，钢件的表层硬度高达 950HV～1200HV，这种高硬度和高耐磨性可保持到 560℃～600℃工作环境温度下而不降低，故氮化钢件具有很好的热稳定性，同时具有高的抗疲劳性和耐蚀性，且变形很小。由于上述特点，渗氮在机械工业中获得了广泛应用，特别适宜于许多精密零件的最终热处理，例如磨床主轴、精密机床丝杠、内燃机曲轴以及各种精密齿轮和量具等。

3. 其他热处理

随着科学技术的发展，热处理工艺在不断改进，近二十多年来发展了一些新的热处理艺，如真空热处理、可控气氛热处理、形变热处理和新的表面热处理（如激光热处理、电子束表面淬火等）。

(1)可控气氛热处理

在炉气成分可控制在预定范围内的热处理炉中进行的热处理称为可控气氛热处理。其目的是为了有效地控制表面碳浓度的渗碳、碳氮共渗等化学热处理，或防止工件在加热时的氧化和脱碳，还可用于实现低碳钢的光亮退火及中、高碳钢的光亮淬火。按炉气可分渗碳性、还原性和中性气氛等。目前我国常用的可控气氛有吸热式气氛、放热式气氛、放热-吸热式气氛和有机液滴注式气氛等，其中以放热式气氛的制备最便宜。

(2)真空热处理

在真空中进行的热处理称为真空热处理。它包括真空淬火、真空退火、真空回火和真空化学热处理（真空渗碳、渗铬等）。真空热处理是在 1.33～0.0133Pa 真空度的真空介质中加热工件。真空热处理可以减少工件变形，使钢脱氧、脱氢和净化表面，使工件表面无氧化、不脱碳、表面光洁，可显著提高耐磨性和疲劳极限。真空热处理的工艺操作条件好，有利于实现机械化和自动化，而且节约能源，减少污染，因而真空热处理目前发展较快。

(3)形变热处理

形变热处理是将塑性变形同热处理有机结合在一起，获得形变强化和相变强化综合效果的工艺方法。这种工艺方法不仅可提高钢的强韧性,还可以大大简化金属材料或工件的生产流程。形变热处理的方法很多,有低温形变热处理、高温形变热处理、等温形变热处理、形变时效和形变化学热处理等。

(4)激光热处理

激光热处理是利用专门的激光器发出能量密度极高的激光,以极快的速度加热工件表面、自冷淬火后使工件表面强化的热处理。

目前工业用激光器大多为 CO_2 激光器。因为它较易获得大功率,转换效率高,根据需要可采用连续或脉冲工作方式。

激光热处理能显著提高生产率和改善零件性能,但激光装置价格昂贵,目前主要用于不能或很难进行普通热处理的小尺寸和形状复杂的零件。

1.3.2 热处理常用设备

热处理设备可分为主要设备和辅助设备两大类。主要设备包括热处理炉、热处理加热装置、冷却设备、测量和控制仪表等。辅助设备包括检测设备、校正设备和消防安全设备等。

1. 热处理炉

常用的热处理炉有箱式电阻炉、井式电阻炉、气体渗碳炉和盐浴炉等。

(1)箱式电阻炉。是利用电流通过布置在炉膛内的电热元件发热,通过对流和辐射对零件进行加热,如图 1-3a 所示。它是热处理车间应用很广泛的加热设备。适用于钢铁材料和非钢铁材料(有色金属)的退火、正火、淬火、回火及固体渗碳等的加热,具有操作简便,控温准确,可通入保护性气体防止零件加热时的氧化,劳动条件好等优点。

(2)井式电阻炉。如图 1-3b 所示,井式电阻炉的工作原理与箱式电阻炉相同,其炉口向上,形如井状而得名。常用的有中温井式炉、低温井式炉和气体渗碳炉三种,井式电阻炉采用吊车起吊零件,能减轻劳动强度,故应用较广。

中温井式炉主要应用于长形零件的淬火、退火和正火等热处理,其最高工作温度为950℃,井式炉与箱式炉相比,井式炉热量传递较好,炉顶可装风扇,使温度分布较均匀,细长零件垂直放置可克服零件水平放置时因自重引起的弯曲。

(3)盐浴炉。盐浴炉是利用熔盐作为加热介质的炉型,如图 1-3c 所示。盐浴炉结构简单,制造方便,费用低,加热质量好,加热速度快,因而应用较广。但在盐浴炉加热时,存在着零件的扎绑、夹持等工序,使操作复杂,劳动强度大,工作条件差。同时存在着启动时升温时间长等缺点。因此,盐浴炉常用于中、小型且表面质量要求高的零件。

2. 控温仪表

热处理炉的测温仪器主要由感温元件和与之相配的测温线路和仪表构成。炉内温度由感温元件测量,它将温度信号转换成电动势,经由热电转换器等组成的测温线路将热电动势转换为统一信号,由测温仪表检测和显示温度值,自动化装置与测温仪表一起构成自动控制系统实现对炉温的自动控制,并可对炉温进行调节。

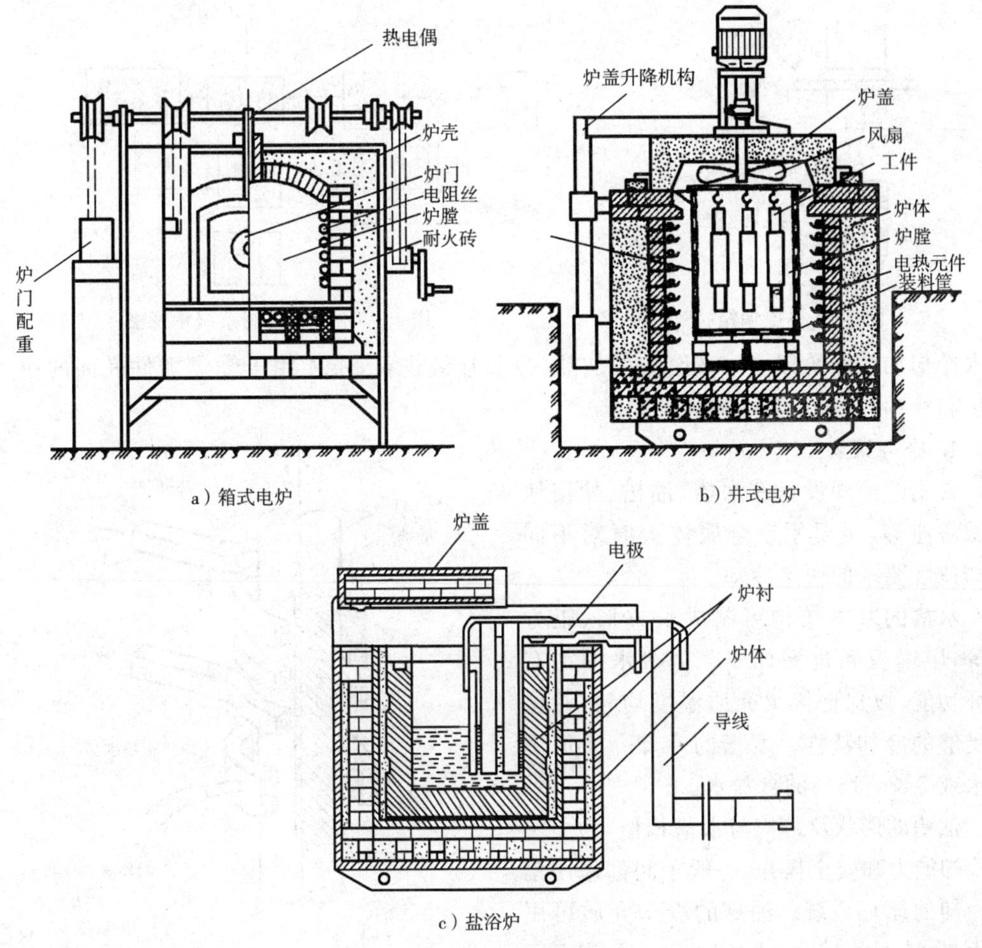

a）箱式电炉　　b）井式电炉

c）盐浴炉

图 1－3　常用的热处理加热炉

常用的感温元件有热电偶、热电阻等。热电偶由热电极、绝缘管、保护管和接线盒等组成，其结构如图 1－4 所示。热电阻由作为感温的电阻丝、套管和接线盒等组成，外形很像热电偶。炉温控制系统（图 1－5）主要由调节对象（炉温）、测温仪表、调节器和执行器等环节组成。每一个环节都接受前一个环节的作用，同时又对后一个环节施加影响，构成反馈系统。例如，当工件进出炉子或电源电压波动时，会使炉温偏离给定温度，此时通过检测元件（包括感温元件和相应仪表将实际温度值传递到调节器中的比较机构与给定值进行比较，比较后的偏差信号送入调节机构。调节机构根据偏差的性质和大小，输出一个信号给执行器，执行器根据信号改变输入热处理炉的能量，使实际温度与给定温度的偏差减少，直到炉温恢复到给定值为止。

3．感应加热设备

图 1－6 是感应表面加热示意图。感应线圈通交流电产生交变磁场，位于线圈中部的工件表面产生感应电流，密集于工件表面的交变电流使工件表面被迅速加热至，而其心部几乎无电流通过，温度仍接近于室温。感应器中一般通人中频或高频交流电，线圈中交流电的频率越高，工件的受热层越薄。工件在加热的同时旋转向下运动，此时可立即

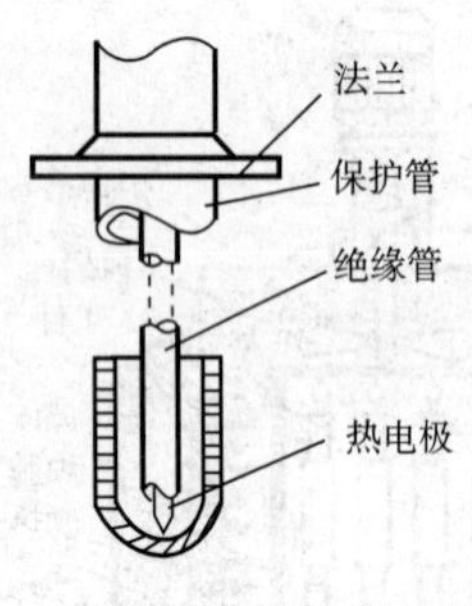

图 1-4 热电偶结构

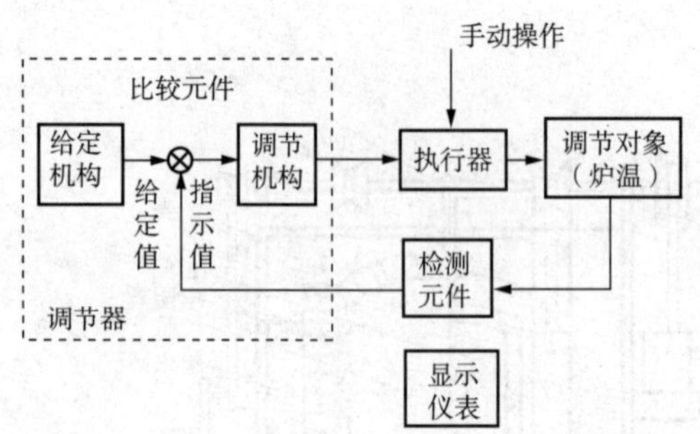

图 1-5 炉温控制系统示意图

喷水冷却加热好的部位。该设备可加热、冷却连续进行，主要用于轴类零件表面的快速加热和冷却，以实现表面淬火的要求。

4. 冷却设备

常用的冷却设备有水槽、油槽、盐浴池和碱浴池等，主要用于金属淬火时对不同冷却速度要求的快速冷却。

水槽的基本结构可制成长方形、正方形等，用钢板和角钢焊成。一般水槽都有循环功能，以保证淬火介质温度均匀，并保持足够的冷却特性。水槽的冷却介质可用净水或 5%～15%的食盐水。

油槽的形状及结构与水槽相似，为了保证冷却能力和安全操作，一般车间都采用集中冷却的循环系统。油槽的冷却介质可用 10 号或 20 号机械油，油温 100℃。盐浴可用 50%硝酸钾和 50%亚硝酸钠的熔盐，使用温度一般为 150℃～500℃。碱浴可用 85%氢化钾和 15%亚硝酸钠的熔体，另加 4%～6%的水，使用温度 150℃～170℃。

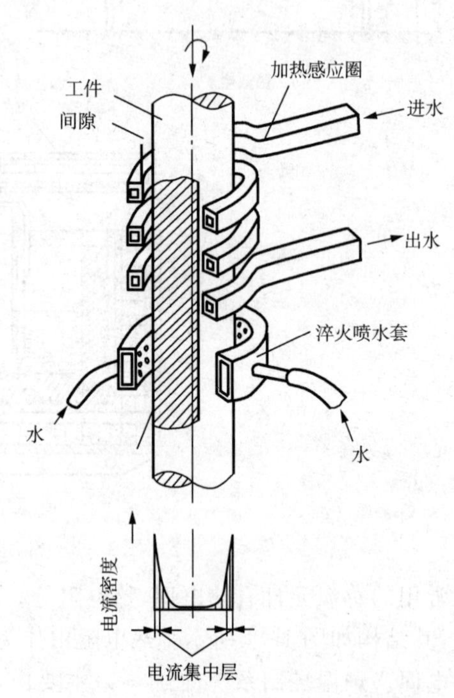

图 1-6 感应加热表面淬火示意图

1.3.3 热处理质量控制与检验

热处理工艺选择不当会对零件的质量产生较大影响。如淬火工艺的选择对淬火零件的质量影响较大，如果选择不当，容易使淬火件力学性能不足或产生过热、晶粒粗大和变形开裂等缺陷，严重的会造成零件报废。

1. 热处理常见缺陷及其控制

(1)氧化和脱碳

钢件加热时，介质中的氧水和二氧化碳等与钢件反应生成氧化物的过程称为氧化。钢件在 570℃以上加热时，所形成的氧化皮由外到内依次为 Fe_2O_3、Fe_3O_4 和 FeO。氧化皮的传热能力差，会妨碍淬火时钢的快冷，从而形成软点，使工件的有效尺寸减小，严重时可造成工件报废。

加热时由于介质与钢件表层的碳发生反应，使表层碳的质量分数降低的现象叫做脱碳。脱碳愈严重，淬火时钢件表层和心部的体积膨胀差别愈大，因而愈容易出现淬火裂纹。此外，脱碳还可造成冷处理裂纹，使淬火件硬度不足，耐磨性和疲劳强度下降。

为防止工件氧化脱碳，可采用盐浴炉、可控气氛炉加热，也可采用防氧化脱碳措施加以预防。

(2)过热和过烧

钢件进行奥氏体化加热时，如加热温度过高或加热时间过长，会引起奥氏体晶粒长大，产生的马氏体也粗化，这种现象叫做过热。过热的工件几乎不能防止产生淬火裂纹，因为在生产的马氏体中存在大量微裂纹，会发展为淬火裂纹。

在加热温度更高的情况下，钢的奥氏体晶粒进一步粗化并产生晶界氧化，严重时还会引起晶界熔化，这种现象叫做过烧。产生过烧的工件，其性能急剧降低。

有过热缺陷的工件，可先进行一次细化组织的正火或退火，然后再按正常规范重新淬火。有过烧缺陷的工件因无法挽救，只能报废。

(3)软点

工件淬火硬化后，表面硬度偏低的小区域称为软点。当采用水作淬火介质时，工件表面因被传热能力很差的蒸汽膜包住而造成冷却缓慢，所以淬火后工件的软点比较严重。在存在氧化皮和脱碳的部位也会出现软点。

为了防止软点，应该使工件进行无氧化、无脱碳加热；其次，加强淬火介质在淬火过程中的机械搅拌；也可采用清水中加入盐、碱或采用聚乙烯醇等水溶性有机溶液做淬火介质，使钢件在淬火时形成的蒸汽膜迅即破坏不致出现淬火软点。

(4)淬火裂纹

淬火裂纹是由于淬火内应力在工件表层形成的拉应力超过冷却时钢的断裂强度而引起的。一般发生在马氏体转变点以下的冷却过程，因马氏体转变塑性急剧降低，而组织应力急剧增大，所以容易形成裂纹。

最常见的裂纹有纵向裂纹、横向裂纹、网状裂纹和应力集中裂纹等，形成裂纹的原因包括热处理工艺、原材料和工件结构设计等。

淬火裂纹一旦产生便无法挽救，因此必须设法防止。为防止淬火裂纹，主要从以下几方面入手：

◆ 改善零件结构设计的工艺性，并正确选用钢材。

◆ 改善淬火工艺，遵守“先快后慢”的原则，即在马氏体转变点以上快冷，在马氏体转变点以下慢冷，如采用分级淬火和双液淬火能有效防止淬火裂纹。

◆ 工件淬火后要立即进行回火。因为淬火工件中或多或少存在一定量残余奥氏体，这些奥氏体在室温下的放置过程中会转变成马氏体，从而因产生体积膨胀而导致开裂。同时，淬火残余应力的存在会助长裂纹产生。

(5)淬火变形

淬火变形包括尺寸变形和形状变形两种。尺寸变化是指工件淬火后伸长、缩短、变粗或变细等与原来零件呈相似形的变化。形状变形是指工件淬火后翘曲、弯曲、扭曲等与原来零件呈非相似形的变化。

淬火变形有热应力引起的淬火变形、组织应力引起的淬火变形和组织转变引起的体积变化等。实际上工件淬火所产生的变形是上述三种变形规律的同时作用。

影响变形的因素有淬火冷却起始温度、淬火冷却、工件结构、机械加工、钢材成分、淬透性和加热方式等。

(6)回火缺陷

回火缺陷主要指回火裂纹和回火硬度不合格。所谓回火裂纹,是指淬火态钢进行回火时,因急热、急冷或组织变化而形成的裂纹。

有回火硬化(二次硬化)现象的高合金钢,比较容易产生回火裂纹。防止方法是在回火时缓慢加热,并从回火温度缓慢冷却。

硬度过高一般是因回火程度不够造成的,补救办法是按正常回火规范重新回火。回火后硬度不足主要是回火温度过高,补救办法是退火后重新淬火回火。

回火脆性是钢的一种热处理特性,而不是热处理缺陷。但如果不注意这种特性,有时就会成为回火缺陷的根源。

2. 工件检测

对热处理结果进行评价的方法有显微金相组织观测与分析、硬度测试等。硬度测试是一种简便的方法,常用的设备有布氏硬度计和洛氏硬度计。布氏硬度计用于测试铸铁、退火钢等软金属材料,其压头为淬火钢球或硬质合金钢球,采用额定配重进行加载测量。用布氏硬度计在工件上压出凹痕后,拿到带有刻度的显微镜下测出压痕直径,在专用硬度表格中查出硬度值。洛氏硬度计用于测试淬火钢等较硬的金属材料,其压头常用金刚石圆锥体做成,使用额定载荷进行测量。洛氏硬度的测量非常方便,在压下操作手柄后松开,即可在硬度计上方的刻度盘中直接读出硬度值。

【实训安排】

时间		内容
第一天	1 小时	讲解 (1)安全知识及实训要求 (2)实训相关内容
	1 小时	示范 (1)砂轮机的操作 (2)钢铁材料的火花鉴别 (3)洛氏硬度机的使用 (4)钢的淬火 (5)金相显微镜的使用
	4 小时	学生分组独立操作

复习思考题

1-1　常用力学性能指标有哪些？各用什么符号表示？

1-2　钢的火花由哪几部分组成？20 钢与 T12 钢的火花有什么区别？

1-3　有一批 20 钢，生产中混入了少量的 T12 钢，试问可用几种简便的方法将它们分开？

1-4　什么是钢的热处理？常用的热处理工艺有哪些？

1-5　淬火钢为什么需要及时回火？常用的回火方法有哪些？各自应用场合如何？

1-6　请指出实习中所用轴、手锤、游标卡尺、螺栓等是用什么材料制成的？

第2章 铸 造

【实训要求】

(1)了解铸造生产的工艺过程、特点及应用。

(2)了解砂型的结构,了解零件、铸件、模样的关系。

(3)熟悉各种手工造型方法,并进行独立操作;了解机器造型方法。

(4)能识别铸造工艺图并了解其制订原则。

(5)了解合金的熔炼、浇注及清理。

(6)了解常用特种铸造方法的特点及应用。

(7)了解铸件缺陷产生原因及其控制方法。

【安全文明生产】

铸造生产由于工序繁多,起重运输工作量大,又处于高温、粉尘、有害气体的生产环境中,安全事故较机械制造车间多。因此,实习时应严格遵守铸造安全操作规程。

(1)实习操作前,防护用具要穿戴整齐,开炉浇注时严禁穿化纤服装。

(2)使用的砂箱应完好,禁止使用已有裂纹的砂箱,尤其是箱把、吊轴等处有裂纹的砂箱。

(3)混砂机在转动时,不得用手扒料和用于清理碾轮,不准伸手到机盆内添加粘结剂等附加物。

(4)合箱后要堵严箱缝,以免在浇注过程中跑火伤人。

(5)铸型要安放在指定的场地,不得占用走道,以免影响别人安全操作。浇注场地要干燥、平整。

(6)禁止使用过湿的型砂或在很湿的地方造型,以防止浇注时被烫伤及产生废品。

(7)使用工作灯的电压必须是36V以下,禁止使用110V~220V电压灯工作。

(8)化铁加料时要防止把爆炸物品和其他有害杂质加入炉内。

(9)化铁时需接触铁水的工具及往铁水中加入铁合金的用具需烘烤预热,否则不准使用。

(10)化铁炉前的工作场地及炉坑内不得有积水,以防止铁水飞溅时烫伤。

(11)浇包在使用前必须烘干。浇包内金属液不能超过内壁高度的7/8,以防高温液体溢出。

(12)不得使用生锈或沾有水分的金属工具挡渣和扒渣，以防金属工具与液态金属接触时爆炸。

(13)浇注过程中不要用眼正视冒口，以防跑火时金属液喷射伤人。

(14)运输液体金属时要平稳。吊运浇包的工具、钢丝要认真检查。

(15)在现场参观时听到天车铃响要注意躲避，禁止走到已被悬吊在空中的砂箱下面，当砂箱已吊在车钩上时，禁止站在砂箱上进行操作。

【讲课内容】

铸造是将液态合金浇注到具有与零件形状相适应的铸型空腔中，待其冷却凝固后，获得零件或毛坯的方法。

铸造是历史最为悠久的金属成型方法，在现代各种类型的机器设备中铸件所占的比重很大，如在机床、内燃机中，铸件占机器总重的 70％～80％，在农业机械中占 40％～70％，在拖拉机中占 50％～70％。铸造所以获得如此广泛的应用，是由于它具有以下优点：

(1)适应性广。工业中常用的金属材料，如铸铁、钢、有色金属等均可铸造；形状复杂，特别是具有复杂内腔形状的毛坯与零件，铸造更是唯一廉价的制造方法；铸造适应性还表现在铸件尺寸、重量几乎不受限制，小至几毫米、几克，大到十几米、几百吨的铸件均可铸造。

(2)成本低。这主要是由于铸造所用的原材料比较便宜，来源广泛，并可直接利用报废的机加工件、废钢和切屑；而且铸件的形状和尺寸与零件非常相近，因而节约金属，减少了切削加工量。

然而，铸造生产工序繁多，且一些工艺过程难以精确控制，这就使铸件质量不稳定，造成废品率高；由于铸造组织粗大，内部常有缩孔、缩松、气孔、砂眼等缺陷，因而和同样形状尺寸的锻件相比，其机械性能不如锻件高；此外，在铸造生产中，特别是单件小批生产，工人的劳动条件较差、劳动强度大，这些都使铸造的应用受到限制。

2.1　铸造方法

铸造方法繁多，主要可分为砂型铸造和特种铸造两大类，其中砂型铸造是最基本的铸造方法，它适用于各种形状、大小、批量及各种合金铸件的生产。

2.1.1　砂型铸造

用型(芯)砂制造铸型(型芯)，将液态金属浇入后获得铸件的铸造方法称为砂型铸造。如图 2－1 所示是套筒铸件的铸造生产过程。

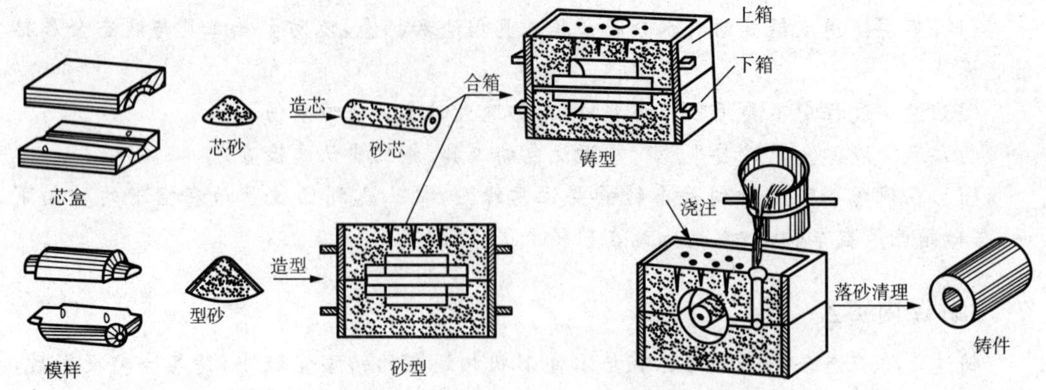

图 2-1　套筒铸件的铸造生产过程

1. 造型材料

制造砂型的造型材料包括型砂、芯砂及涂料等。造型材料质量的优劣，对铸件质量具有决定性的影响。为此，应合理地选用和配制造型材料。

(1)型(芯)砂应具备的性能

铸型在浇注凝固过程中要承受液体金属的冲刷、静压力和高温的作用，要排出大量气体，型芯还要受到铸件凝固时的收缩压力等，因而对型砂和芯砂的性能要求如下：

① 可塑性。造型材料在外力作用下容易获得清晰的型腔轮廓，外力去除后仍能保持其形状的性能称为可塑性。砂子本身是几乎没有塑性的，粘土却有良好的塑性，所以型砂中粘土的含量越多，塑性越高；一般含水 8%时塑性较好。

② 强度。砂型承受外力作用而不易破坏的性能称为强度。它包括常温湿强度、干强度以及高温强度。铸型必须具有足够的强度，以便在修整、搬运及液体金属浇注时受冲力和压力作用而不致变形毁坏。型砂强度不足会造成塌箱、冲砂和砂眼等缺陷。

③ 耐火度。型砂经受高温热作用的能力称为耐火度。耐火度主要取决于砂中 SiO_2 的含量，SiO_2 含量越多，型砂耐火度越高。对铸铁件，砂中 SiO_2 含量不小于 90%就能满足要求。

④ 透气性。型砂由于内部砂粒之间存在空隙能够通过气体的能力称为透气性。透气性过差，铸件中易产生气孔缺陷。但透气性太高会使砂型疏松，铸件易出现表面粗糙和机械粘砂等缺陷。透气性用专门仪器测定，以在单位压力下，单位时间内通过单位面积和单位长度型砂试样的空气量来表示。一般要求透气性值为 30～100。

⑤ 退让性。铸件凝固后，冷却收缩时砂型和型芯的体积可以被压缩的性能称为退让性。退让性差，阻碍金属收缩，使铸件产生内应力，甚至造成裂纹等缺陷。为了提高退让性，可在型砂中加入附加物，如草灰和木屑等，使砂粒间的空隙增加。

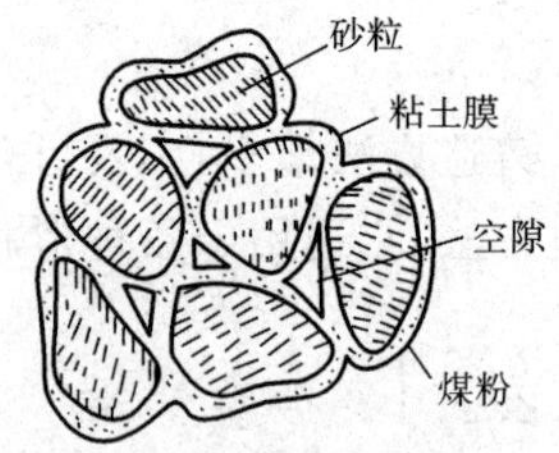

图 2-2　型砂结构示意图

(2)型砂的组成

型砂是由原砂、粘结剂、水和附加物等组成。型砂的结构如图 2-2 所示。

① 原砂。原砂即新砂，采自山地、海滨或河滨，最常使用的是硅砂。其二氧化硅含量在 80%～98%，硅砂粒度大小及均匀性、表面状态、颗粒形状等对铸造性能有很大影响。

② 粘结剂。一般为黏土和膨润土两种，有时也用水玻璃、植物油、合成树脂、水泥等。在型砂中加入粘结剂，目的是使型砂具有一定的强度和可塑性。膨润土质点比普通黏土更为细小，粘结性更好。

③ 附加物。煤粉和锯木屑是最常用的廉价附加材料。加入煤粉是为了防止铸件表面粘砂，因煤粉在浇注时能燃烧发生还原的气体，形成薄膜将金属与铸型隔开。加入锯木屑可改善型砂的退让性。

判断型砂的干湿程度有以下几种方法：

① 水分。水分指定量的型砂试样在 105℃～110℃下烘干至恒重，能去除的水分含量(%)。但是当型砂中含有大量吸水的粉尘类材料时，虽然水分很高，型砂仍然显得既干又脆。因为达到最适宜干湿程度的水分随型砂的组成不同而不同，故这种方法不很准确。

② 手感。用手攥一把型砂，感到潮湿但不沾手，柔软易变形，印在砂团上的手指痕迹清楚，砂团掰断时断面不粉碎，说明型砂的干湿程度适宜、性能合格，如图 2－3 所示。这种方法简单易行，但需凭个人经验，因人而异，也不准确。

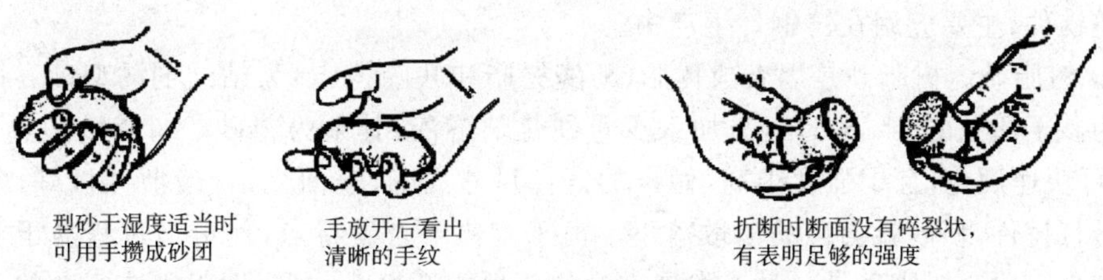

图 2－3　手感法检验型砂

③ 紧实率。紧实率是指一定体积的松散型砂试样紧实前后的体积变化率，以试样紧实后减小的体积与原体积的百分比表示。过干的型砂自由流入试样筒时，砂粒堆积得较密实，紧实后体积变化较小，则紧实率小。这种型砂虽流动性好，但韧性差，起模时易掉砂，铸件易出现砂眼、冲砂等缺陷。过湿的型砂易结成小团，自由堆积时较疏松，紧实后体积减小较多，则紧实率大。这种型砂湿强度和透气性很差，砂型硬度不均匀，铸件易产生气孔、胀砂、夹砂结疤和表面粗糙等缺陷。紧实率是能较科学地表示湿型砂的水分和干湿程度的方法。对手工造型和一般机器造型的型砂，要求紧实率保持在 45%～50%，对高密度型砂则要求为 35%～40%。

(3)型砂的种类

按粘结剂的不同，型砂可分为下列几种：

①粘土砂。粘土砂是以粘土(包括膨润土和普通粘土)为粘结剂的型砂。其用量约占整个铸造用砂量的 70%～80%。其中湿型砂使用最为广泛，因为湿型铸造不用烘干，可节省烘干设备和燃料，降低成本；工序简单，生产率高；便于组织流水生产，实现铸造机械化和自动化。但湿型强度不高，不能用于大铸件生产。为节约原材料，合理使用型砂，往往把湿型砂分成面砂和背砂。与模样接触的那一层型砂，称为面砂，其强度、透气性等

要求较高,需专门配制。远离模样在砂箱中起填充加固作用的型砂称为背砂,一般使用旧砂。在机械化造型生产中,为提高生产率,简化操作,往往不分面砂和背砂,而用单一砂。铸铁件常用湿型砂的配比和性能见表2—1。

表2-1 铸铁件常用湿型砂的配比和性能

型砂种类	型砂成分/%(质量)				型砂性能			
	新砂	旧砂	膨润土	煤粉	水分/%(质量)	紧实率/%	透气性	湿压强度($\times10^4$Pa)
手工造型面砂	40～50	50～60	4～5	4～5	4.5～5.5	45～55	0～50	7～10
机器造型单一砂	10～20	80～90	1.0～1.5	2～3	4～5	40～50	0～80	8～12

② 水玻璃砂。水玻璃砂是由水玻璃(硅酸钠的水溶液)为粘结剂配制而成的型砂。水玻璃加入量为砂子质量的6%～8%。水玻璃砂型浇注前需进行硬化,以提高强度。硬化的方法有通CO_2气化学硬化、表面加热烘干及型砂中加入硬化剂起模后砂型自行硬化等。由于取消或大大缩短了烘干工序,水玻璃砂的出现使大件造型工艺大为简化。但水玻璃砂的溃散性差,落砂、清砂及旧砂回用都很困难。在浇注铸铁件时粘砂严重,故不适于做铸铁件,主要应用在铸钢件生产中。

③ 树脂砂。树脂砂是以合成树脂(酚醛树脂和呋喃树脂)为粘结剂的型砂。树脂加入量为砂子质量的3%～6%,另加入少量硬化剂溶液,其余为新砂。树脂砂加热后1～2min可快速硬化,且干强度很高,做出的铸件尺寸准确、表面光洁、溃散性极好,落砂时轻轻敲打铸件,型砂就会自动溃散落下。由于有快干自硬特点,使造型过程易于实现机械化和自动化。树脂砂是一种有发展前途的新型造型材料,主要用于制造复杂的砂芯及大铸件造型。

(4)型(芯)砂的制备

型砂的制备工艺对型砂获得良好的性能有很大影响。浇注时,砂型表面受高温铁水的作用,砂粒碎化、煤粉燃烧分解,型砂中灰分增多,部分粘土丧失粘结力,均使型砂的性能变坏。所以,落砂后的旧砂一般不直接用于造型,需掺入新材料经过混制,恢复型砂的良好性能后才能使用。旧砂混制前需经磁选及过筛以去除铁块及砂团。型砂的混制是在混砂机中进行的,如图2-4所示。在碾轮的碾压及搓揉作用下,各种原材料混合均匀并使粘土膜均匀包敷在砂粒表面。

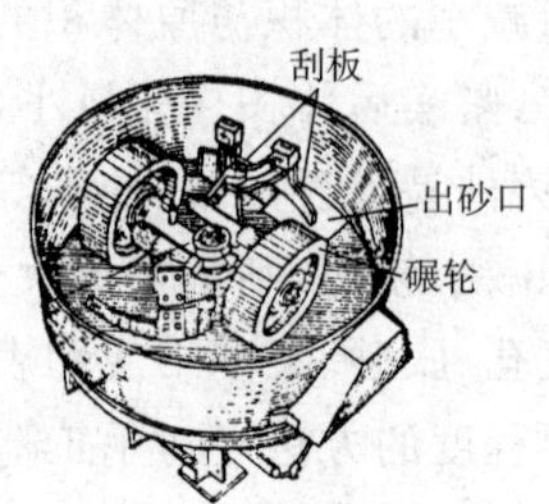

图2-4 碾轮式混砂机

型砂的混制过程是:先加入新砂、旧砂、膨润土和煤粉等干混2～3min,再加水湿混5～7min,性能符合要求后从出砂口卸砂。混好的型砂应堆放4～5h,使水分均匀(调匀)。使用前还要用筛砂机或松砂机进行松砂,以打碎砂团和提高型砂性能,使之松散好用。

2. 造型

用型砂及模样等工艺装备制造铸型的过程称为造型。这种铸型又称砂型，其结构如图 2-5 所示。造型方法可分为手工造型和机器造型两大类。

造型是砂型铸造最基本的工序，造型方法的选择是否合理，对铸件质量和成本有着重要的影响。由于手工造型和机器造型对铸造工艺的要求有着明显的不同，在许多情况下，造型方法的选定是制订铸造工艺的前提，因此必须先研究造型方法的选择。

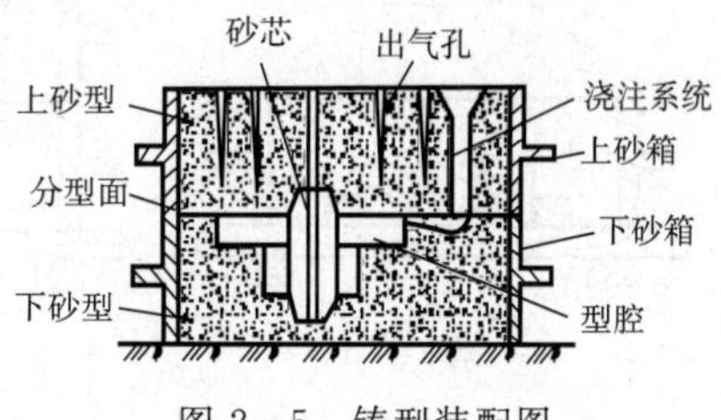

图 2-5　铸型装配图

(1)手工造型

手工造型时，填砂、紧砂和起模等都是用手工来进行的。其操作灵活，适应性强，模样成本低，生产准备周期短，但铸件质量差，生产率低，且劳动强度大，因此，主要用于单件小批生产。

① 整模造型。整模造型过程如图 2-6 所示。整模造型的特点是：模样是整体结构，最大截面在模样一端为平面；分型面多为平面；操作简单。整模造型适用于形状简单的铸件，如盘、盖类。

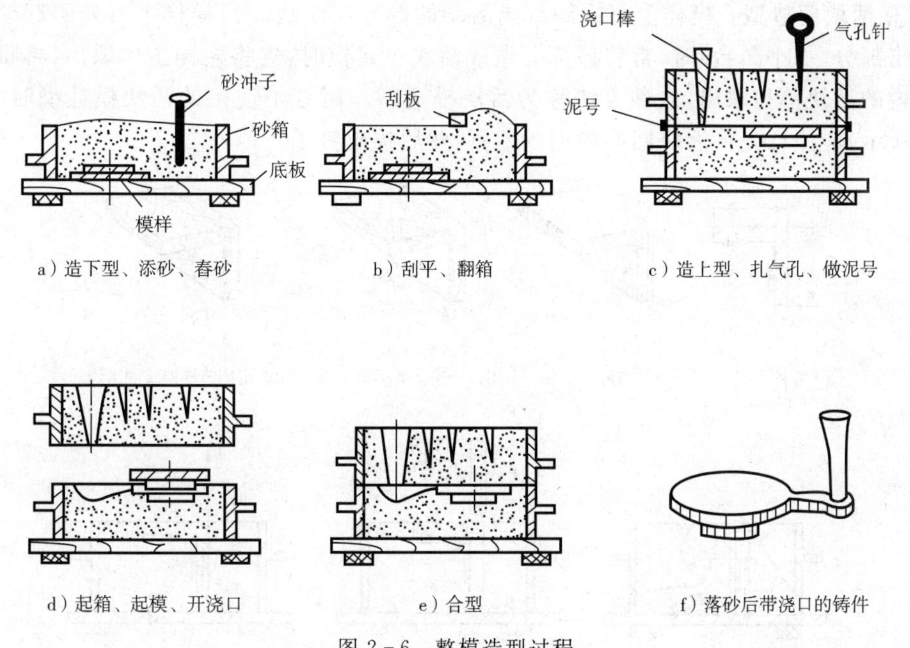

图 2-6　整模造型过程

② 分模造型。分模造型的特点是：模样是分开的，模样的分开面（称为分型面）必须是模样的最大截面，以利于起模。分模造型过程与整模造型基本相似，不同的是造上型时增加放上半模样和取上半模样两个操作。套筒的分模造型过程如图 2-7 所示。分模造型适用于形状较复杂的铸件，如套筒、管子和阀体等，分模造型的应用很广泛。

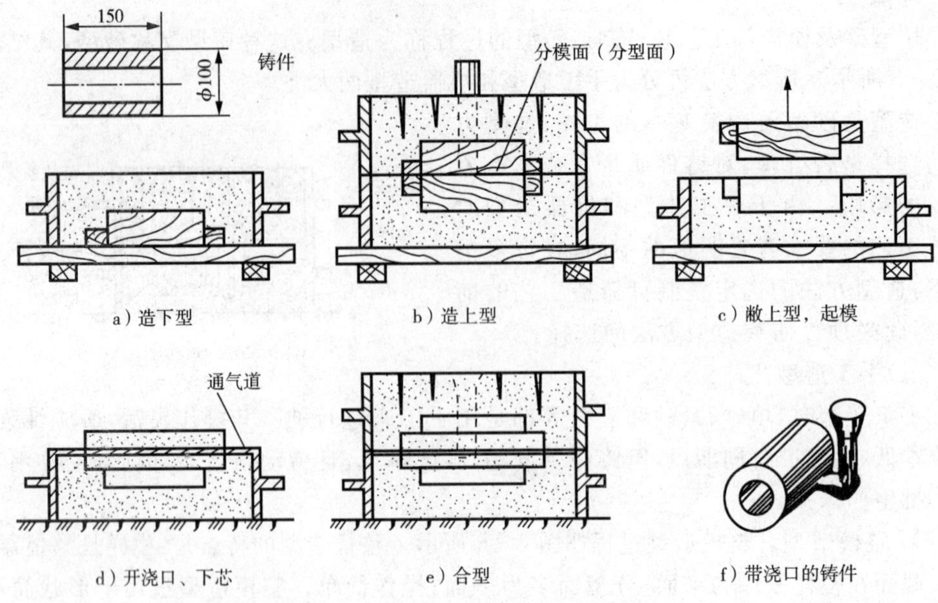

图 2-7　带法兰的套筒分模造型过程

③ 活块模造型。模样上可拆卸或能活动的部分叫活块。当模样上有妨碍起模的侧面伸出部分(如小凸台)时,常将该部分做成活块。起模时,先将模样主体取出,再将留在铸型内的活块单独取出,这种方法称为活块模造型。用钉子连接的活块模造型时(如图2-8所示)应注意先将活块四周的型砂塞紧,然后拔出钉子。

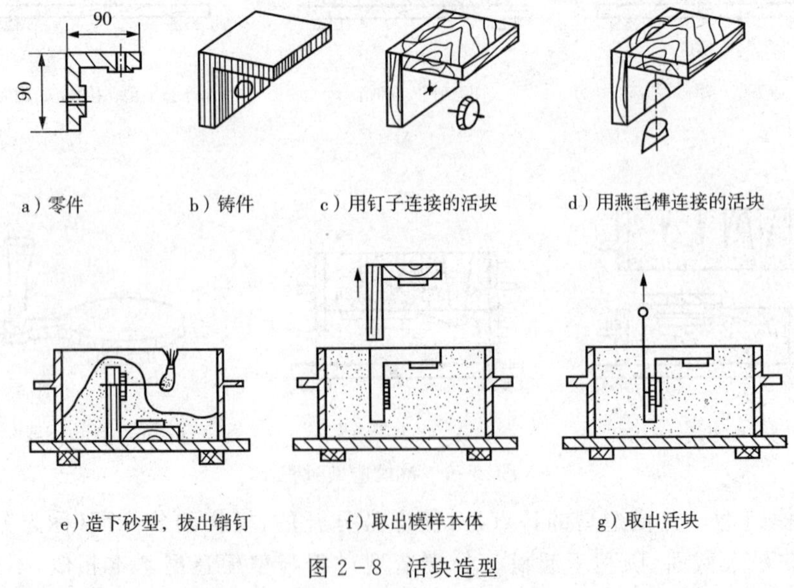

图 2-8　活块造型

活块模造型的特点是:模样主体可以是整体的,也可以是分开的;对工人的操作技术水平要求较高,操作较麻烦;生产率较低。活块模造型适用于有无法直接起模的凸台、肋条等结构的铸件。

④ 挖砂造型。有些铸件的分型面是一个曲面，起模时，覆盖在模样上面的型砂阻碍模样的起出，必须将覆盖其上的砂挖去才能正常起模，这种方法称为挖砂造型。手轮的挖砂如图 2－9 所示，为便于起模，下型分型面需要挖到模样最大截面处造型过程（如图 2－9所示 $A-A$ 处），分型面坡度尽量小并应修抹得平整光滑。

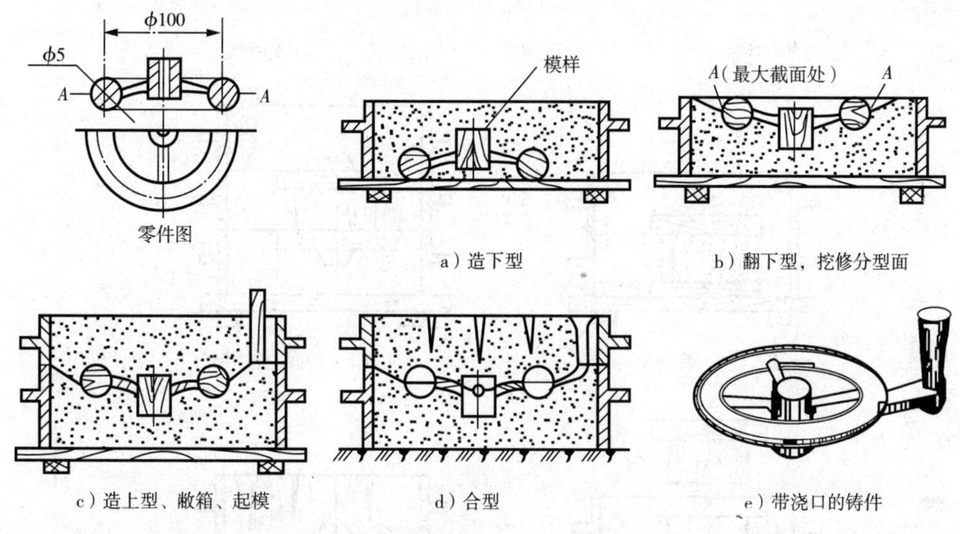

图 2－9　手轮的挖砂造型

挖砂造型的生产率低，对操作人员的技术水平要求较高，它只适用于单件小批生产的小型铸件。当铸件的生产数量较多时，可采用假箱造型代替挖砂造型。假箱造型是用预制的成形底板或假箱来代替挖砂造型中所挖去的型砂，如图 2－10 所示。

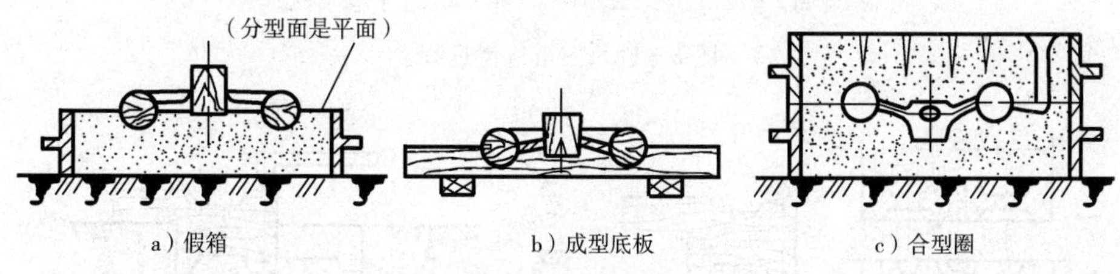

图 2－10　手轮的假箱造型

⑤ 多箱造型。有些形状结构复杂的铸件，当模样两端外形轮廓尺寸大于中间部分的尺寸时，为了起模方便，需设置多个分型面；对于高度较大的铸件，为了便于紧实型砂、修型、开浇口和组装铸型，也需设置多个分型面，这种需用两个以上砂箱进行造型的方法称为多箱造型，带轮的三箱造型过程如图 2－11 所示。

多箱造型由于分型面多，操作较复杂，劳动强度大，生产率低，铸件尺寸精度不高，所以只适用于单件小批生产。当生产批量较大或采用机器造型时，应设置外型芯采用分模两箱造型。

⑥ 刮板造型。一些尺寸较大的旋转体铸件，还可用一块和铸件截面或轮廓形状相适应的刮板代替模样，用以刮制出规则的砂型型腔，这种方法称为刮板造型。大带轮的刮板造型如图 2－12 所示。

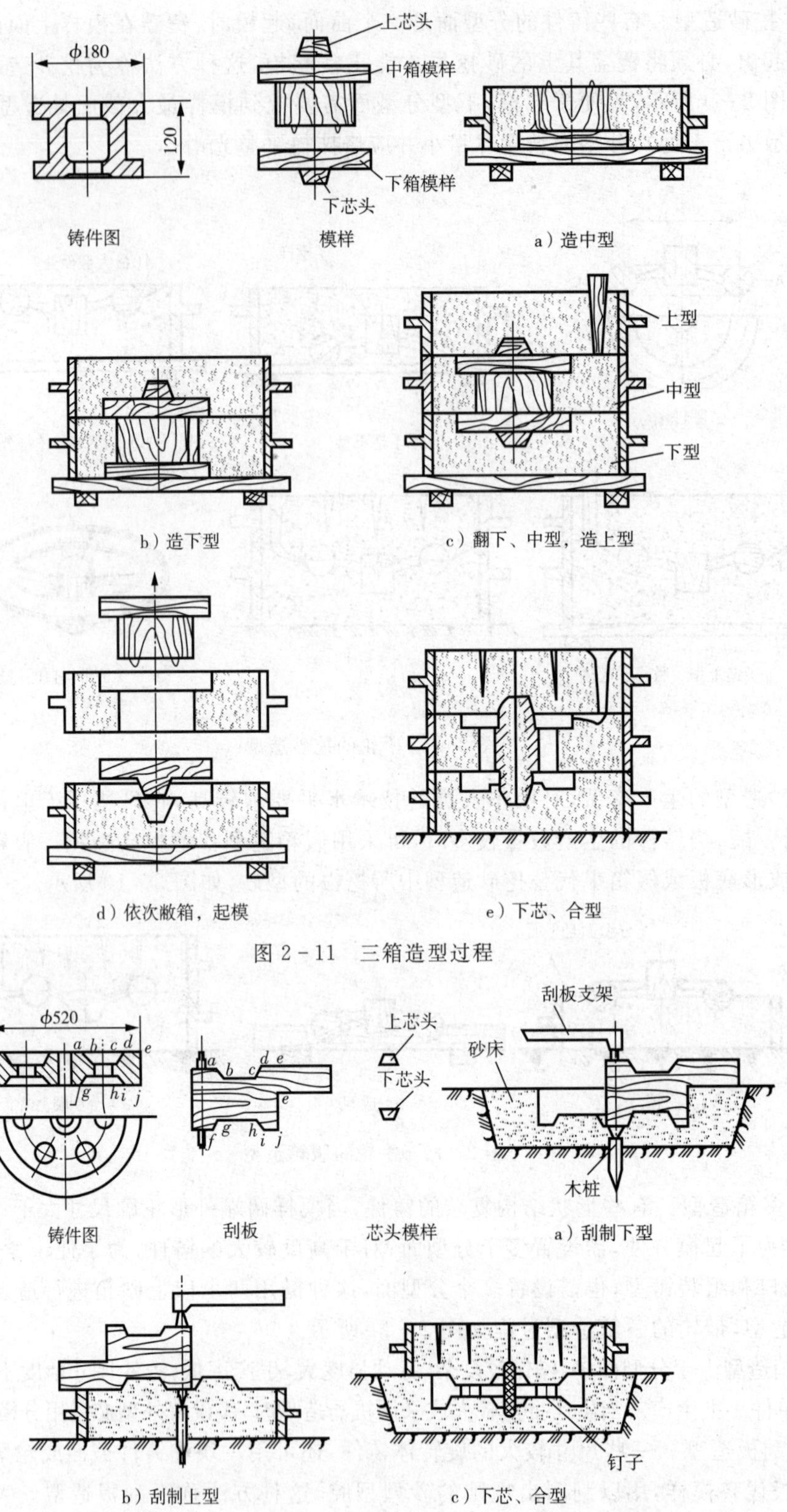

图 2-11　三箱造型过程

图 2-12　带轮的刮板造型过型

刮板造型模样简单，节省制模材料及制模工时，但造型操作复杂，生产效率很低，仅适用于大、中型旋转体铸件的单件生产。

⑦ 地坑造型。大型铸件单件生产时，为节省下砂箱，降低铸型高度，便于浇注操作，多采用地坑造型。在地平面以下的砂床中或特制的砂床中制造下型的造型方法称为地坑造型，如图 2-13 所示。

造型时，先在挖好的地坑内填入型砂，制好砂床；再用锤敲打模样使之卧入砂床内，继续填砂并舂实模样周围型砂，刮平分型面后进行造上型等后续工序的操作。

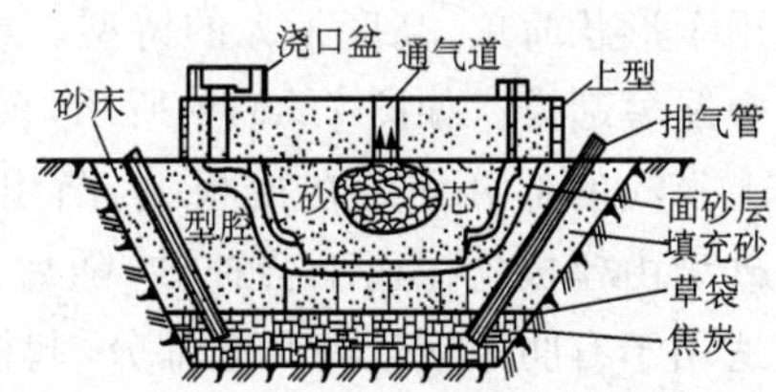

图 2-13　地坑造型和型图

(2)机器造型

随着现代化大生产的发展，机器造型已代替了大部分的手工造型，机器造型不但生产率高，而且质量稳定，劳动强度低，是成批大量生产铸件的主要方法。机器造型的实质是用机器进行紧砂和起模，根据紧砂和起模的方式不同，机器造型可分为震压式造型、多触头高压造型、射压造型、空气气冲造型和抛砂造型等。下面仅介绍目前我国中、小工厂常用的震压式造型机和抛砂造型机。

①紧砂方法

◆震压式造型机。震压式造型机结构如图 2-14 所示。压缩空气使震击活塞多次震击，将砂箱下部的型砂紧实，再用压实气缸将上部的型砂压实。

震压式造型机结构简单，动作可靠，震击压力大；但工作时噪声、震动大，劳动条件差。经震实后的砂箱内，其各处及上下部的紧实程度都不够均匀。

图 2-15 所示的气动微震式造型机，工作时的震动、噪声小，且用多触头压实，效果良好。液压连通器使每个触头上所产生的压力是相同的，保证紧砂均匀。气动微震式造型机主要用于成批、大量生产中、小型铸件。

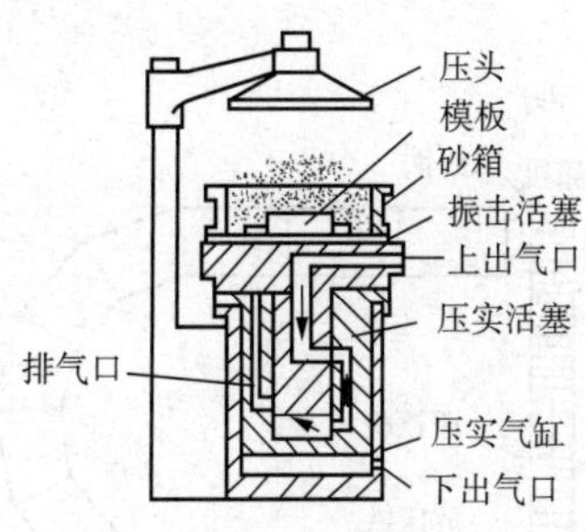

图 2-14　振压实造型机

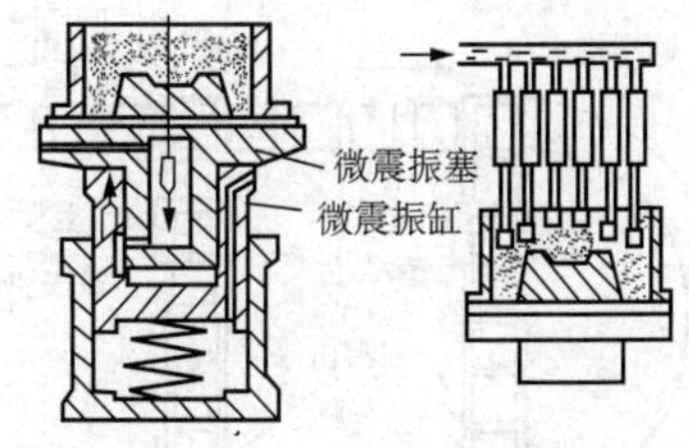

图 2-15　气动微振式造型机

◆抛砂紧实。抛砂紧实是将型砂高速抛入砂箱中而同时完成填砂和紧实的造型方法。如图 2-16 所示，转子高速旋转（约 1000r/min），叶片以 30～50m/s 的速度将型砂抛向砂箱。随着抛砂头在砂箱上方的移动，使整个砂箱填满并紧实。由于抛砂机抛出的砂团速度相同，所以砂箱各处的紧实程度都很均匀。此外，抛砂造型不受砂箱大小的限制，故它适用于生产大、中型铸件。

②起模方法

常用的起模方法有以下几种：

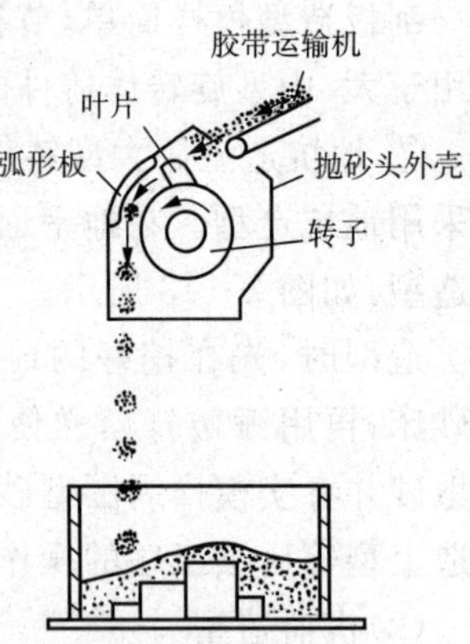

图 2-16　抛砂造型机

◆顶箱起模。如图 2-17a 所示，当砂箱中型砂紧实后，顶箱机构顶起砂箱，使模板与砂箱分离而完成起模。此法结构简单，但起模时型砂易被模样带着往下掉，所以仅适用于形状简单、高度不大的铸型。

◆漏模起模。如图 2-17b 所示，模样分成两个部分，模样上平浅的部分固定在模板上，凸出部分可向下抽出，此时砂型由模板托住而不会掉砂，随后再落下模板。这种方法适用于有肋条或较高凸起部分、起模较困难的铸型。

◆翻箱起模。如图 2-17c 所示，将砂箱由造型位置翻转 180°，然后是模板与砂箱脱离（用顶箱或漏模均可）。这种方法适用于型腔较深、形状较复杂的铸型。

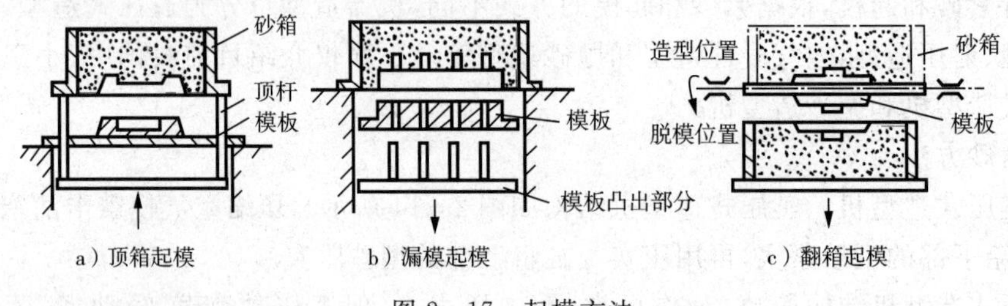

图 2-17　起模方法

③造型生产线

大批量生产时，为充分发挥造型机的生产率，一般采用各种铸型输送装置，将造型机和铸造工艺过程中各种辅助设备（如翻箱机、落箱机、合箱机和捅箱机等）连接起来，组成机械化或自动化的造型系统，称为造型生产线，如图 2-18 所示。

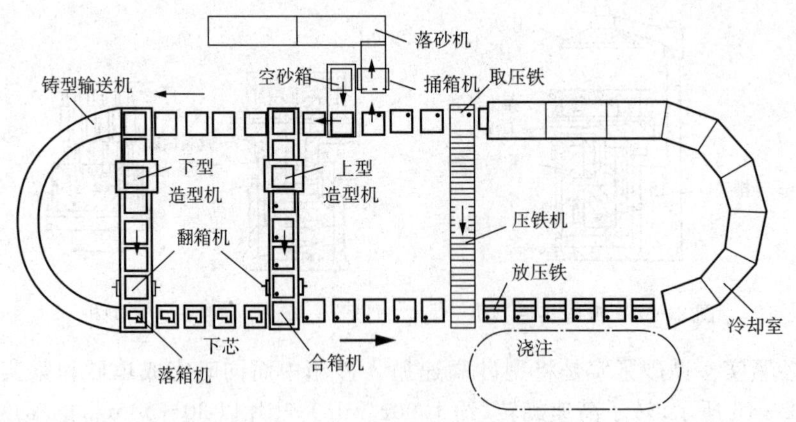

图 2-18　造型生产线示意图

3. 造芯

型芯主要是用来形成铸件的内腔，有时也用来形成形状复杂的外形。

(1)芯砂

浇注时,由于型芯的表面被高温金属液所包围,受到的冲刷及烘烤要比砂型厉害,因此要求型芯具有更高的强度、透气性、耐火性和退让性等,以确保铸件质量。

芯砂种类主要有粘土砂、水玻璃砂和树脂砂等。粘土砂芯因强度低、需加热烘干,应用日益减少;水玻璃砂主要用在铸钢件砂芯中;树脂砂有快干自硬特性、强度高、溃散性好,所以应用日益广泛,特别适用于大批量生产的复杂砂芯。少数中小砂芯还用合成树脂砂。为保证足够的强度、透气性,芯砂中粘土、新砂加入量要比型砂高,或全部用新砂。

(2)制芯工艺

由于芯型在铸件铸造过程中所处的工作条件比砂型更恶劣,因此制芯型时,除选择合适的材料外,还必须采取以下工艺措施:

① 放芯骨。在砂芯中放置芯骨,以提高其强度和刚度。小砂芯的芯骨可用铁丝制作,中、大型砂芯要用铸铁芯骨,为了吊运砂芯方便,往往在芯骨上做出吊环,如图 2-19 所示。

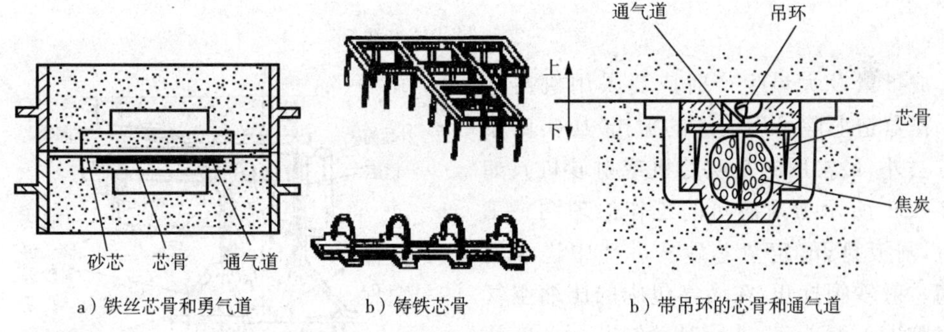

a) 铁丝芯骨和勇气道　　b) 铸铁芯骨　　b) 带吊环的芯骨和通气道

图 2-19　芯骨和通气道

② 开通气道。砂芯在高温金属液的作用下会产生大量气体。若砂芯透气性不好,则可能在铸件中产生气孔。为此,可在砂芯中用通气针扎出气孔,或在砂芯中埋蜡线、填焦炭等,如图 2-19 所示。

③ 刷涂料。刷涂料的作用在于降低铸件表面的粗糙度值,减少铸件黏砂、夹砂等缺陷。一般中、小铸钢件和部分铸铁件可用硅粉涂料,大型铸钢件用刚玉粉涂料,石墨粉涂料常用于铸铁件生产。

④ 烘干。砂芯烘干后可以提高强度和增加透气性。烘干时采用低温进炉、合理控温、缓慢冷却的烘干工艺。烘干温度黏土砂芯为 250℃～350℃,油砂芯为 200℃～220℃,合成树脂砂芯为 200℃～240℃,烘干时间在 1h～3h。

(3)制芯方法

造芯的方法也有手工造芯和机器造芯两种。手工造芯大多数都是在芯盒中制造的,如图 2-20 所示。

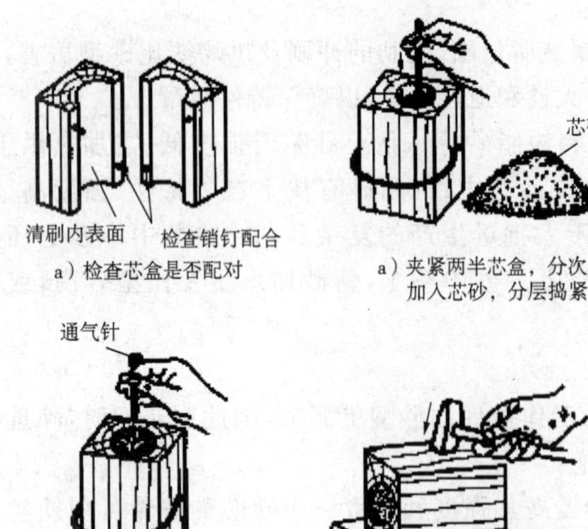

a）检查芯盒是否配对　a）夹紧两半芯盒，分次加入芯砂，分层捣紧　a）插入刷有泥浆水的芯骨，其位置要适中

d）继续填砂捣紧、刮平，用通气针扎出通气孔　d）松开夹子，轻敲芯盒，使砂芯从芯盒内壁松开　f）取出砂芯，上涂料

图 2－20　制芯的方法

成批量及大量生产时广泛采用机器造芯。机器造芯除可用前述的振击、压实的紧砂方法外，最常用的是吹芯机或射砂机。如图 2－21 所示为射芯机的工作原理图。工作时，闸板打开，定量芯砂从砂斗中进入射砂筒。射砂阀打开，在储气包中的压缩空气经射腔进入射砂筒，进行射砂制芯。余气从射砂板上的排气孔排出。

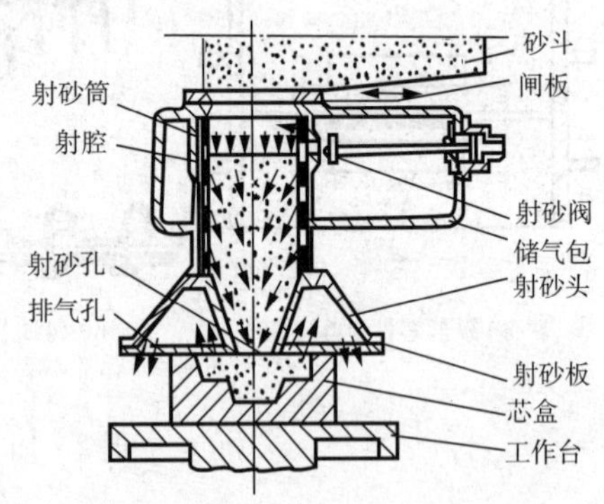

图 2－21　射芯机的工作原理

4. 铸造工艺图绘制

铸造工艺图是根据零件图的要求，在分析铸件铸造工艺性的基础上，将确定的工艺方案、工艺参数及浇冒口系统等，用规定的工艺符号、文字，用不同的颜色标注在零件图上而成的图样。图上主要包括铸件的浇注位置、分型面、型芯机芯头、工艺参数、浇注系统和冒口、冷铁等。

(1)浇注位置的选择

浇注位置是指浇注时铸件在铸型内的位置。它的选择既要符合铸件的凝固规律，保证充型良好，又要简化造型和浇注工艺。具体选择原则如下：

① 铸件上的重要加工面应朝下或呈侧立面。因为铸件的上表面容易产生夹渣、气孔等缺陷，组织也不如下表面致密。若不能朝下，则应尽量使其呈侧立面。当铸件上有数个重要加工面时，应将较大的面朝下，其他面可采用增大加工余量等措施来保证其质量。

如图 2－22a 所示为车床床身的浇注位置方案。由于床身导轨面是关键部分，不允许有铸造缺陷，并且要求组织致密和均匀，因此，床身的浇注位置一般是将导轨面朝下。而卷扬筒的圆周表面要求高，则应使之垂直浇注，如图 2 - 22b 所示。

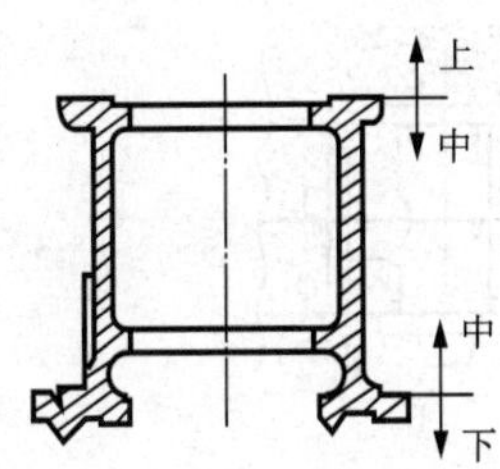

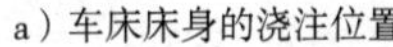

a）车床床身的浇注位置

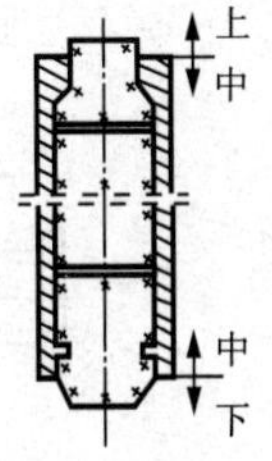

b）卷扬筒的浇注位置

图 2 - 22　浇注位置

② 铸件上的大平面应朝下。铸件的大平面若朝上，则容易产生夹砂等缺陷，这是由于在浇注过程中金属液对型腔上表面有强烈的热辐射，型砂因急剧热膨胀和强度下降而拱起或开裂，于是铸件表面形成夹砂缺陷。因此，平板、圆盘类铸件上的大平面应朝下。

铸件上的大面积的薄壁部分应置于铸型的下部或使其处于垂直或倾斜位置，以防止其产生浇不足或冷隔等缺陷。

③ 对于容易产生缩孔的铸件，应使厚大部分置于上部或侧面，以便能直接安置冒口，使之自下而上进行顺序凝固，如图 2 - 22b 所示卷扬筒铸件，厚部放在上部是合理的。

(2)分型面的选择

分型面是两半铸型的分界面，铸型分型面的选择正确与否是铸造工艺和理性的关键因素之一。如果选择不当，不仅影响铸件质量，而且还会使制模、造型、造芯、合箱或清理等工序复杂化，甚至还会加大切削加工的工作量。因此，分型面的选择，应在保证铸件质量的前提下，尽量简化工艺过程，以节省人力物力。根据生产实际经验，分型面的选择原则如下：

① 尽量使分型面平直且数量少

如图 2 - 23 所示为一起重臂铸件，图中所示的合理的分型面，便于采用简便的分模造型；若采用俯视图的弯曲面粉分型面，则需采用挖砂或假箱造型。

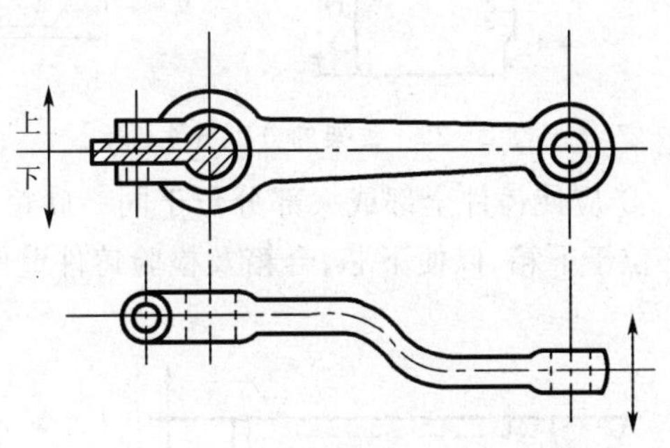

图 2 - 23　起重臂的分型面

如图 2 - 24 所示为一三通管铸件，其内腔必须采用一个 T 字型芯来形成，但不同的分型方案，其分型面数量不同。显然，图 d 的方案分型最合理，造型工艺简便。

② 尽量避免采用活块或挖砂造型

如图 2 - 25 所示为支架的分型方案。按图中方案Ⅰ，凸台必须采用四个活块方可制出，而下部两个活块的部位较深，取出困难。当改为方案Ⅱ，可省去活块，仅在 A 处稍加挖砂即可。

③ 应使型芯的数量少

如图 2 - 26 所示为一底座铸件。若按方案Ⅰ采用分模造型，其上下内腔均需采用型芯，而改为方案Ⅱ后，可采用整模造型，上下内腔可自带型芯。

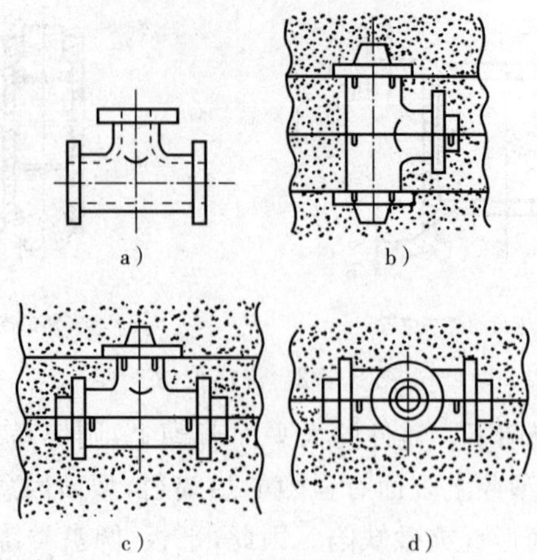

图 2-24　三通管铸件的分型方案

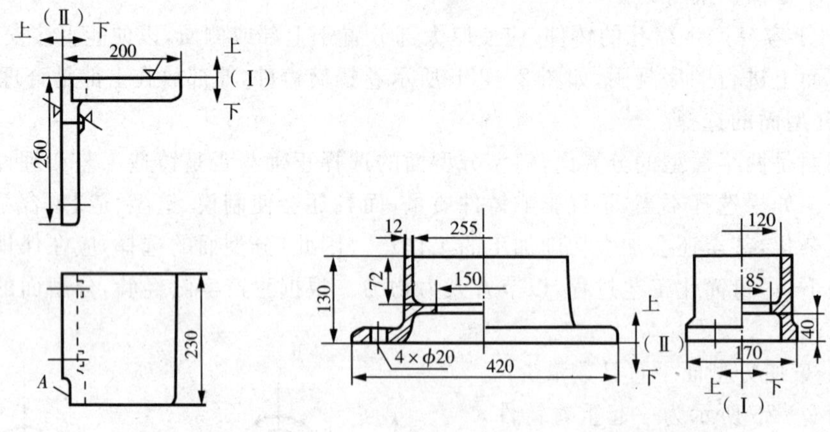

图 2-25　支架的分型方案　　　　图 2-26　底座的分型方案

④ 应使铸件全部或大部分位于同一砂箱，以防止产生错箱缺陷，如图 2-27 所示；且最好位于下箱，以便下芯、合箱及检验铸件壁厚等。

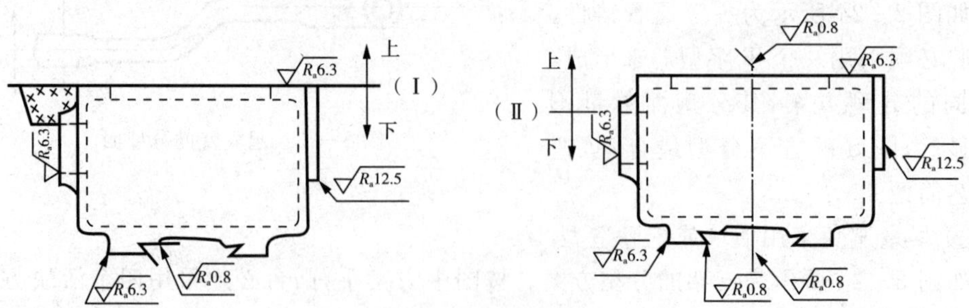

图 2-27　床身铸件

上述关于确定浇注位置和分型面的原则，对于具体铸件来说多难以满足，有时甚至互相矛盾。因此，必须抓住主要矛盾、全面考虑，至于次要矛盾，则应从工艺措施上设法解决。

(3)工艺参数的确定

铸件的工艺设计过程中，除了根据铸件的特点和具体的生产条件正确选择铸造方法和确定铸造工艺方案外，还应正确选择以下工艺参数：

① 机械加工余量

在铸件上为切削加工的方便而加大的尺寸称为机械加工余量。加工余量的大小应适当，余量过大，费加工工时，且浪费金属材料；余量过小，制品会因残留黑皮而报废，或因铸件表面过硬而加速刀具磨损。机械加工余量的具体数据取决于铸件的生产批量、合金种类、铸件大小、加工面与基准面的距离及加工面在浇注时的位置等。

铸件上的孔、槽是否铸出，不仅取决于工艺上的可能性，还必须考虑其必要性。一般来说，较大的孔、槽应当铸出，以减少切削加工工时、节省金属材料，同时也可减小铸件上的热节。但铸件上的小孔、槽则不必铸出，因为机械加工的直接钻孔反而更经济。灰铸铁件的最小铸孔（毛坯孔径）推荐如下：单件生产 30～50mm，成批生产 15～20mm，大量生产 12～15mm。对于零件图上不要求加工的孔、槽，无论大小均应铸出。

② 起模(拔模)斜度

为了在造型和造芯时便于从铸型中起模或从芯盒中取芯，在模型或芯盒的起模方向上应具有一定的斜度，此斜度称为起模斜度。

起模斜度的大小取决于垂直壁的高度、造型方法、模型材料及表面粗糙度等。垂直壁愈高，其斜度愈小；机器造型铸件的斜度比手工造型时小；木模要比金属模的斜度大。通常起模斜度在 15′～3°之间。

③ 铸造收缩率

铸件在冷却、凝固过程中要产生收缩，为了保证铸件的有效尺寸，模样和芯盒上的相关尺寸应比铸件放大一个收缩量。

铸造收缩率的大小随合金的种类及铸件的尺寸、结构、形状而不同，通常灰铸铁为 0.7%～1.0%，铸钢为 1.5%～2.0%，有色金属为 1.0%～1.5%。

④ 型芯头

芯头的作用是为了保证型芯在铸型中的定位、固定以及通气。

型芯头的形状与尺寸对于型芯在铸型中装配的工艺性与稳固性有很大的影响。型芯头按其在铸型中的位置分垂直芯头和水平芯头两类，如图 2－28 所示。垂直芯头的高度主要取决于性芯头的直径。垂直的芯头上下应有一定的斜度。处于下箱的芯头，其斜度应小些，高度大些，以便增加型芯的稳固性；上箱的芯头斜度应大些，高度小些，以易于合箱。水平芯头的长度主要取决于芯头的直径和型芯的长度，并随型芯头的直径和型芯的长度增加而加大。

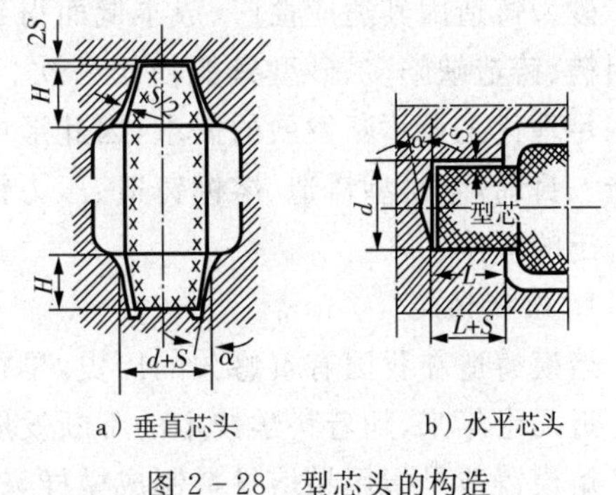

图 2－28　型芯头的构造

型芯头与铸型的型芯座之间应有 1～4mm 的间隙，以便与铸型的装配。

⑤ 铸造圆角

在设计和制造模型时，在相交壁的交角要做成圆弧过渡，称为铸造圆角。其目的是为了防止铸件交角处产生缩孔及由于应力集中而产生裂纹，以及防止在交角处产生粘砂等缺陷。

(4)冒口和冷铁

① 金属液浇入铸型后，在冷却凝固过程中，要产生体收缩，这种收缩可能导致铸件在最后凝固的部位产生缩孔或缩松。体收缩大的铸造合金，如铸钢、球墨铸铁、可锻铸铁及某些有色合金铸件，常因缩孔或缩松影响铸件的致密性，减少铸件的有效断面积，使力学性能大大降低，甚至是铸件报废。防止在铸件上产生缩孔和缩松的工艺措施是合理地设置冒口和冷铁。

冒口是对于铸件凝固收缩进行补给，非铸件本体的附加部分。它具有补缩、排气和集渣等作用。冒口具备补缩能力的基本条件是：

a. 冒口的大小和形状应使冒口金属液最后凝固，并形成由铸件到冒口的定向凝固。

b. 冒口应在保证供给足量液体金属的条件下，尽量减少金属的消耗量。

② 冷铁是用来控制铸件凝固最常用的一种激冷物。各种铸造合金均可使用，尤以铸钢件应有最多。冷铁的作用是：

a. 与冒口配合使用，能加强铸件的定向凝固、扩大冒口的有效补缩距离，提高金属液的利用率，防止铸件产生缩孔或缩松。

b. 加快铸件局部的冷却速度，使整个铸件倾向于同时凝固，以防止铸件产生变形和裂纹。

c. 加快铸件某些特殊部位的冷却，以达到细化组织，提高铸件表面硬度和耐磨性的目的。

冷铁分为外冷铁和内冷铁两种。外冷铁使用时作为铸型的一个组成部分，可重复使用；内冷铁使用时为铸件的一部分。

2.1.2 特种铸造

砂型铸造因其适应性广、成本低而得到广泛的应用，但也存在铸件的尺寸精度低、表面粗糙、铸造缺陷多、砂型只能使用一次、工艺过程繁琐、生产率低等缺点。砂型铸造不能满足现代工业不断发展的需求，因此形成了有别砂型铸造的其他铸造方法称为之特种铸造。目前，金属型铸造、熔模铸造、压力铸造和离心铸造等多种铸造方法已在生产中得到广泛的应用。

1. 熔模铸造

熔模铸造在我国有着悠久的历史，早在商朝就用此法铸造了艺术性很高的钟鼎和器皿。近几十年来，随着科学技术的不断发展，使这种古老的方法又有了新的发展。

熔模铸造是指用易熔材料制成模样，然后再模样上涂挂耐火材料，经硬化后，再将模样熔化以获得无分型面的铸型。由于模样广泛采用蜡质材料来制造，故又常将熔模铸造称为“失蜡铸造”。图 2-29 为熔模铸造工艺过程示意图。

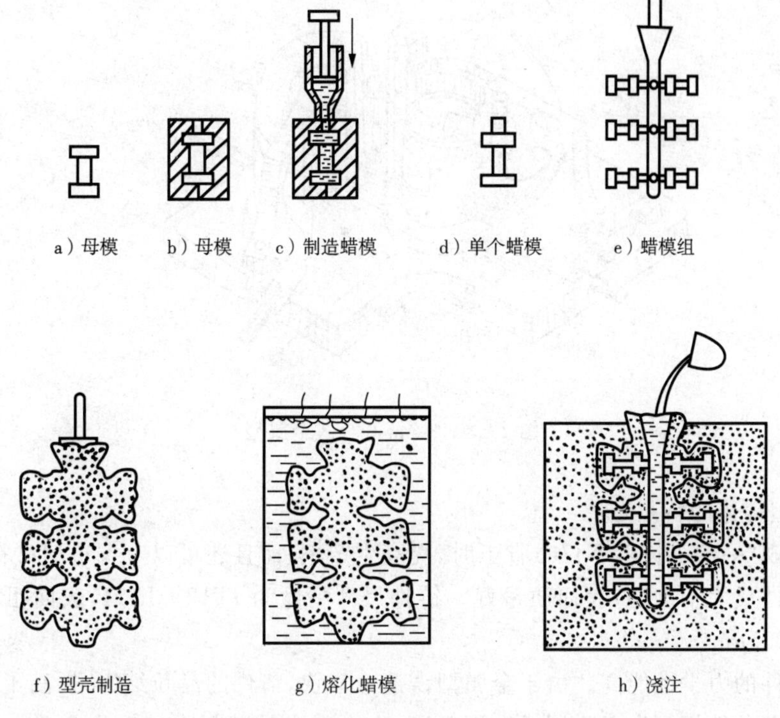

图 2-29　熔模铸造的工艺流程

熔模铸造的特点是：

◆ 铸件具有较高的尺寸精度和较低的表面粗糙度，如铸钢件尺寸精度为 IT11～IT14，表面粗糙度 R_a 值为 1.6～6.3μm。

◆ 由于其特殊的起模方式，可适于制造形状复杂或特殊、难用其他方法铸造的零件。

◆ 适于各种铸造合金，特别是小型铸钢件。

◆ 设备简单，生产批量不受限制。

◆ 工艺过程较复杂，生产周期长，铸件质量不能太大（＜25kg）。

因此，熔模铸造多用于制造各种复杂形状的小零件，特别适用于高熔点金属或难切削加工的铸件，如汽轮机叶片、刀具等。

2. 金属型铸造

金属型铸造是指将液态金属浇入到金属制成的铸型中，以获得铸件的方法。由于金属型可以重复使用几百次至几万次，所以又称之为“永久型铸造”。

金属型的结构主要取决于铸件的形状、尺寸、合金种类及生产批量等。如图 2-30 所示为铰链开合式金属型。

金属型一般用铸铁制成，有时也采用碳钢。铸件内腔可用金属型芯或砂芯来形成，其中金属型芯通常只用于浇注有色金属件。为使金属型芯能在铸件凝固后迅速从腔中抽出，金属型还常设有抽芯机构。对于有侧凹内腔，为使型芯得以取出，金属型芯可由几块组合而成。

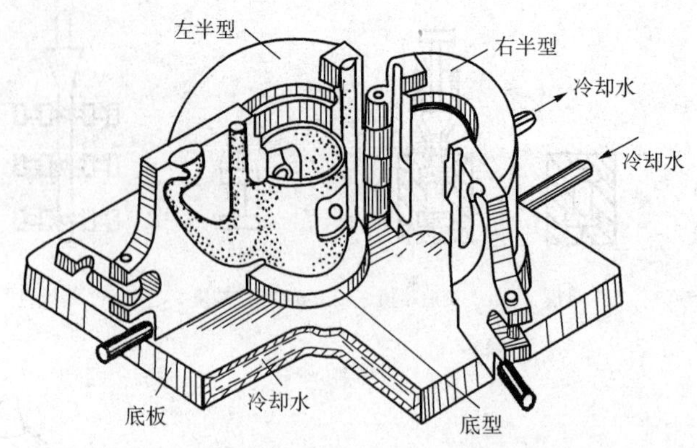

图 2-30 铰链开合式金属型

金属型铸造的特点是：

◆ 实现“一型多铸”，不仅节省工时、提高生产率，而且还可以节省造型材料。

◆ 铸件尺寸精度高、表面质量好。铸件尺寸精度为 IT12～IT14，表面粗糙度 R_a 值为 6.3～12.5μm。

◆ 铸件的力学性能高。由于金属型铸造冷却快，铸件的晶粒细密，提高了力学性能。

◆ 劳动条件好。由于不用或少用型砂，大大减少了车间内的硅尘含量，从而改善了劳动条件。

◆ 制造金属的成本高，周期长，铸造工艺规格要求严格。

◆ 由于金属型导热快，退让性差，故易产生冷隔、裂纹等缺陷。而生产铸铁件又难以避免出现白口组织。

因此，金属型铸造主要用于大批量生产形状不太复杂、壁厚较均匀的有色合金的中、小件，有时也生产某些铸铁和铸钢件，如铝活塞、气缸体等。

3. 压力铸造

压力铸造简称压铸，它是指在高压的作用下，将液态或半液态合金快速地压入金属铸型中，并在压力下结晶凝固而获得铸件的方法。

压铸机是完成压铸过程的主要设备。根据压室的工作条件不同，它可分热压室压铸机和冷压室压铸机两大类。图 2-31 是常用的卧式冷压室压铸机工作原理图。

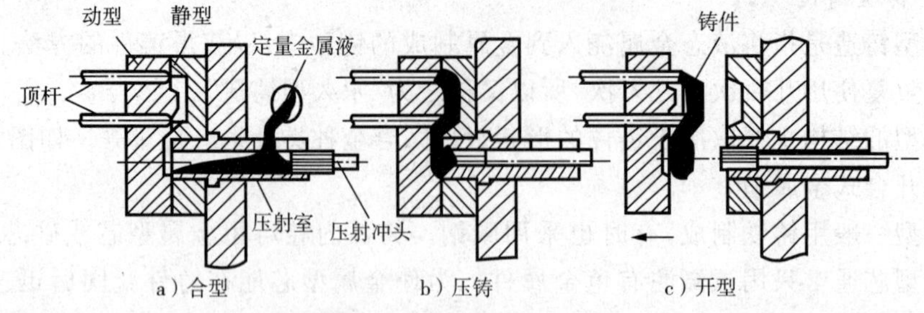

图 2-31 卧式冷压室压铸机工作原理图

压力铸造的特点是：

◆ 铸件的精度及表面质量均较其他铸造方法高。尺寸精度可达 IT11～IT13，表面粗糙度值为 R_a1.6～6.3μm。因此，压铸件不经机械加工或少许加工即可使用。

◆ 可压铸出形状复杂的薄壁件或镶嵌件。如可铸出极薄件(铝合金的最小壁厚可达 0.05mm)或直接铸出小孔、螺纹等，这是由于压铸型精密，在高压下浇注，极大地提高了合金充型能力所致。

◆ 铸件的强度和硬度均较高。因为铸件的冷却速度快，又在高压作用下结晶凝固，其组织致密、晶粒细，如抗拉强度可比砂型铸造提高 25%～30%。

◆ 生产率高。由于压铸的充型速度和冷却速度快，开型迅速，故其生产率比其他铸造方法均高。如我国生产的压铸机生产能力可达 50～150 次/h，最高可达 500 次/h。

◆ 易产生气孔和缩松。由于压铸速度极高，型腔内气体很难及时排除，厚壁处的收缩也很难补缩，致使铸件内部常有气孔和缩松。因此，压铸件不宜进行较大余量的切削加工和进行热处理，以防孔洞外露和加热时铸件内气体膨胀而起泡。

◆ 压铸合金种类受到限制。由于液流的高速、高温冲刷，压型的寿命很低，故压铸不适宜高熔点合金铸造。

◆ 压铸设备投资大，生产准备周期长。压铸机造价高，投资大。压铸模结构复杂，制造成本高，生产准备周期长。

因此，压力铸造主要适应于大批量生产低熔点有色合金铸件，特别是形状复杂的薄壁小件，如精密小仪器、仪表、医疗器械等。近年来为解决压铸件中的微小气孔，进一步提高铸件质量，采用了真空压铸、吹氧压铸等新工艺。随着新型压铸模材料的研究成功，我国已能生产部分钢、铁压铸件。

4. 离心铸造

离心铸造是将液体金属浇入旋转的铸型中，使液体金属在离心力作用下充填铸型和凝固成型的一种铸造方法。

为了实现上述工艺过程，必须采用离心铸造机以创造铸型旋转的条件。根据铸型旋转轴在空间位置的不同，常用的有立式离心铸造机和卧式离心铸造机两种类型。

立式离心铸造机如图 2-32 所示。它的铸型是绕垂直轴旋转的，金属液在离心力作用下，沿圆周分布。由于重力的作用，使铸件的内表面呈抛物面，铸件壁上薄下厚。所以它主要用来生产高度小于直径的圆环类铸件，如轴套、齿圈等，有时也可用来浇注异形铸件。

卧式离心铸造机如图 2-33 所示。它的铸型是绕水平轴转动，金属液通过浇注槽导入铸型。采用卧式离心压铸机铸造中空铸件时，无论在长度方向或圆周方向均可获得均匀的壁厚，且对铸件长度没有特别的限制，故常用它来生产长度大于直径的套类和管类铸件，如各种铸铁下水管、发动机缸套等。这种方法在生产中应用最多。

由于离心铸造时，液体金属是在旋转情况下充填铸型并进行凝固的，因此离心铸造具有以下特点：

◆铸件力学性能好。铸件在离心力的作用凝固，其组织致密，同时也改善了补缩条件，不易产生缩孔和缩松等缺陷。铸件中的非金属夹杂物和气体集中在内表面，便于去除。

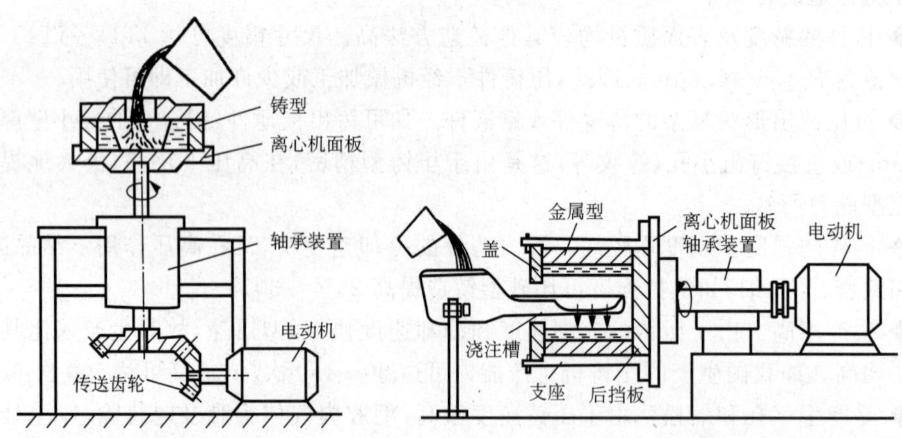

图 2-32　立式离心铸造机　图 2-33　卧式离心铸造机

◆不需型芯和浇注系统。由于金属液在离心力作用下充填铸型,故对于带孔的圆柱形铸件,不需采用型芯和浇注系统即可铸出,工艺简便并可减少金属材料的消耗。

◆金属液的充型能力好,也便于制造双层金属。离心力提高了金属液的充型能力,可适于流动性差的铸造合金或薄壁铸件。此外,利用这种方法还能制造出双层金属铸件,如轴瓦、钢套衬铜等。

◆内孔的表面质量差,尺寸不准确。

◆容易产生比重偏析。对于容易发生比重偏析的合金,如铅青铜等,不宜采用离心铸造,因为离心力将使铸件内、外层成分不均匀,性能不佳。

因此,离心铸造主要适应于生产中、小型管、筒类零件,如铸件管、铜套、内燃机缸套、钢套衬铜的双金属件等。

2.2　合金的熔炼与浇注

要得到优质铸件,除要有好的造型材料和合理的铸造工艺外,选择铸造合金、提高合金的熔炼质量,也是一个极其重要的问题。

对合金熔炼的基本要求是优质、低耗和高效。即金属液温度高、化学成分合格和纯净度高(夹杂物及气体含量少);燃料、电力耗费少,金属烧损少;熔炼速度快。

2.2.1　铸铁的熔炼

熔炼铸铁的设备由冲天炉和感应电炉等,而冲天炉是铸铁熔炼的主要设备。

1. 冲天炉的构造

冲天炉的构造如图 2-34 所示。炉身是用钢板完成圆筒形,内砌以耐火砖炉衬。炉身上部有加料口、烟囱、火花罩,中部有热风胆,下部有热风带,风带通过风口与炉内相通。从鼓风机送来的空气，通过热风胆加热后经风带进入炉内，供燃烧用。风口以下为炉缸，熔化的铁液及炉渣从炉缸底部流入前炉。

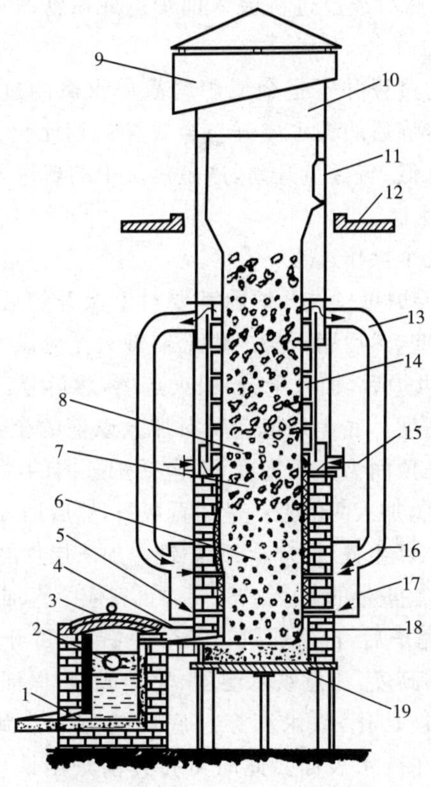

图 2-34　冲天炉的构造

1—出失口；2—出渣口；3—前炉；4—过桥；5—风口；6—底焦；7—金属料；8—层焦；9—火花罩；10—烟囱；11—加料口；12—加料台；13 热风管；14—热风胆；15—进风口；16 热风；17—风带；18—炉缸；10—炉底门

冲天炉的大小是以每小时能熔炼出铁液的重量来表示的，常用的为 1.5～10t/h。

2. 冲天炉炉料及其作用

① 金属料。金属料包括生铁、回炉铁、废钢和铁合金等。生铁是对铁矿石经高炉冶炼后的铁碳合金块，是生产铸铁件的主要材料；回炉铁如浇口、冒口和废铸件等，利用回炉铁可节约生铁用量，降低铸件成本；废钢是机加工车间的钢料头及钢切屑等，加入废钢可降低铁液碳的含量，提高铸件的力学性能；铁合金如硅铁、锰铁、铬铁以及稀土合金等，用于调整铁液化学成分。

② 燃料。冲天炉熔炼多用焦炭作燃料。通常焦炭的加入量一般为金属料的 1/12～1/8，这一数值称为焦铁比。

③ 熔剂。熔剂主要起稀释熔渣的作用。在炉料中加入石灰石（$CaCO_3$）和萤石（CaF_2）等矿石，会使熔渣与铁液容易分离，便于把熔渣清除。熔剂的加入量为焦炭的 25%～30%。

3. 冲天炉的熔炼原理

在冲天炉熔炼过程中，炉料从加料口加入，自上而下运动，被上升的高温炉气预热，温度升高;鼓风机鼓入炉内的空气使底焦燃烧,产生大量的热。当炉料下落到底焦顶面时,开始熔化。铁水在下落过程中被高温炉气和灼热焦炭进一步加热(过热),过热的铁水温度可达1600℃左右,然后经过过桥流入前炉。此后铁水温度稍有下降,最后出铁温度为1380℃～1430℃。

冲天炉内铸铁熔炼的过程并不是金属炉料简单重熔的过程,而是包含一系列物理、化学变化的复杂过程。熔炼后的铁水成分与金属炉料相比较,含碳量有所增加;硅、锰等合金元素含量因烧损会降低;硫含量升高,这是焦炭中的硫进入铁水中所引起的。

4. 冲天炉熔炼操作过程

冲天炉熔炼有以下几个操作过程:

① 修炉与烘炉。冲天炉每一次开炉前都要对上次开炉后炉衬的侵蚀和损坏进行修理,用耐火材料修补好炉壁,然后用干柴或烘干器慢火充分烘干前、后炉。

② 点火与加底焦。烘炉后,加入干柴,引火点燃,然后分三次加入底焦,使底焦燃烧,调整底焦加入量至规定高度。底焦是指金属料加入以前的全部焦炭量,底焦高度则是从第一排风口中心线至底焦顶面为止的高度,不包括炉缸内的底焦高度。

③ 装料。加完底焦后,加入两倍批料量的石灰石,然后加入一批金属料,以后依次加入批料中的焦炭、熔剂、废钢、新生铁、铁合金、回炉铁。加入层焦的作用是补充底焦的消耗,批料中熔剂的加入量约为层焦重量的20%～30%。批料应一直加到加料口下缘为止。

④ 开风熔炼。装料完毕后,自然通风30min左右,即可开风熔炼。在熔炼过程中,应严格控制风量、风压、底焦高度,注意铁水温度、化学成分,保证熔炼正常进行。

熔炼过程中,金属料被熔化,铁水滴穿过底焦缝隙下落到炉缸,再经过通道流入前炉,而生成的渣液则漂浮在铁水表面。此时可打开前炉出铁口排出铁水用于铸件浇注,同时每隔30min～50min打开渣口出渣。在熔炼过程中,正常投入批料,使料柱保持规定高度,最低不得比规定料位低二批料。

⑤ 停风打炉。停风前在正常加料后加二批打炉料(大块料)。停料后,适当降低风量、风压,以保证最后几批料的熔化质量。前炉有足够的铁液量时即可停风,待炉内铁液排完后进行打炉,即打开炉底门,用铁棒将底焦和未熔炉料捅下,并喷水熄灭。

2.2.2 铸钢的熔炼

铸钢熔炼的方法有很多,最常用的是碱性电弧炉。电弧炉炼钢,不但能得到质量较高的钢水,而且炼钢周期短,开、停炉比较方便,容易与造型、合型等工序进行配合,便于组织生产,所以应有较广。

2.2.3 有色合金的熔炼

铜、铝合金的熔化特点是金属炉料与燃料不直接接触,以减少金属的损耗和保证金属的纯净。在一般铸造车间,铜、铝合金多采用坩埚炉来熔化。

熔炼时将合金置于坩埚内,并用熔剂覆盖。在坩埚外面用焦炭、油或电热等方式对合金进行间接加热，使合金在隔绝空气下通过坩埚的热传导而熔化。

熔化后的有色合金液需加入去气剂或通入惰性气体，进行去气精炼。精炼完毕，立即取样浇注试块。如试块表面不仅不鼓胀、反而缩陷，即表示已去除金属液中的气体，可进行铸件的浇注。

2.2.4 合金的浇注

把液体金属浇入铸型的工艺称为浇注。浇注工艺不当会引起浇不到、冷隔、跑火、夹渣和缩孔等缺陷。

1. 浇注前准备工作

(1)准备浇包。浇包种类由铸型大小决定，一般中小件用抬包，容量为 50～100kg；大件用吊包，容量为 200kg 以上。对使用过的浇包要进行清理、修补，要求内表面光滑平整。

(2)清理通道。浇注时行走的通道不应有杂物挡道，更不能有积水。

(3)烘干用具。避免因挡渣钩、浇包等潮湿而降低铁水温度及引起铁水飞溅。

2. 浇注时注意的问题

(1)浇注温度。浇注温度过低，铁水的流动性差，易产生浇不到、冷隔、气孔等缺陷。浇注温度过高，铁水的收缩量增加，易产生缩孔、裂纹及粘砂等缺陷。

(2)浇注速度。浇注速度应适中。一般情况下，开始慢浇，以利于型腔排气和减小冲击力，防止产生气孔和冲砂等缺陷；随后快浇，以防止产生浇不足等缺陷；当金属液快浇满型腔时又应慢浇，以减少金属液的动压力，防止产生抬箱、炮火等缺陷。薄壁复杂大件则应尽可能快速浇注。

(3)浇注技术。注意扒渣、挡渣和引火。为使熔渣变稠便于扒出或挡住，可在浇包内金属液面上撒些干砂或稻草灰。用红热的挡渣钩及时点燃从砂型中逸出的气体，以防 CO 等有害气体污染空气及使铸件形成气孔。浇注中间不能断流，应始终使外浇口保持充满，以便于熔渣上浮。

3. 浇注系统

浇注系统是砂型中引导金属液进入型腔的通道。

(1)对浇注系统的基本要求

浇注系统设计的正确与否对铸件质量影响很大，对浇注系统的基本要求是：

◆ 引导金属液平稳、连续的充型，防止卷入、吸收气体和使金属过度氧化。

◆ 充型过程中金属液流动的方向和速度可以控制，保证铸件轮廓清晰、完整，避免因充型速度过高而冲刷型壁或砂芯及充型时间不适合造成的夹砂、冷隔、皱皮等缺陷。

◆ 具有良好的挡渣、溢渣能力，净化进入型腔的金属液。

◆ 浇注系统结构应当简单、可靠，金属液消耗少，并容易清理。

(2)浇注系统的组成

浇注系统一般由外浇口、直浇道、横浇道和内浇道四部分组成，如图 2-35 所示。

① 浇口杯。用于承接浇注的金属液，起防止金属液的飞溅和溢出、减缓对型腔的冲击、分离渣滓和气泡、阻止杂质进入型腔的作用。外浇口分漏斗形(浇口杯)和盆形(浇口

盆)两大类。

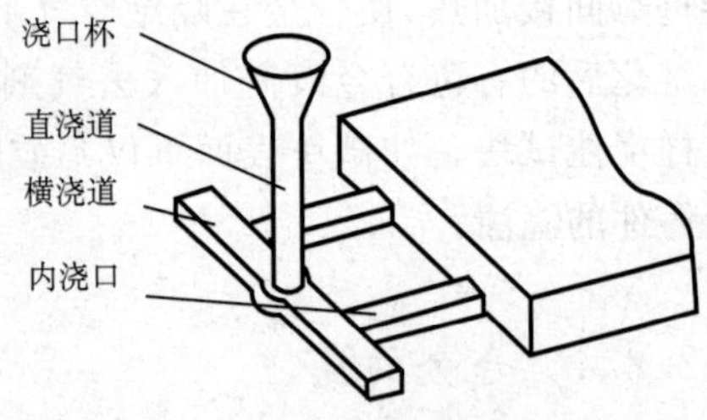

图 2-35 浇注系统的组成

② 直浇道。其功能是从外浇口引导金属液进入横浇道、内浇道或直接导入型腔。直浇道有一定高度,使金属液在重力的作用下克服各种流动阻力,在规定时间内完成充型。直浇道常做成上大下小的锥形、等截面的柱形或上小下大的倒锥形。

③ 横浇道。横浇道是将直浇道的金属液引入内浇道的水平通道。作用是将直浇道金属液压力转化为水平速度,减轻对直浇道底部铸型的冲刷,控制内浇道的流量分布,阻止渣滓进入型腔。

④ 内浇道。内浇道与型腔相连,其功能是控制金属液充型速度和方向,分配金属液,调节铸件的冷却速度,对铸件起一定的补缩作用。

(3)浇注系统的类型

浇注系统的类型按内浇道在铸件上的相对位置,分为顶注式、中注式、底注式和阶梯注入式等四种类型,如图 2-36 所示。

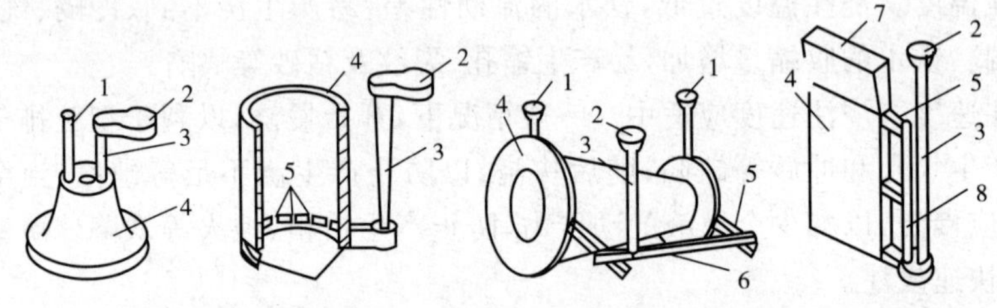
图 2-36 浇注系统的类型

2.3 铸件质量控制与检验

2.3.1 铸件缺陷分析

铸件缺陷是导致铸件性能降低、使用寿命短,甚至报废的重要原因,减少或消除铸件缺陷是铸件质量控制的重要组成部分。

由于铸造工序繁多,因此每一缺陷的产生原因也很复杂,对于某一铸件,可能同时出现多种不同原因引起的缺陷;或者同一原因在生产条件不同时,会引起多种缺陷的发生。表 2-1 是常见的铸件缺陷及其产生的主要原因,供分析时参考。

表 2-1　铸件常见的缺陷

类　别	名　称	缺陷的特征	简　图	产生缺陷的原因
孔眼	气孔	气孔多分布于铸件的上表面或内部，呈球状或梨形，内孔一般比较光滑	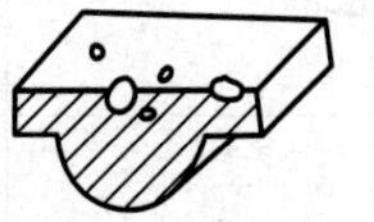	造型材料水分过多或含有大量发起物质； 型砂和型芯砂的透气性差，或烘干不良； 拔模及修型时局部刷水过多； 铁水温度过低，气体难以析出； 浇注速度过快，型腔中气体来不及排除； 铸件结构不合理，不利排气等
	缩孔	孔的内壁粗糙，形状不规则，多产生在厚壁处		浇注系统和冒口的位置不当，未能保证顺序凝固； 铸件结构设计不合理，如壁厚差过大，过渡突然，因而使局部金属聚集； 浇注温度太高、或铁水成分不对，收缩太大
	砂眼	孔内填有散落的型砂	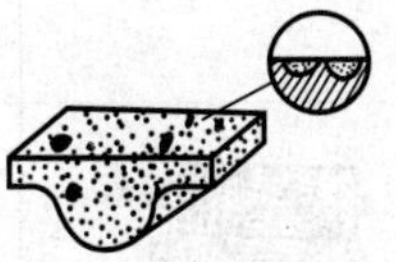	型砂和型芯砂的强度不够，舂砂太松，起模或合箱时未对准，将型砂碰坏； 浇注系统不合理，使型砂或型芯被冲坏； 铸件结构不合理，使型砂或型芯的突出部分过细、过长，容易被冲坏等
	渣眼	孔形不规则，孔内充塞熔渣	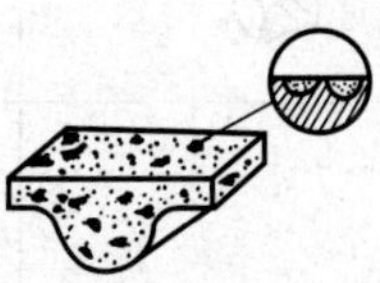	浇注时挡渣不良，熔渣随金属也流入型腔； 浇口杯未注满或断流，致使熔渣与金属液流入型腔； 铁水温度过低，流动性不好，熔渣不易浮出等

（续表）

类别	名称	缺陷的特征	简图	产生缺陷的原因
表面缺陷	热裂	铸件开裂，裂纹处金属表面成氧化色	裂纹	铸件结构设计不合理，壁厚差太大； 浇注温度太高，导致冷却速度不均匀，或浇口位置不当，冷却顺序不对； 舂砂太紧，退让性差或落砂过早等
	粘砂	铸件表面粗糙，粘有砂粒	粘砂	型砂，耐火性不够； 沙粒粗细不合适； 砂型的紧实度不够，舂砂太松； 浇注温度太高，未刷涂料或刷得不够
	冷隔	铸件有未完全熔合的缝隙，交接处多呈圆形		铁水温度太低，浇注速度太慢，金属也汇合时，因表层氧化未能熔为一体； 浇口太小或布置不对； 铸件壁太薄，型砂太湿，含发气物质太多等
	浇不足	铸件未浇满		铁水温度太低，浇注速度太慢，或铁水量不够； 浇口太小或未开出气口，产生抬箱或跑火； 铸件结构不合理，如局部过薄，或表面过大；上箱高度低，铁水压力不足等
形状尺寸和重量不合格	错箱	铸件沿分型面产生错移		合箱时上下箱未对准； 砂箱的标线或定位销未对准； 分模的上下木模未对准
	偏芯	型芯偏移，引起铸件形状及尺寸不合格		型芯变形或放置偏位； 型芯尺寸不准或固定不稳； 浇口位置不对，铁水冲偏了型芯
不合格化学成分及组织	白口	铸件的断口呈银白色，难于切削加工		炉料成分不对； 熔化配料操作不当； 开箱过早； 铸件壁太薄

2.3.2 铸件的检验

铸件的质量是否符合技术要求，需要通过检验才能确定。检验前应该了解铸件的用途和技术要求，当铸件存在缺陷时，不可草率的决定报废与否。因为如果将还可以使用的铸件定为不合格，会造成浪费和损失；反之将不可使用的铸件定为合格品，则会造成更大的损失。

铸件的检验方法有以下几种：

1. 外观检验

外观检验是最普通、最常用的方法。铸件的缺陷有些从外观检查就可发现，如铸件表面上的粘砂、夹砂、冷隔等。对于铸件表皮下的缺陷，可用尖头小锤敲击来进行表面检查；还可以通过敲击铸件，听其发出的声音是否清脆，判断铸件有无裂纹；铸件形状、尺寸和重量偏差，可按规定的标准检测或划线检查。

2. 磁粉探伤

磁粉探伤是用来检查磁性金属铸件表面或接近表面的缺陷（如裂纹、夹渣和气孔等）的方法。

磁粉探伤的方法是将待检查的铸件放在电磁铁的正负极之间，使磁力线通过铸件，并在铸件被测表面撒上细磁粉或浇上磁粉悬浮液。当铸件表层存在缺陷时，这些缺陷会造成很大磁阻，使磁力线绕过缺陷，这样就有一部分磁力线在缺陷处穿出铸件表面后再进入铸件，到达磁铁的另一极。这些穿过铸件表面的磁力线，就会吸附磁粉，形成与缺陷形状相似的图案，图案的位置就是铸件缺陷的位置。

磁粉探伤灵敏度高，操作简单，速度快；但不能检验非铁磁材料，不能发现铸件内较深部位的缺陷，探伤表面要求光滑。

3. 射线探伤

射线探伤可以用来发现铸件内部的缺陷，如气孔、缩孔、夹渣等。射线探伤常用的有 X 射线探伤和 γ 射线探伤两种。X 射线和 γ 射线都是比可见光的波长短的电磁波，能穿透金属，而使照相底片感光。

射线穿透物体时，由于物体的原子对射线的能量不断吸收，使射线能量不断衰减。衰减的快慢与物体的密度有关，密度越大，衰减越快。利用射线的这些特性，对铸件透视或拍照，可以发现铸件内部是否存在缺陷。

射线能探测的铸件厚度与材料有关。对钢材来说，X 射线能探测的厚度在 180mm 以下，γ 射线能探测的厚度在 300mm 以下，但 X 射线透视的灵敏度较 γ 射线高。此外，在用射线探伤时还应注意安全保护。

4. 超声波探伤

超声波探伤法可以用来探测铸件内部的缺陷，如气孔、裂纹、夹渣、缩松等。对铸钢件来说，探测的厚度可超过 1000mm 以上，为现有探伤方法中探测厚度最大的一种。

超声波有一个很重要的特性，即从一种介质传播到另一种介质时在界面上会产生反射，特别是由金属传向空气或由空气传向金属时，差不多 90% 的能量从界面反射回去。

超声波探伤就是运用这种特性来发现铸件内部缺陷的。

探伤时,在铸件需要探测的部位表面(加工后表面粗糙度要符合技术要求)涂刷一层机油,使超声波探伤器的探头能很好地与铸件表面贴合,让超声波能大部分进入铸件内部,然后按一定的路线缓慢移动探头,同时注意示波屏上的图形,根据图形就可确定缺陷的深度和大小。

超声波探伤适应范围广泛,灵敏度高,设备小巧,运用灵活;但只能检验形状简单的铸件,只能探测缺陷的位置和大小,难以探知缺陷的性质;铸件表面要经过加工。

5. 压力试验

压力试验是用来检查铸件致密性的一种方法,如阀体、泵体、缸体等需要承受高压的铸件都应经过高压试验。

压力试验是把具有一定压力的水或空气压入铸件内腔,如果铸件有缩松、贯穿的裂纹等缺陷,水和空气就会通过铸件的壁渗漏出来,从而发现缺陷的存在及其位置。试验时的压力通常要超过铸件工作压力的30%~50%。

6. 化学分析

铸件的各种性能主要是由化学成分来决定的,所以熔炼时要进行配料以保证化学成分。由于炉料的化学成分和熔炼中的元素烧损等常有变化,所以铸件的化学成分也会有波动。当铸件质量要求较高时,就要取样分析化学成分,检查铸件的化学成分是否符合技术要求。

【实训安排】

时间		内容
第一天	1小时	讲课: (1)安全知识及实训要求 (2)铸造概述
	0.5小时	示范造型过程
	4.5小时	学生独立完成各种手工造型
第二天	1小时	讲课及示范: (1)合金熔炼 (2)常见铸造缺陷 (3)示范浇注
	5小时	(1)学生独立完成各种手工造型 (2)分组交叉进行浇注

复习思考题

2-1 试述型砂的组成及应具备的性能。

2-2 零件、铸件、模样在形状和尺寸上有何区别?

2-3　标出铸型装配图及带浇注系统铸件的各部分名称，并指出浇注系统各部分的作用。

浇口杯：____；

直浇道：____；

横浇道：____；

内浇口：____。

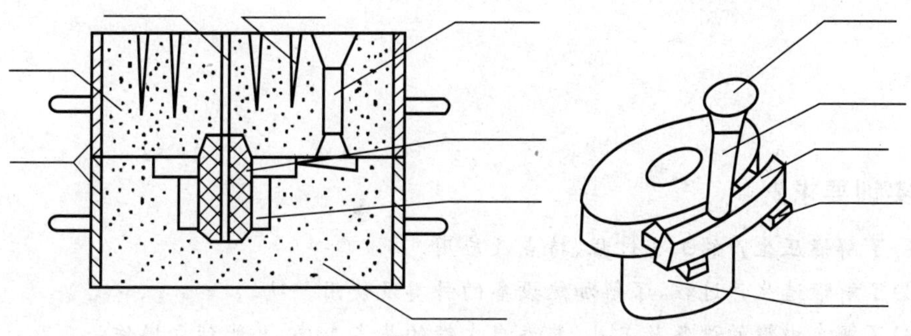

2-4　造型的基本方法有哪几种？各自的应用场合如何？

2-5　用铸造工艺图符号标注下列铸件在小批生产条件下的分型面，并指出造型方法。

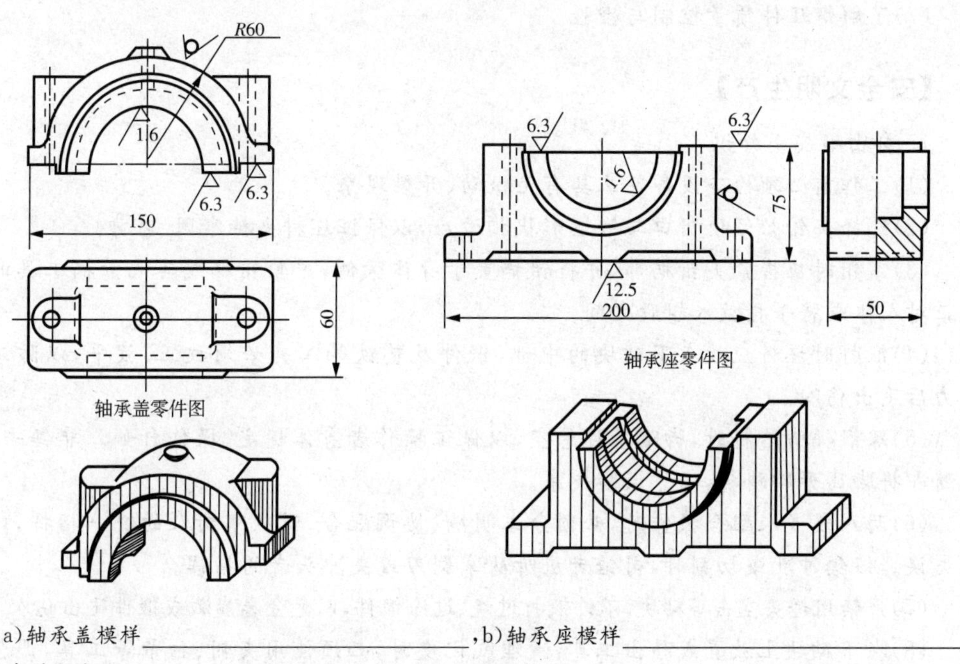

轴承盖零件图

轴承座零件图

a)轴承盖模样______________________，b)轴承座模样______________________；

造型方法：____。

2-6　你在实习时浇注的铸件有哪些缺陷？并请分析原因。

2-7　简述常用特种铸造的种类及各自的应用场合。

2-8　试指出车床上四种用铸造方法生产的零件。

第3章 锻 压

【实训要求】

(1)了解锻压生产的工艺过程、特点及应用。

(2)了解锻造生产过程,了解加热设备的种类及使用。

(3)了解自由锻的设备及工具,熟悉自由锻的基本工序,并能独立操作。

(4)了解胎膜锻与自由锻的区别。

(5)了解板料冲压的特点、应用范围及其工序。

(6)了解冲压模的组成及分类。

(7)了解锻压件质量控制与检验。

【安全文明生产】

1. 自由锻安全知识

(1)工作前必须检查设备及工具有无松动、开裂现象。

(2)选择夹钳必须使钳口与锻坯形状相适应,以保证坯料夹持牢固、可靠。

(3)掌钳时应握紧夹钳柄部,并将钳柄置于身体旁侧,严禁钳柄或其他带柄工具的尾部正对人体或将手指放入钳股之间。

(4)锻打时坯料应放在下砧块的中部,锻件及垫铁等工具必须放正、放平,以防工具受力后飞出伤人。

(5)踩锻锤脚踏杆时,脚跟不许悬空,以保证操作者身体稳定、操作自如。非锤击时,应随即将脚离开脚踏杆,以防误踏失事。

(6)两人或多人配合操作时,必须分工明确、协调配合,听从掌钳人的统一指挥,以避免失误。锻锤冲孔或切割时,司锤者应听从掌剁刀或夹冲头者的指挥。

(7)严禁用锤头空击下砧块,不许锻打过烧、过冷锻件,以免金属崩溅或锻件飞出伤人。

(8)在下砧块上放置或移出工具,清理氧化皮时,必须使用夹钳、扫帚等工具,严禁用手直接伸入上下砧块的工作面内取拿物品。

2. 板料冲压安全知识

(1)开车前应检查设备主要紧固件有无松动、模具有无裂纹以及运动系统的润滑情况,并开空车试几次。

(2)安装模具必须将滑块降至下极点,仔细调节闭合高度及模具间隙,模具紧固后进行点冲或试冲。

(3)当滑块向下运动时,严禁徒手拿工具伸进模具内。小件一定要用专门工具进行操作。模具卡住工件时,只许用工具解脱。

(4)发现冲床运转异常时,应停止送料,查找原因。每完成一次行程后,手或脚必须及时离开按钮或踏脚板,以防连冲。

(5)装拆或调整模具应停机进行。

(6)两人以上共同操作时应由一人专门控制踏脚板,踏脚板上应有防护罩,或将其放在安全处,工作台上应清除杂物,以免杂物坠落于踏脚板上造成误冲事故。

(7)操作结束时,应切断电源,使滑块处于低位置(模具处于闭合状态),然后进行必要的清理。

【讲课内容】

金属压力加工是借助外力的作用,使金属坯料产生塑性变形,从而获得具有一定形状、尺寸和力学性能的原材料、毛坯或零件的加工方法。

经压力加工制造的零件或毛坯同铸件相比具有以下特点:

◆改善金属的组织、提高力学性能。金属材料经锻压加工后,其组织、性能都得到改善和提高,锻压加工能消除金属铸锭内部的气孔、缩孔和树枝状晶等缺陷,并由于金属的塑性变形和再结晶,可使粗大晶粒细化,得到致密的金属组织,从而提高金属的力学性能。在零件设计时,若正确选用零件的受力方向与纤维组织方向,可以提高零件的抗冲击性能。

◆除自由锻造外,生产率都比较高,因为压力加工一般是利用压力机和模具进行成形加工的。例如,利用多工位冷镦工艺加工内六角螺钉,比用棒料切削加工工效提高约400倍以上。

◆不适合成形形状较复杂的零件。锻压加工是在固态下成形的,与铸造相比,金属的流动受到限制,一般需要采取加热等工艺措施才能实现。对制造形状复杂,特别是具有复杂内腔的零件或毛坯较困难。

因此压力加工主要用于制造各种重要的、受力大的机械零件或工具的毛坯,或制造薄板构件,也可用于生产型材。

压力加工方式很多,主要有轧制、挤压、拉拔、自由锻、模锻和板料冲压等。轧制、挤压、拉拔一般用来制造常用金属材料的板材、管材、线材等原材料;锻造主要用来制造承受重载荷的机器零件的毛坯,如机器的主轴、重要齿轮等;而板料冲压广泛用于制造电器、仪表零件等。

3.1　锻造生产过程

利用冲击力或压力使金属在砧铁间或锻模中变形,从而获得所需形状和尺寸的锻件,这类工艺方法称为锻造。锻造是金属零件的重要成型方法之一。

锻造生产过程主要包括下料→加热→锻打成形→冷却→热处理等。

3.1.1 下料

下料是根据锻件的形状、尺寸和重量从选定的原材料上截取相应的坯料。

锻造是通过金属的塑性变形来获得所需要的锻件的，因此用于锻造的金属材料应具有良好的塑性，以便在锻造时能产生较大的塑性变形而不被破坏。锻造最常用的金属材料是碳素钢，通常将碳素钢轧制成各种形状和规格的型材或板材。锻造中、小型锻件时，常采用圆钢和方钢作为原材料，用剪、锯或氧气切割等方法下料。板料冲压时，多以低碳钢薄板作为原材料，用剪床下料。只有制造受力大或有特殊性能要求的重要零件时，才采用合金钢作为原材料进行锻造。

3.1.2 加热

金属的加热在锻造生产过程中是一个重要的环节，它直接影响着生产率、产品质量及金属的有效利用等，其目的是提高塑性、降低变形抗力，以改善金属的锻造性能。

对金属加热的要求是：在坯料均匀热透的条件下，能以较短的时间获得加工所需的温度，同时保持金属的完整性，并使金属及燃料的消耗最少。其中重要内容之一是确定金属的锻造温度范围，即合理的始锻温度和终锻温度。

始锻温度即开始锻造温度，原则上要高，但要有一个限度，如超过此限度，则将会使钢产生氧化、脱碳、过热和过烧等加热缺陷。终锻温度即停止锻造温度，原则上要低，但不能过低，否则金属将产生加工硬化，使其塑性显著降低，而强度明显上升，锻造时费力，对高碳钢和高碳合金工具钢而言甚至打裂。常用材料的锻造温度范围见表 3-1。

表 3-1 常用材料锻造温度范围

材料种类	始锻温度/℃	终锻温度/℃
低碳钢	1200～1250	800
中碳钢	1150～1200	800
合金结构钢	1100～1180	850
铝合金	450～500	350～380
铜合金	800～900	650～700

锻造时金属的温度可用仪表来测量，也常用观察火色的方法来判断。钢的温度与火色的关系如下：

温度/℃	1300	1200	1100	900	800	700
火色	白色	亮黄	黄色	樱红	赤红	暗红

3.1.3　加热设备

根据热源的种类不同，用来加热金属坯料的设备可分为火焰炉和电炉两大类。前者用煤、重油或煤气作燃料燃烧时放出的热加热坯料，后者是利用电能转变热能加热金属。

1. 手锻炉

最简单的火焰炉是手锻炉。手锻炉的结构简单，体积小，升温快，生火、停炉方便。但炉膛不密封，热量损失大，氧化烧损严重。热效率低，炉温不易调节，且不稳定，加热温度不均匀，故常用于单件小批生产锻造小坯料或维修工作。

2. 反射炉

反射炉是以煤为原料的火焰加热炉，其结构如图3－1所示。燃烧室中产生的火焰和炉气越过火墙进入炉膛加热坯料，其温度可达1350℃。废气经烟道排出，坯料从炉门装入或取出。使用反射炉，金属坯料不与固体燃料直接接触，加热均匀，且可以避免坯料受固体燃料的污染，同时炉膛封闭，热效率高，适合中、小批量生产的锻造车间用。

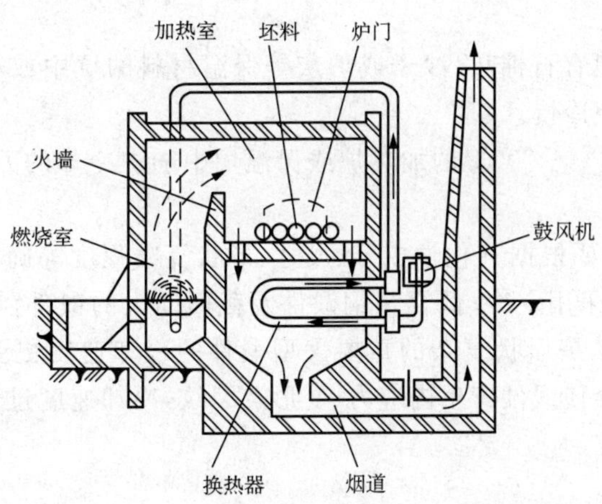

图3－1　反射炉的结构和工作原理

手锻炉和反射炉因燃煤对环境有严重污染，应限制使用并逐步淘汰。

3. 油炉和煤气炉

油炉和煤气炉是分别以重油和煤气为燃料加热金属的加热设备，其结构基本相同，都没有专门的燃烧室，但喷嘴在结构上有所不同，如图3－2所示。加热时，利用压缩空气将重油或煤气由喷嘴直接喷射到加热室(即炉膛)内进行燃烧而加热坯料，生产的废气由烟道排出。调节重油或煤气及压缩空气的流量，可调节炉膛温度，其操作比反射炉简单，加热效率高，对环境污染较小。

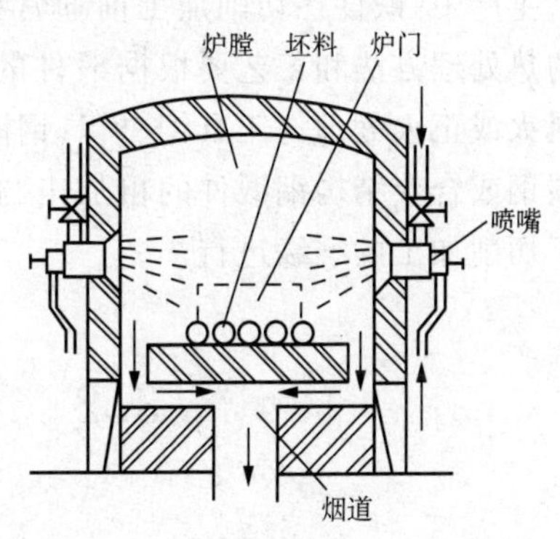

图3－2　油炉和煤气炉示意图

4. 电阻炉

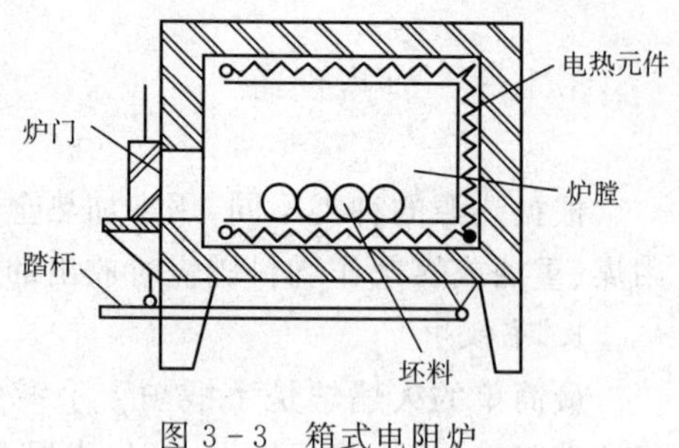

图 3-3　箱式电阻炉

电阻炉是利用电阻发热体通电，将电能转变为热能，以辐射传热的方式加热坯料的设备。电阻炉操作简单，温度控制准确，加热质量高，且可通入保护性气体控制炉内气氛，以防止或减少工件加热时的氧化，对环境无污染。但耗电多，费用较高，主要用于精密锻造及高合金钢、有色金属等加热质量要求高的场合。

此外，还有盐浴炉、感应加热装置等加热设备。

3.1.4　锻件的冷却

锻件的冷却是保证锻件质量的重要环节。常用的冷却方式有：

(1)空冷。热态锻件在空气中冷却的方法称为空冷，是冷却速度较快的一种冷却方法。

(2)坑冷。在充填有石棉灰、沙子或炉灰等保温材料的坑中或箱中冷却的方法称为坑冷，其冷却速度较空冷慢。

(3)炉冷。在 500℃～700℃的加热炉或保温炉中随炉冷却的方法称为炉冷，其冷却速度较坑冷慢。

锻件的冷却方法要根据其化学成分、尺寸、形状复杂程度等确定。一般来说，低、中碳钢小型锻件锻后常采用空冷；低合金钢锻件及截面厚大的锻件需采用坑冷；高合金钢锻件及大型锻件，尤其是形状复杂的重要大型锻件的冷却速度更要缓慢，应采用炉冷。冷却方式选择不当，会使锻件产生内应力、变形及裂纹，冷却速度过快还会使锻件表面产生硬皮，难以切削加工。

3.1.5　锻后热处理

生产中，锻件在切削加工前通常都要进行热处理，以获得较好的切削加工性能。具体的热处理方法和工艺要根据锻件的材料种类和化学成分确定。一般的结构钢锻件采用退火或正火处理。工具钢、模具钢锻件则采用正火加球化退火处理。调质处理常用于中碳钢或合金结构钢锻件的粗加工与半精加工之间，使材料获得好的综合力学性能，有利于切削加工的继续进行。

3.2　自由锻和胎模锻

自由锻是利用冲击力或压力使金属在上下两抵铁之间产生变形，从而得到所需形状及尺寸的锻件的方法。金属受力时的变形是在上下两抵铁平面间作自由流动，所以称之为自由锻。

自由锻可分为手工锻造和机器锻造两种，前者只能生产小型锻件，后者是自由锻造的主要方式。自由锻具有以下特点：

◆所用工具简单，通用性强，灵活性大，因此适合单件小批生产锻件。

◆精度差，生产率低，工人劳动强度大，对工人技术水平要求高。

◆自由锻可生产不到 1kg 的小锻件，也可生产 300t 以上的重型锻件，适用范围广。对大型锻件，自由锻是唯一的锻造方法。

3.2.1　自由锻的设备和工具

1. 自由锻工具

常用自由锻工具包括支持工具、打击工具、夹持工具、成形工具及测量工具等。

(1)支持工具。根据锻件尺寸、形状不同，需采用不同形式的铁砧。常见的铁砧有平砧、槽砧、花砧和球面砧等，平砧及花砧如图 3－4 所示。

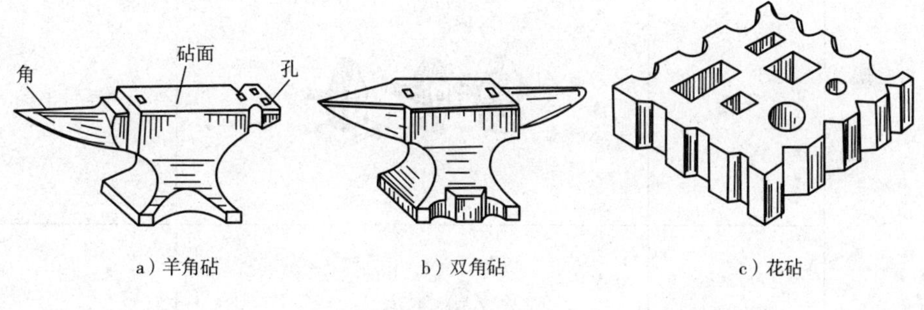

a) 羊角砧　　b) 双角砧　　c) 花砧

图 3－4　铁砧

(2)打击工具。手工锻的打击工具即大小铁锤，如图 3－5 所示。锤柄与锤头的安装要牢固，操作站位要正确。工作时，司锤要听从掌钳者指挥，否则容易出现各种事故。

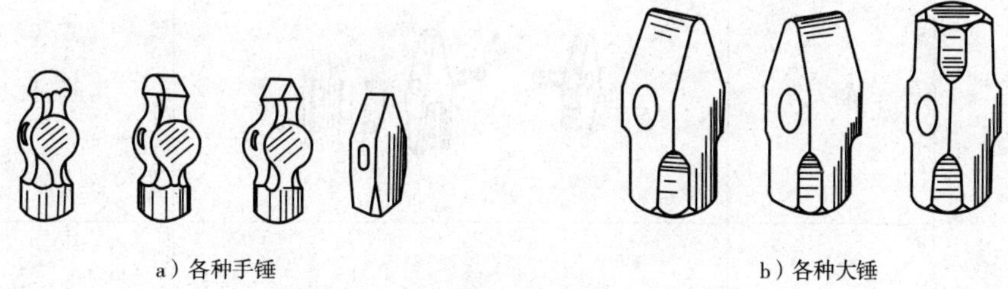

a) 各种手锤　　b) 各种大锤

图 3－5　铁锤

(3)夹持工具。选用夹钳时，钳口必须与锻件毛坯的形状和尺寸相符合，否则在锤击时造成锻件毛坯飞出或震伤手臂等事故。常见的钳口形式如图 3－6 所示。操作过程中，钳口需常浸水冷却，以免钳口变形或钳把烫手。

(4)成形工具。成形工具包括各种平锤、压肩、剁刀、冲子、剁垫、漏盘等，见表 3－2。

(5)测量工具。自由锻造时需要不断测量锻件尺寸。常用的测量工具有卡钳、直尺、样板等。

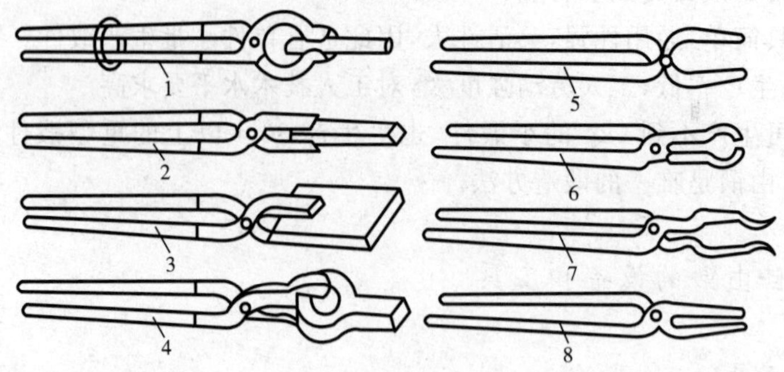

图 3－6　各种夹钳

表 3－2　常用成形工具

类　别	名　称	图　示	应用及说明
手锻成形工具	平锤		修正平面
	压肩	上　下	压肩、整形
	剁刀	外刃　内刃	切断、去毛刺
	冲子		冲孔

（续表）

类　别	名　称	图　示	应用及说明
机器锻造成形工具	冲子		冲孔
	剁刀		切割
	剁垫		切割圆料时用
	垫环		局部镦粗
	漏盘		冲孔时用

2．空气锤

机器自由锻设备有空气锤、蒸汽-空气锤和液压机三种，其中空气锤应用最为广泛。空气锤是生产小型锻件及胎模锻的通用设备，主要用于单件小批生产。空气锤的外形及工作原理如图 3－7 所示。

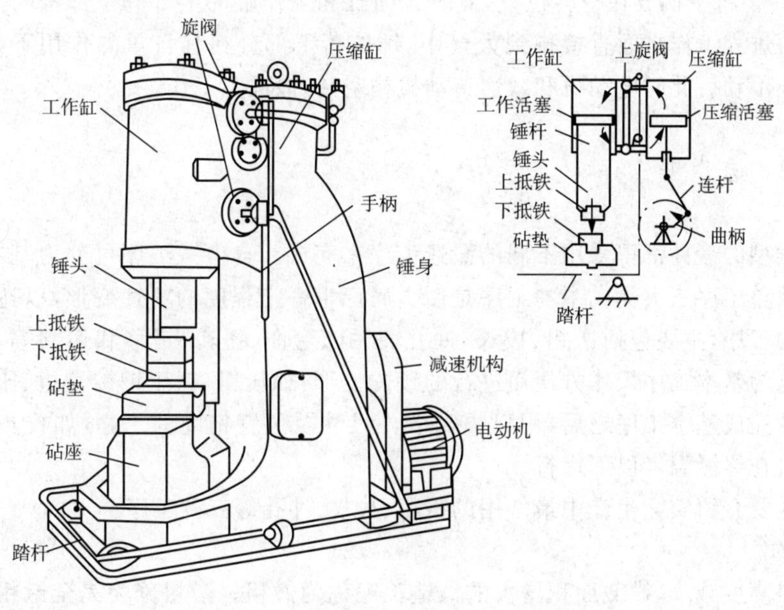

图 3－7　空气锤

空气锤由锤身、压缩缸、工作缸、传动机构、操纵机构、落下部分及砧座等几个部分组成，锤身和压缩缸及工作缸铸成一体。传动机构包括电动机、减速机构及曲柄、连杆等。操纵机构包括手柄(或踏杆)、旋阀及其连接杠杆。落下部分包括工作活塞、锤杆、锤头和上抵铁等，落下部分的重量也是锻锤的主要规格参数。例如，65kg 空气锤就是指落下部分为 65kg 的空气锤，是一种小型的空气锤。

空气锤的工作原理是电动机通过传动机构带动压缩缸内的压缩活塞做上下往复运动，将空气压缩，并经上旋阀或下旋阀进入工作缸的上部或下部，推动工作活塞向下或向上运动。通过手柄或踏杆操纵上、下旋阀旋转到一定位置，可使锻锤实现以下动作：

① 锤头上悬。将手柄放在上悬位置，此时工作缸上部和压缩缸上部都经上旋阀与大气连通，压缩缸下部的压缩空气只能经下旋阀进入工作缸的下部。下旋阀内有一个逆止阀，可防止压缩空气倒流，使锤头保持在上悬的位置。锤头上悬时，可在锤头间进行各种辅助性操作，如更换工具、摆放工件、清除氧化铁皮和检查锻件尺寸等。

② 锤头下压。将手柄放在下压位置，此时压缩缸上部和工作缸下部与大气相通，压缩空气由压缩缸下部经逆止阀和中间通道进入工作缸的上部，使锤头在自重和工作缸上部压缩空气的作用下向下压紧锻件，进行弯曲、扭转等操作。

③ 连续打击。将手柄放在连续打击位置，此时压缩缸和工作缸都不与大气相通，而压缩缸的上部和下部分别通过上、下旋阀与工作缸的上部和下部直接连通。压缩缸内的压缩活塞往复运动所产生的压缩空气，交替不断地压入工作缸的上部和下部，推动锤头上、下往复运动(此时逆止阀不起作用)，进行连续锻打。

④ 单次打击。将手柄由上悬位置推到连续打击位置，打击一次后，再迅速地退回到上悬位置，就能实现单次打击。初学者不易掌握单次打击，动作稍有迟缓，单次打击就会成为连续打击。此时，务必等锤头停止打击后才能转动或移动锻件。

⑤ 空转。将手柄放在空转位置，此时压缩缸和工作缸的上部和下部都与大气相通，压缩空气不进入工作缸而直接排到大气中，锤的落下部分在其自重的作用下，自由落在下砧上停止不动。此时电动机和减速传动机构空转，锻锤不工作。

3.2.2 自由锻工序

各种类型的锻件都得采用不同的锻造工序来完成。自由锻工序可分为基本工序、辅助工序和精整工序三大类。基本工序是使金属产生一定程度的塑性变形，以达到所需形状及尺寸的工序，主要包括镦粗、拔长、冲孔、扩孔、弯曲、扭转、错移和切割等八大工序。辅助工序是为基本工序操作方便而进行的预先变形，如压钳口、压钢锭棱边、压肩等。精整工序是在完成基本工序之后，用以提高锻件尺寸及位置精度的工序，如校正、滚圆、平整等。一般在终锻温度以下进行。

下面主要介绍实际生产中最常用的镦粗、拔长、冲孔等三种工序。

1. 镦粗

使坯料高度减小、横截面积增大的锻造工序称为镦粗。镦粗分为完全镦粗和局部镦粗两种。完全镦粗是整个坯料高度都镦粗，常用来制作高度小、断面大的锻件，如齿轮毛坯、圆盘等。局部镦粗只是在坯料上某一部分进行镦粗，经常使用垫环镦粗坯料某个局部，常用于制作带凸缘的盘类锻件或带较大头部的杆类锻件等。其操作工艺要点如下：

(1)坯料尺寸。为使镦粗顺利进行，坯料的高径比，即坯料的原始高度 H_0 与直径 D_0 之比，应小于 2.5～3。局部镦粗时，漏盘以上镦粗部分的高径比也要满足这一要求。高径比过大，则易将坯料镦弯。发生镦弯现象时，应将坯料放平，轻轻锤击矫正。

(2)坯料加热。镦粗时，坯料加热要均匀，且应不断翻转坯料，使其两端散热情况相近，否则会因变形不均匀而产生碗形。

(3)防止镦歪。坯料的端面要平且垂直于轴线，镦粗时还应不断地将坯料绕其轴线转动，否则会产生镦歪的现象。矫正镦歪的方法时将坯料斜立，轻打镦歪的斜角，然后放正，继续锻打。

(4)防止折叠。镦粗时，终锻温度不能过低，锤击力要足够，否则就可能产生双鼓形，若不及时纠正，会出现折叠，使锻件报废。

(5)漏盘。局部镦粗时，要选择或加工合适的漏盘。漏盘要有 5°～7°的斜度，漏盘的上口部位应采取圆角过渡。

2. 拔长

使坯料的横截面积减小、长度增加的锻造工序称为拔长。拔长可分为平砧拔长和芯棒拔长两种，在平砧上拔长主要用于长度较大的轴类锻件。芯棒拔长是空心毛坯中加芯棒进行拔长以减小空心毛坯外径(即壁厚)而增加其长度的锻造工序，用于锻造长筒类锻件。其操作工艺要点如下：

(1)送进。锻打过程中，坯料应沿抵铁宽度方向(横向)送进，每次送进量不宜过大，以抵铁宽度的 0.3～0.7 倍为宜(图 3 - 8a)。送进量过大，金属主要沿坯料宽度方向流动，反而降低延伸效率，如图 3 - 8b 所示。送进量太小，又容易产生夹层，如图 3 - 8c 所示。

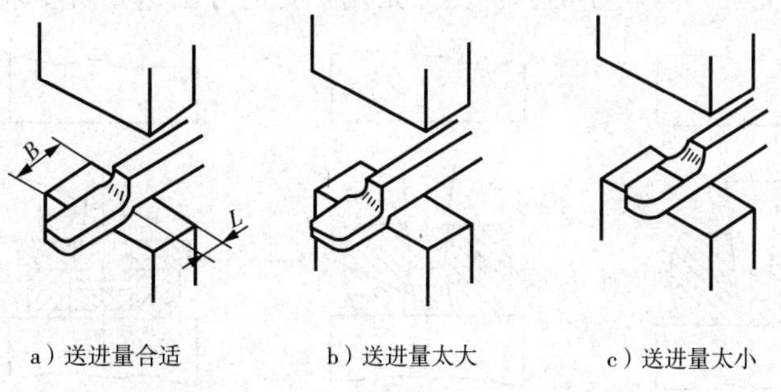

图 3 - 8　拔长时的送进方向和送进量

(2)锻打。将圆截面的坯料拔长成直径较小的圆截面时，必须先把坯料锻成方形截面，在拔长到边长接近锻件的直径时，再锻成八角形，最后打成圆形。

(3)翻转。拔长时，应不断翻转坯料，使坯料截面经常保持接近于方形。翻转方法如图 3 - 9 所示。采用图 3 - 9b 的方法翻转时，应注意工件的宽度与厚度之比不要超过 2.5，否则再次翻转后继续拔长将容易形成折叠。

(4)压肩。局部拔长锻造台阶轴或带台阶的方形、矩形横截面锻件时，必须先压肩，

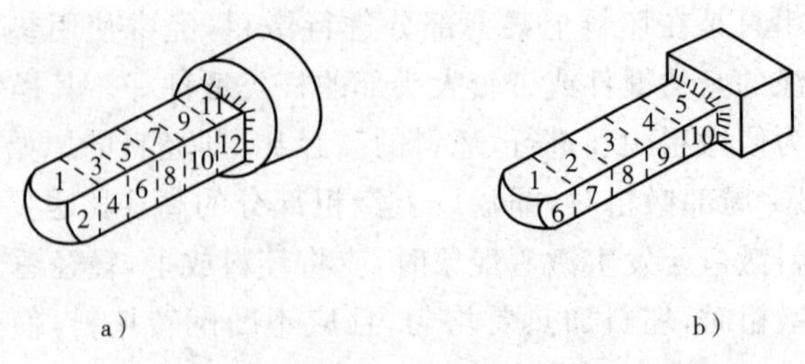

图 3-9　翻转方法

使台阶平齐，压肩深度为台阶高度的 1/2～1/3。

(5)修整。锻件拔长后需进行修整，以使其尺寸准确、表面光洁。方形或矩形截面的锻件修整时，将工件沿下抵铁长度方向送进，以增加锻件与抵铁间的接触长度。修整时应轻轻锤击，可用钢直尺的侧面检查锻件的平直度及表面是否平整。圆形截面的锻件使用摔子修整。

3. 冲孔

在坯料上冲出通孔或不通孔的工序称为冲孔。冲孔主要用于锻制圆环、套筒、空心轴等带孔的锻件。冲孔分双面冲孔和单面冲孔，如图 3-10、图 3-11 所示。单面冲孔适用于坯料较薄场合。其操作工艺要点如下：

(1)冲孔前，坯料应先镦粗，以尽量减小冲孔深度。

(2)为保证孔位正确，应先试冲，即用冲子轻轻压出凹痕，如有偏差，可加以修正。

(3)冲孔过程中应保证冲子的轴线与锤杆中心线(即锤击方向)平行，以防将孔冲歪。

(4)一般锻件的通孔采用双面冲孔法冲出，即先从一面将孔冲至坯料厚度 3/4～2/3 的深度再取出冲子，翻转坯料，从反面将孔冲透。

(5)为防止冲孔过程中坯料开裂，一般冲孔孔径要小于坯料直径的 1/3。大于坯料直径的 1/3 的孔，要先冲出一较小的孔。然后采用扩孔的方法达到所要求的孔径尺寸。

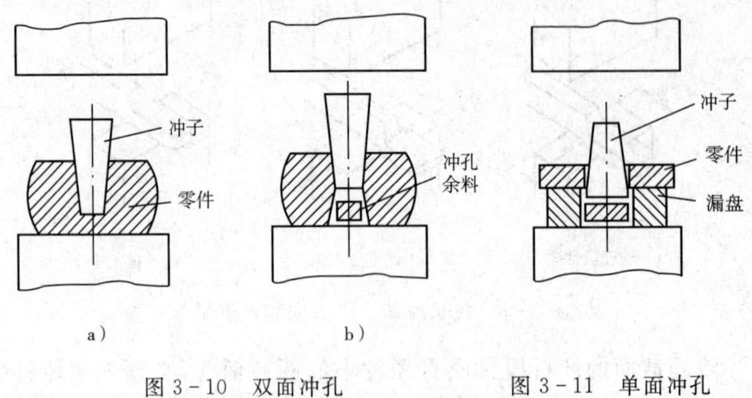

图 3-10　双面冲孔　　　　图 3-11　单面冲孔

3.2.3　胎模锻

胎模锻是在自由锻设备上使用胎模生产模锻件的方法。通常用自由锻方法使坯料初步成型，然后放在胎模中终锻成型。胎模锻所用设备为自由锻设备，不需要较贵重的模锻设备，且胎模一般不固定在锤头和砧座上，结构比固定式锻模简单。因此，胎模锻在没有模锻设备的中小型工厂得到广泛的应用，且最适合于几十件到几百件的中小批量生产。

胎模锻与自由锻相比，能提高锻件质量，节省金属材料，提高生产率，降低锻件成本等。而与其他模锻相比，它不需要较贵重的专用模锻设备，锻模简单，但锻件质量稍差、工人劳动强度大、生产率偏低、胎模寿命短等。

3.3　板料冲压

板料冲压是利用冲模使板料产生分离或变形，从而获得毛坯或零件的压力加工方法。板料冲压通常是在冷态下进行的，故又称之为冷冲压。只有当板料厚度超过 8～10mm 时才采用热冲压。

板料冲压所用的原材料，特别是制造中空杯状和弯曲件、钩环状等成品时，必须具有足够的塑性。常用的金属材料有低碳钢、高塑性的合金钢、铜、铝镁及其合金等。对非金属材料如石棉板、硬橡皮、绝缘纸等，亦广泛采用冲压加工方法。

3.3.1　冲压设备

板料冲压的设备有很多，概括起来可分为剪床和冲床两大类。

1. 剪床

剪床的用途是将板料切成一定宽度的条料，以供下一步冲压工序之用。在生产中常用的剪床有斜刃剪（剪切宽而薄的条料）、平刃剪（剪切窄而厚的板料）和圆盘剪（剪切长的条料或带料）等。

斜刃剪床的传动机构如图 3－12 所示。电动机带动带轮使轴转动，再经过齿轮及离合器带动曲轴转动，曲轴又通过曲柄连杆带动装有上刀刃的滑块沿导轨作上下运动，与

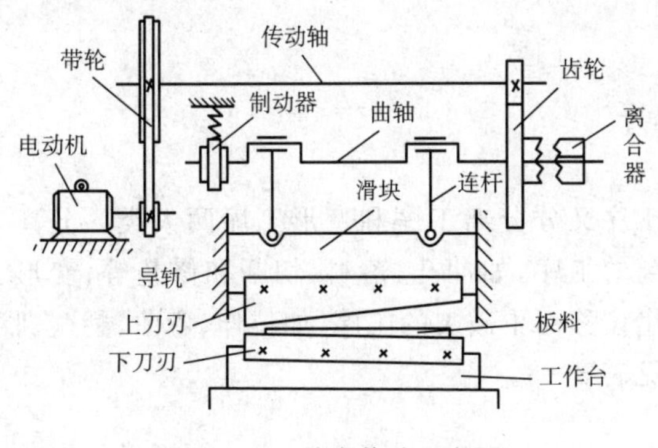

图 3－12　剪床传动示意图

装在工作台上的下刀刃相配合,进行剪切。制动器的作用是使上刀刃剪切后停在最高位置,为下次剪切做好准备。刀片刃口斜度一般为 2°～8°。

2. 冲床

除剪切工作外,冲压工作主要在冲床上进行。冲床有开式和闭式两种。

图 3-13 为双柱可倾斜开式曲柄压力机的外形和传动示意图。这种曲柄压力机可以后倾,使冲下的冲件能掉人压力机后面的料箱中。工作时,电动机通过 V 带驱动中间轴上小齿轮带动空套在曲轴上的大齿轮(飞轮),通过离合器带动曲轴旋转。再经连杆带动滑块上下运动。连杆的长度可以调节,以调整压力机的闭合高度。冲模的上模装在滑块上,下模固定在工作台上。当踏下脚踏板时,通过杠杆使曲轴上离合器与大齿轮接上,滑块向下运动进行冲压。当放开脚踏板时,离合器脱开,制动器使滑块停在上止点位置。由于曲轴的曲拐半径是固定的,所以曲柄压力机的行程是不能调节的。双柱可倾斜开式曲柄压力机工作时,冲压的条料可前后送料,也可左右送料,因此使用方便。但床身是开式的悬臂结构,其刚性较差,所以只能用于冲压力 1000kN 以下的中、小型压力机。中、大型的压力机需采用闭式结构,其传动情况与开式相似。

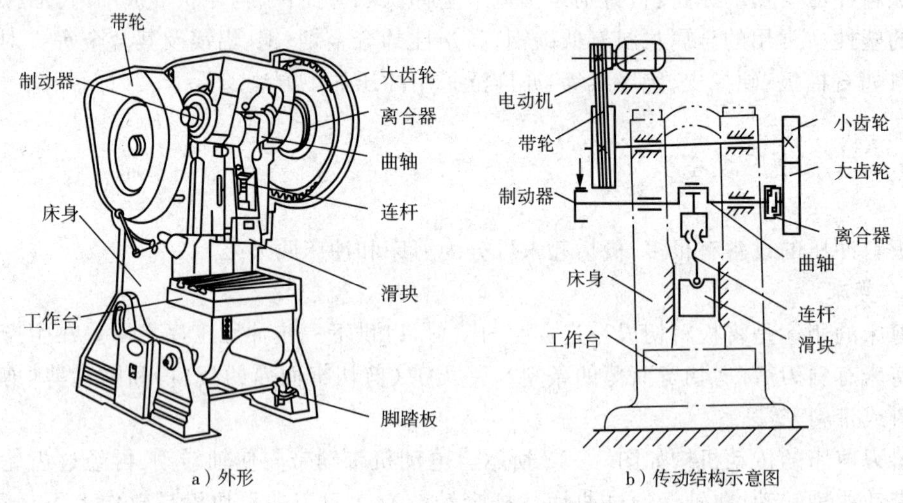

图 3-13　双柱可倾斜开式曲柄压力机

3.3.2　基本工序

板料冲压的基本工序又分分离工序和变形工序两大类。分离工序是使坯料的一部分与另一部分相互分离的工序,如冲孔、落料、切断和修整等;变形工序是使坯料的一部分相对于另一部分产生位移而不破裂的工序,如拉伸、弯曲、翻遍、收口和胀形等。

常用的冲压工序见表 3-3。

表 3-3　板料冲压常见基本工序

工序名称		定　义	简　图	应用举例
分离工序	剪切	用剪床或冲模沿不封闭的曲线或直线切断	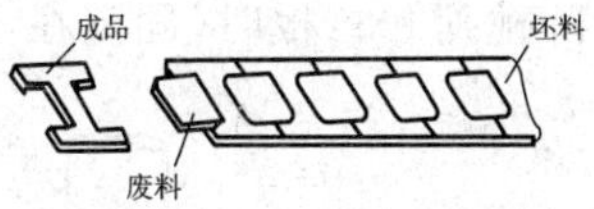	用于下料或加工形状简单的平板零件，如冲制变压器的矽钢片芯片
	落料	用冲模沿封闭轮廓曲线或直线将板料分离，冲下部分是成品，余下部分是废料	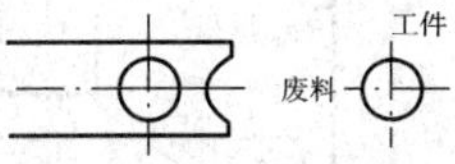	用于需进一步加工时的下料或直接冲制出工件
	冲孔	用冲模沿封闭曲线或直线将板料分离，冲下部分是废料，余下部分是成品	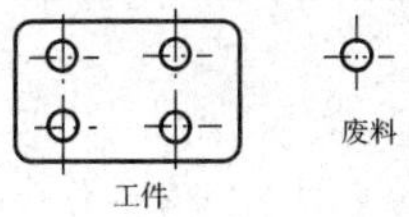	用于需进一步加工时的前工序或冲制带孔零件
变形工序	弯曲	用冲模或折弯机将坯料的一部分相对另一部分弯成一定角度	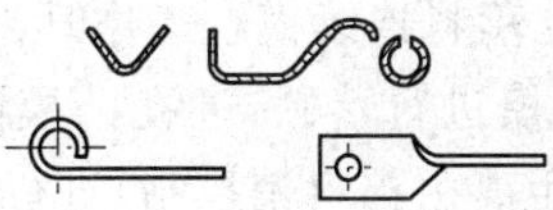	制板材角钢料和制各种板料箱柜的边框
	拉深	将冲裁后得到的平板坯料制成杯形或盒形零件，而厚度基本不变的加工工序	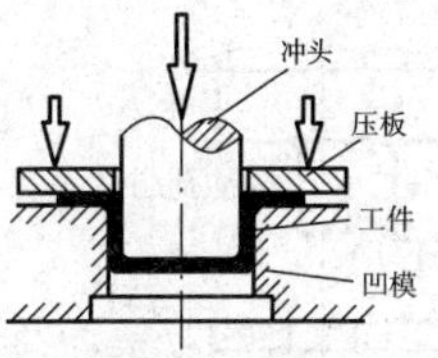	制各种碗、锅、盆、易拉罐身和汽车油箱等金属日用品
	翻边	在带孔的平坯料上用扩孔的方法获得凸缘的工序	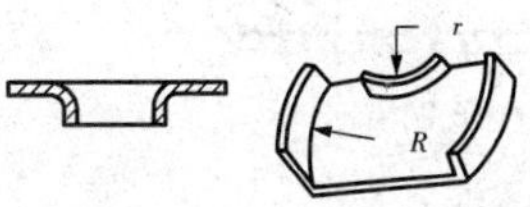	制造带有凸缘或具有翻边的冲压件

3.3.3　冲模

冲模的结构合理与否对冲压件质量、生产率及模具寿命等都有很大影响。冲模可分为简单模、连续模和复合模三种。

1. 简单模

在冲床的一次冲程中只完成一个工序的冲模称为简单模。如图 3-14 所示为简单落料模。凹模用压板固定在下模板上，下模板用螺栓固定在冲床的工作台上。凸模用压板固定在上模板上，上模板则通过模柄与冲床的滑块连接。为了使落料凸模能精确对准凹模孔，并保持间隙均匀，通常设置有导柱和导套。条料在凹模上沿两个导板之间送进，碰到定位销为止。凸模冲下的零件(或废料)进人凹模孔落下，而条料则夹住凸模并随凸模一起回程向上运动。条料碰到卸料板时(固定在凹模上)被推下。

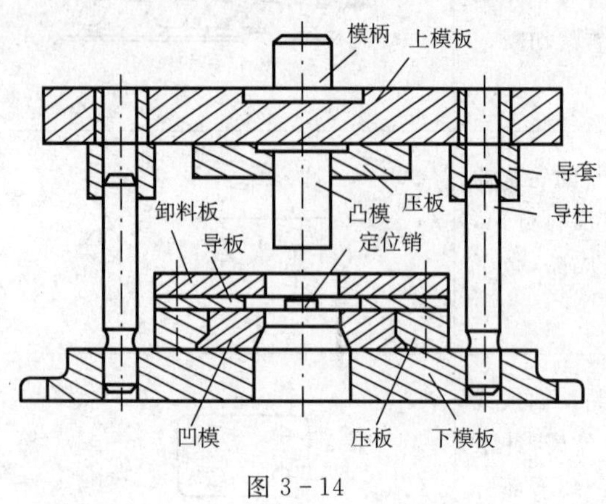

图 3-14

2. 连续模

在冲床的一次冲程中，在模具的不同位置上同时完成数道工序的模具称为连续模，如图 3-15 所示为一冲孔落料连续模。工作时，上模板向下运动，定位销进入预先冲出的孔中使坯料定位，落料凸模进行落料，冲孔凸模同时进行冲孔。上模板回程中卸料板推下废料，再将坯料送进(距离由挡料销控制)进行第二次冲裁。连续模可以安排很多冲压工序，生产率很高，在大批、大量生产中冲压复杂的中、小件用得很多。

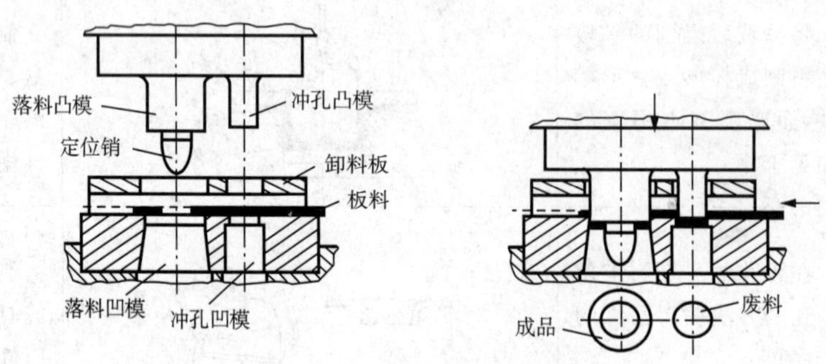

图 3-15 冲孔落料连续模

3. 复合模

在冲床的一次冲程中，在模具同一部位同时完成数道工序的模具称为复合模。如图 3-16 所示为一落料拉深复合模。复合模的最突出的特点是模具中有一个凸凹模。它的外圆是落料凸模刃口，内孔则成为拉深凹模。当滑块带着凸凹模向下运动时，条料首先在凸凹模和落料凹模中落料。落料件被下模当中的拉深凸模顶住。滑块继续向下运动时，凸凹模随之向下运动进行拉深。顶出器和卸料器在滑块的回程中把拉深尖顶出，完成落料和拉深两道工序。复合模一般只能同时完成 2～4 道工序，但由于这些工序在同一位置上完成，没有连续模上条料的定位误差，所以冲件精度更高。因此，复合模主要用于产量大、精度要求较高的冲压件生产。

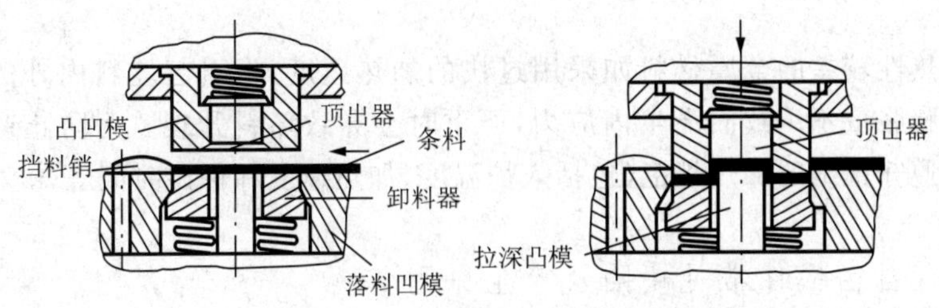

图 3-16　落料及拉深复合模

为了进一步提高冲压生产率和保证安全生产，可在冲模上或冲床上安装自动送料装置，它特别适合于大批量生产。单件小批生产实现冲压自动化可采用数控冲床，根据产品图纸和排样方案事先编好程序，用数字程序控制使坯料在纵向和横向自动送料，进行冲压。

3.4　锻压件质量控制与检验

3.4.1　加热缺陷及其防止

加热对锻件质量有很大影响，加热不当可能产生多种缺陷。常见的加热缺陷有氧化、脱碳、过热、过烧、加热裂纹等。

1. 氧化

钢料表面的铁和炉气中的氧化性气体发生化学反应，生成氧化皮，这种现象称为氧化。氧化造成金属烧损，每加热一次，坯料因氧化的烧损量约占总质量的 2%～3%。严重的氧化会造成锻件表面质量下降，模锻时还会加剧锻模的磨损。减少氧化的措施是在保证加热质量的前提下，应尽量采用快速加热，并避免坯料在高温下停留时间过长。此外还应控制炉气中的氧化性气体，如严格控制送风量或采用中性、还原性气体加热。

2. 脱碳

加热时，金属坯料表层的碳在高温下与氧或氢产生化学反应而烧损，造成金属表层碳分的降低，这种现象称为脱碳。脱碳后，金属表层的硬度与强度会明显降低，影响锻件质量。减少脱碳的方法与减少氧化的措施相同。

3. 过热

当坯料加热温度过高或高温下保持时间过长时，其内部组织会迅速变粗，这种现象称为过热。过热组织的力学性能变差，脆性增加，锻造时易产生裂纹，所以应当避免产生。如锻后发现过热组织，可用热处理(调质或正火)方法使晶粒细化。

4. 过烧

当坯料的加热温度过高到接近熔化温度时，其内部组织间的结合力将完全失去，这时坯料锻打会碎裂成废品，这种现象称为过烧。过烧的坯料无法挽救，避免发生过烧的措施是严格控制加热温度和保温时间。

5. 裂纹

对于导热性较差的金属材料如采用过快的加热速度，将引起坯料内外的温差过大，同一时间的膨胀量不一致而产生内应力，严重时会导致坯料开裂。为防止产生裂纹，应严格制定和遵守正确的加热规范(包括入炉温度、加热速度和保温时间等)。

3.4.2 自由锻件常见缺陷及产生原因

自由锻件常见缺陷及产生原因见表 3-4。

表 3-4 自由锻件常见缺陷及产生原因

缺陷名称		产生原因
横向裂纹	表面横向裂纹	(1)原材料质量不好；(2)拔长时进锤量过大
	内部横向裂纹	(1)加热速度过快；(2)拔长时进锤量太小
纵向裂纹	表面纵向裂纹	(1)原材料质量不好；(2)倒棱时压下量过大
	内部纵向裂纹	(1)对钢锭拔长或二次缩孔切头不足；(2)加热速度快，内外温差大；(3)变形量过大；(4)对低塑性材料进锤量过大；(5)同一部位反复翻转拔长
表面龟裂		始锻温度过高
局部粗晶		(1)加热温度高；(2)变形不均匀；(3)局部变形程度(锻造比)太小
表面折叠		(1)平砧圆角过小；(2)进锤量小于压下量
中心偏移		(1)加热温度不均匀；(2)操作压下量不均
力学性能不能满足要求	强度指标不合格	(1)炼钢配方不符合质量要求；(2)热处理不当
	横向力学性能不合格	(1)冶炼杂质太多；(2)锻造比不够

3.4.3 冲压件常见缺陷及产生原因(表 3-5)

表 3-5 冲压件常见缺陷及产生原因

冲压件类型	废品和缺陷的主要形式	产生原因
冲裁件	毛刺太大	(1)凸模或凹模的刃口变钝；(2)凸模和凹模间的间隙值大于或小于相应材料的正常间隙值
	形状不正确	(1)定位销安装不正确；(2)所用材料太宽或太窄；(3)条料发生弯曲

（续表）

冲压件类型	废品和缺陷的主要形式	产生原因
弯曲件	尺寸不合格	模具设计与制造时角度补偿不足
	表面压伤	所用材料太软
	裂纹	(1)弯曲半径太小;(2)板料纤维方向与弯曲时的拉伸方向垂直;(3)板料受弯外侧面有毛刺
	弯曲区变薄	弯曲半径太小
拉深件	局部变薄太大和断裂	(1)拉深系数太小;(2)凹模洞口圆角半径太小或不光滑;(3)凸凹模间隙太小或凸凹模不同心造成其间隙不均;(4)压边力太大或不均匀;(5)材料本身带有缺陷
	起皱	(1)压边力太小或不均匀;(2)压边圈平面与凹模端面不平行;(3)板料厚度不均
	表面划伤	(1)冲模或工件表面不干净;(2)冲模工作表面不光滑;(3)润滑剂不洁净;(4)润滑不良

【实训安排】

时　间		内　容
第一天	1 小时	讲课： (1)锻造安全知识及实训要求 (2)锻造相关知识
	0.5 小时	示范： (1)实训产品的加工方法及加工步骤 (2)空气锤的使用方法
	3.5 小时	学生独立完成实训产品的锻造
	1 小时	讲课及示范： (1)冲压安全知识及实训要求 (2)示范冲压设备的操作及加工产品

【复习思考题】

3-1　锻造与铸造相比有何优缺点？试举例说明它们的应用场合。

3-2　锻造前，坯料为什么要加热？常见加热缺陷有哪些？对锻造过程和锻件质量有何影响？

3-3　自由锻的设备有哪些？各自应用场合如何？

3-4　指出下图空气锤各部分的名称，并说出其应用范围。

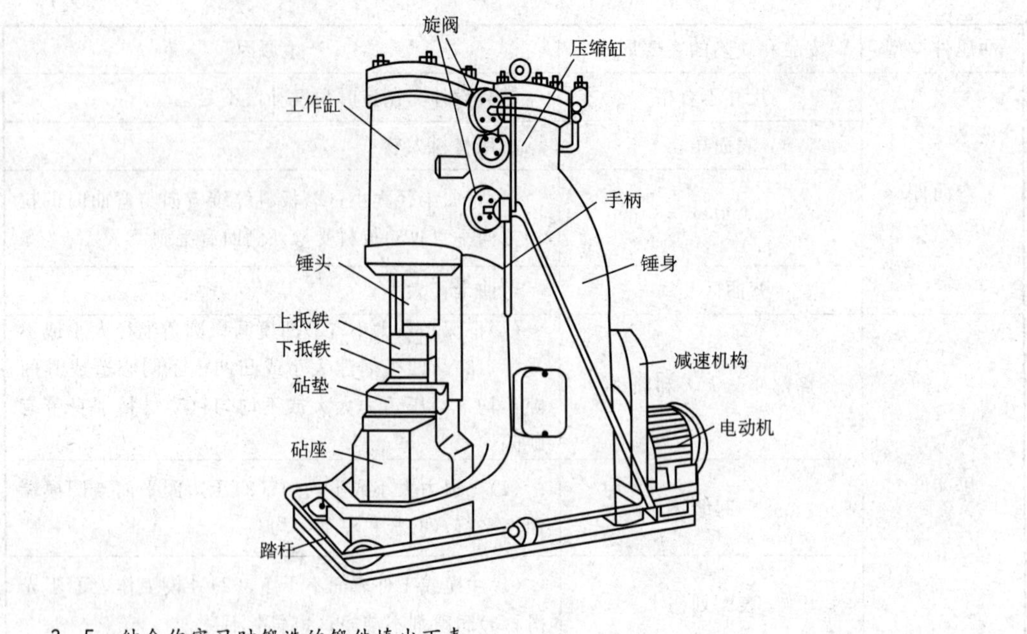

3-5 结合你实习时锻造的锻件填出下表。

<table>
<tr><td colspan="3" rowspan="5">锻 件 图</td><td>锻件名称</td><td></td></tr>
<tr><td>材 料</td><td></td></tr>
<tr><td>坯料规格</td><td></td></tr>
<tr><td>始锻温度</td><td></td></tr>
<tr><td>终锻温度</td><td></td></tr>
<tr><td>序号</td><td>工序</td><td>简 图</td><td>设备与使用工模具</td><td>操 作 说 明</td></tr>
<tr><td></td><td></td><td></td><td></td><td></td></tr>
</table>

3-6　自行车上有哪些零件是用锻压方式生产的？试述它们的生产方式。

3-7　胎膜锻与自由锻相比有何优缺点？

3-8　板料冲压的设备有哪几种？各自应用场合如何？

3-9　板料冲压的工序有哪些？试举例说明各自的应用。

3-10　在成批大量生产条件下，冲制外径为 ϕ40mm、内径为、厚度为 2mm 的垫圈时，应选用何种冲压模进行冲制才能保证孔与外圆的同轴度？

第4章 焊 接

【实训要求】

(1)了解焊接方法的特点、分类及应用。

(2)掌握焊条电弧焊方法;焊接电弧的特性与组成、接法;焊接设备、电焊条、焊接工艺等,掌握其基本操作方法。

(3)掌握气焊与气割的工艺及设备,并能独立操作。

(4)了解其他焊接方法的特点及应用。

(5)了解焊接缺陷及其检验方法。

(6)一般了解常用金属材料的焊接特点。

【安全文明生产】

(1)工作前应检查焊机导线绝缘是否良好,如有问题应及时处理后才能使用。

(2)工作时要戴好工作帽,穿好工作服,系好鞋带,戴好电焊面罩和皮手套,防止弧光烧伤皮肤和眼睛。

(3)不准用手取拿或接触刚焊过的工件或刚用过的焊条头,以免烫伤。

(4)敲焊药皮时,要注意方向,避免焊渣飞溅到自己或他人脸上或眼睛里。

(5)焊接时,除注意自身安全外,尽可能用挡光板或身体遮住弧光。

(6)工作场地要保持整洁、通畅,以防止碰伤或跌伤。

(7)氧气瓶是存储高压氧气的容器,有爆炸危险,使用时要防止撞击,不准置于高温环境中,不准接触油污或其他易燃物品。

(8)乙炔气瓶是存储乙炔气容器,不准置于高温附近和易燃易爆物附近。乙炔发生器和电石桶附近严禁烟火,以防爆炸。

(9)输送氧气和乙炔气的胶管,严禁烫或碰,以防漏气,引起大火、爆炸。

(10)进行气焊或气割时,要戴防护镜,防止铁水飞溅时,烫伤眼睛。

(11)进行气焊或气割时,发现不正常现象,如焊嘴出口处有爆炸声或突然灭火等,应迅速关闭乙炔,后关氧气,切断气源,找出原因,采取措施后才能继续操作。

(12)下班时,应收拾好工具、面罩、手套、焊机导线等并注意切断电源。

【讲课内容】

焊接是一种永久性联接金属材料的工艺方法。焊接过程的实质是利用加热或加压、或两者兼用，借助于金属原子的结合和扩散作用，使分离的金属材料牢固地连接起来。

根据实现原子间结合的方式不同，焊接方法可以分为三大类：

◆熔化焊。将焊件接头处局部加热到熔化状态，通常还需加入填充金属（如焊丝、电焊条）已形成共同的熔池，冷却凝固后即可完成焊接过程。

◆压力焊。将焊件接头处局部加热到高温塑性状态或接近熔化状态，然后施加压力，使接头处紧密接触并产生一定的塑性变形，从而完成焊接过程。

◆钎焊。将填充金属（低熔点钎料）熔化后，渗入到焊件的接头处，通过原子的扩散和溶解而完成焊接过程。

常用的焊接方法分类如图4－1所示。

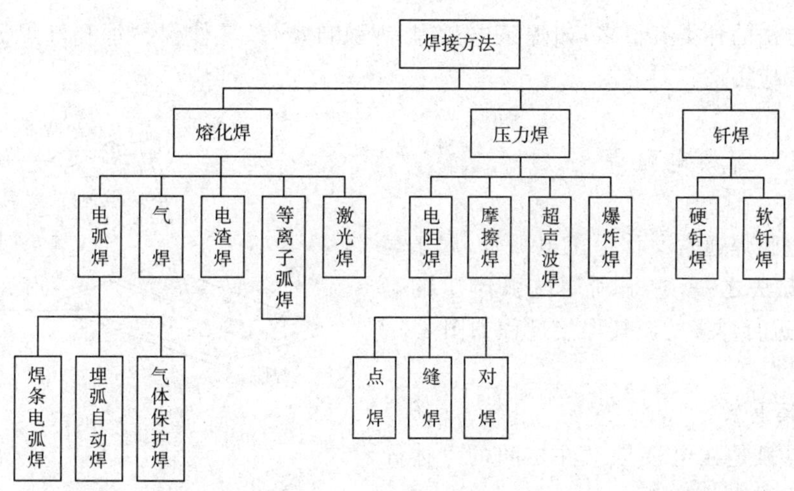

图4－1 焊接方法分类

在现代制造业中，焊接技术起着十分重要的作用。无论是在钢铁、车辆、航空航天、石化设备、机床、桥梁等行业，还是在电机电器、微电子产品、家用电器等行业，焊接技术都是一种基本的，甚至是关键性或主导性的生产技术。

随着焊接技术的不断发展，焊接几乎全部代替了铆接。不仅如此，在机械制造业中，不少过去一直用整铸、整锻方法生产的大型毛坯也改成了铸-焊、锻-焊联合结构。因为焊接与其他加工方法相比，具有下列特点：

(1)节省材料和工时，产品密封性好。在金属结构件制造中，用焊接代替铆接，可节省材料15%～20%。又如，起重机采用焊接结构其重量可减轻15%～20%。另外，制造压力容器在保证产品密封性方面，焊接也比铆接优越。

与铸造方法相比，焊接不需专门的熔炼、浇注设备，工序简单，生产周期短，这一点对单件和小批量生产特别明显。

(2)采用铸-焊、锻-焊和冲-焊复合结构，能实现以小拼大，生产出大型、复杂的结构件，以克服铸造或锻造设备能力的不足，有利于降低产品成本，取得较好的技术经济效益。

能连接异种金属。如将硬质合金刀片和车刀刀杆(碳钢)焊在一起;又如大型齿轮的轮缘可用高强度的耐磨优质合金钢,其他部分可用一般钢材来制造,将其焊成一体。这样既提高了使用性能,又节省了优质钢材。

但焊接结构也有缺点,生产中有时也发生焊接结构失效和破坏的事例。这是因为焊接过程中局部加热,焊件性能不均匀,并存在较大的焊接残余应力和变形的缘故,这些将影响到构件强度和承载能力。

4.1 焊接方法

焊接方法的种类有很多,如焊条电弧焊、埋弧自动焊、气体保护焊和气焊等,而尤以焊条电弧焊应用最广。

4.1.1 焊条电弧焊

焊条电弧焊通常又称手工电弧焊,属于熔化焊焊接方法之一,它是利用电弧产生的高温、高热量进行焊接的。其焊接过程如图 4-2 所示。

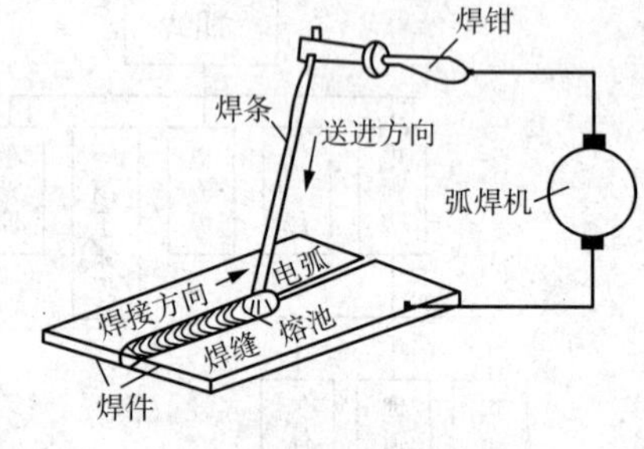

图 4-2 焊接过程

1. 焊接电弧

焊接电弧是在电极与工件之间的气体介质中长时间的放电现象。

(1)焊接电弧的产生

不同的焊接方法产生焊接电弧的方法也不一样,常用的引弧方法有接触引弧和非接触引弧两种。

接触引弧法是将焊条或焊丝敲击工件或与工件摩擦引弧。焊接时,焊接电源的两极分别与焊条和焊件相连接。当焊条与焊件瞬时接触时,由于短路而产生很大的短路电流,接触点在很短时间内产生大量的热,致使焊条接触端与焊件温度迅速升高。将焊条轻轻提起时,焊条与焊件之间就形成由高温空气、金属和药皮的蒸汽所组成的气体空间,在电场的作用下,这些高温气体极容易被电离成为正离子和自由电子,正离子流向阴极,电子流向阳极,因而引燃焊接电弧。同时,这些离子和电子在运动过程中又不断撞击气体分子,促使气体不断产生电离,从而维持电弧的燃烧。

(2)焊接电弧的组成

焊接电弧的结构如图 4-3 所示,它由阳极区(焊接时,电弧紧靠正极的区域)、阴极区(焊接时,电弧紧靠负极的区域)和弧柱区三部分组成。

一般情况下,电弧热量在阳极区产生的较多,约占总热量的 43%;阴极区因放出大量电子时消耗一定能量，所以产生的热量较少，约占36%；其余的21%左右是在弧柱中产生的。

电弧中阳极区和阴极区的温度因电极材料（主要是电极熔点）不同而有所不同。用钢焊条焊接钢材时，阳极区温度约2600K，阴极区温度约2400K，电弧中心区温度最高，可达到6000～8000K。

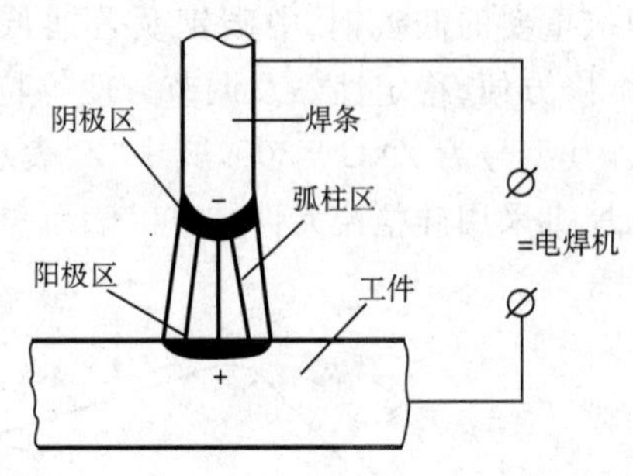

图4-3　焊接电弧的基本构造

上面所述的是直流电弧的热量和温度分布情况。至于交流电弧，由于电源极性快速交替变化，所以两极的温度基本相同，约为2500K。

(3)焊接电源极性选用

在使用直流电源焊接时，由于阴、阳两极的热量和温度分布是不均匀的，因此有正接和反接两种不同的接法。

①直流正接。焊件接电源正极，电极（焊条）接电源负极的接线法称正接，如图4-4a所示。

②直流反接。焊件接电源负极，电极（焊条）接电源正极的接线法称反接，如图4-4b所示。

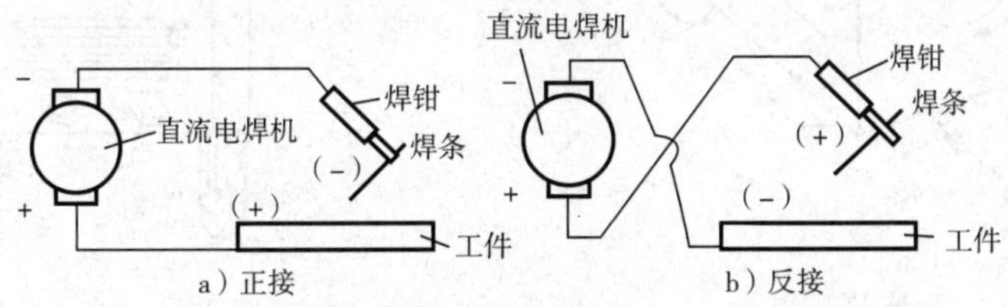

图4-4　直流电源时的正接与反接

采用正接法还是反接法，主要从保证电弧稳定燃烧和焊缝质量等方面考虑。不同的焊接方法，不同种类的焊条，要求不同的接法。

一般情况下皆用正接，因焊件上热量大，可提高生产率，如焊厚板、难熔金属等。反接只在特定要求时才用，如焊接有色金属、薄钢板或采用低氢型焊条等。

2. 焊接设备

手工电弧焊使用的设备主要有以下三种：

(1)交流弧焊机

它是一个具有下降特性并在其它方面都能满足焊接要求的特殊的降压变压器，其工作原理与一般电力变压器相同，但具有较大的感抗，以获得下降特性，且感抗值可辨，以便调节焊接电流。这种焊机具有结构简单、价格便宜、使用方便、维护容易的优点，但电弧稳定性较差。如图4-5所示是目前较常用的交流弧焊机的外形图，其型号为BX1—250，其中“B”表示弧焊变压器，“X”表示下降外特性（电源输出端电压与输出电流的关系），“1”为系列品种序号，“250”表示弧焊机的额定焊接电流为250A。

(2)硅整流弧焊机

硅整流弧焊机可用于所有牌号焊条的直流手工电弧焊接，特别适用于碱性低氢型焊条焊接重要的低碳钢、中碳钢及普通低合金钢构件。它具有高效节能、节省材料、体积小、维修方便、稳定性好及调节方便等特点。如图 4－6 所示是一种常用的整流弧焊机的外形，其型号为 ZXG－300，其中“Z”表示弧焊整流器，“X”表示下降外特性，“G”表示该整流弧焊机采用硅整流元件，“300”表示整流弧焊机的额定焊接电流为 300A。

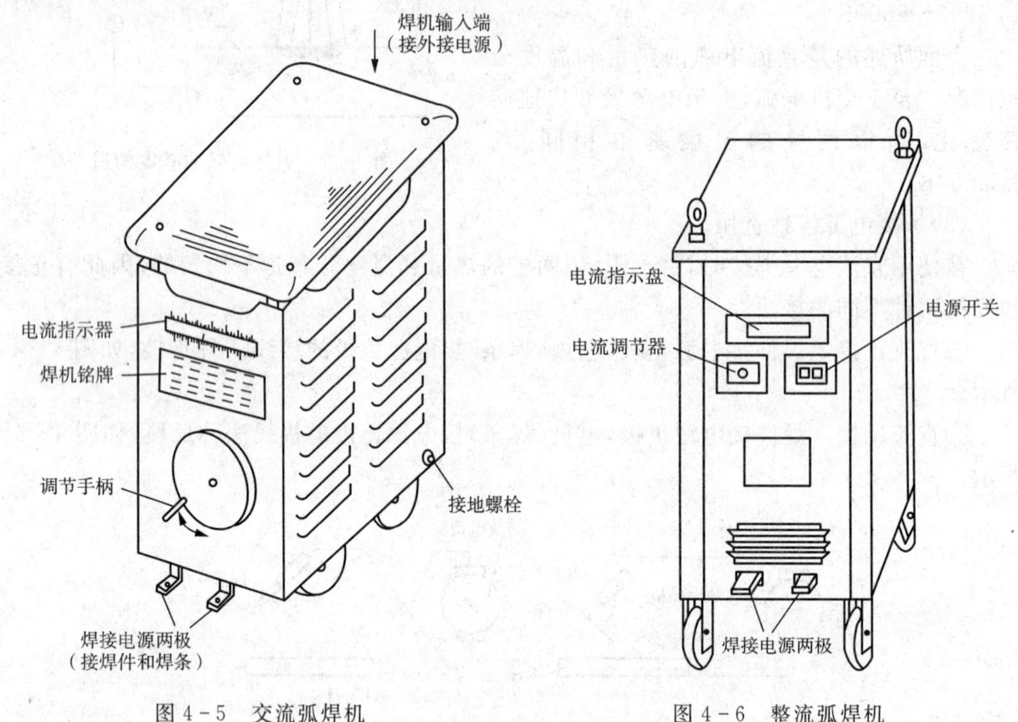

图 4－5　交流弧焊机　　　　图 4－6　整流弧焊机

(3)逆变弧焊机

逆变弧焊机是通过改变频率来控制电流、电压的一种新型焊机。该焊机的电源具有陡降外特性，适用于所有牌号焊条的手工电弧焊接。该焊机具有下列特点：具有高效节能、高功率因素、低空载损耗；有多种自保护功能（过流、过热、欠压、过压、偏磁、缺相保护），避免了焊机的意外损坏；动态品质好、静态精度高、引弧容易、燃烧稳定、重复引燃可靠、便于操作；小电流稳定、大电流飞溅小、噪声低，在连续施焊过程中，焊接电流漂移小于±1%，为获得优质接头提供了可靠保证；电流调节简单，既可预置焊接电流，也可在施焊中随意调节，适应性强，利于全位置焊接。这种新型焊机还可一机两用，在短路状态下，可作为工件预热电源，这在焊机历史上是一个很大的进步。

焊接时除了弧焊机外，常用的工具有夹持焊条的焊钳、劳动保护用的皮手套、护目墨镜或面罩等。

3. 电焊条

(1)电焊条的组成及作用

电焊条由焊芯和药皮两部分组成。

①焊芯

焊条中被药皮包裹的金属芯称焊芯。它的主要作用是导电和填充焊缝金属。

焊芯是经过特殊冶炼而成的，其化学成分应符合 GB/T14957—1994 的要求。常用的几种碳素钢焊接钢丝的牌号和成分见表 4-1。焊芯的牌号用“H”＋碳的质量分数表示。牌号后带“A”者表示其硫、磷含量不超过 0.03%。

表 4-1　碳素钢焊接钢丝的牌号和成分

钢　号	化学成分/%							用　途
	w_C	w_{Mn}	w_{Si}	w_{Cr}	w_{Ni}	w_S	w_P	
H08E	≤0.10	0.30～0.55	≤0.03	≤0.20	≤0.30	≤0.02	≤0.02	重要焊接结构
H08A	≤0.10	0.30～0.56	≤0.03	≤0.20	≤0.30	≤0.03	≤0.03	一般焊接结构
H08MnA	≤0.10	0.80～1.10	≤0.07	≤0.20	≤0.30	≤0.03	≤0.03	用作埋弧焊焊丝

从表中可以看出，焊芯成分中含碳较低，硫、磷含量较少，有一定合金元素含量，可保证焊缝金属具有良好的塑性、韧性，以减少产生焊接裂纹倾向，改善焊缝的力学性能。

焊芯的直径即为焊条直径，常用的焊芯直径有 1.6mm、2.0mm、2.5mm、3.2mm、5.0mm 等几种，长度在 200～450mm 之间。直径为 3.2～5mm 的焊芯应用最广。

②焊条药皮

焊条药皮在焊接过程中有如下作用：

◆ 形成气—渣联合保护，防止空气中有害物质侵入。

◆ 对焊缝进行脱硫、脱氧，并渗入合金元素，以保证焊缝金属获得符合要求的化学成分和力学性能。

◆ 稳定电弧燃烧，有利于焊缝成形，减少飞溅等。

为了满足以上作用，因此焊条药皮的组成成分相当复杂，一种焊条药皮的配方中，组成物一般有七八种之多，焊条药皮原材料的种类、名称和作用见表 4-2。

表 4-2　焊条药皮原材料的种类、名称和作用

原料种类	原料名称	作　用
稳弧剂	碳酸钾、碳酸钠、长石、大理石、钛白粉、钠水玻璃、钾水玻璃	改善引弧性能，提高电弧燃烧的稳定性
造气剂	淀粉、木屑、纤维素、大理石	造成一定的气体，隔绝空气，保护焊接熔滴与熔池
造渣剂	大理石、氟石、菱苦石、长石、锰矿、钛铁矿、黄土、钛白粉、金红石	造成具有一定物理、化学性能的熔渣，保护焊缝。碱性渣中的 CaO 还可起脱硫、磷的作用

（续表）

原料种类	原料名称	作 用
脱氧剂	锰铁、硅铁、钛铁、铝铁、石墨	降低电弧气氛和熔渣的氧化性，脱氧。锰还可脱硫
合金剂	锰铁、硅铁、铬铁、钼铁、钒铁、钨铁	使焊缝金属获得必要的合金成分
稀渣剂	氟石、长石、钛铁矿、钛白粉	增加熔渣流动性，降低熔渣粘度
粘结剂	钠水玻璃、钾水玻璃	将药皮牢固地粘在钢芯上

(2)焊条的型号与牌号

①电焊条型号(国家标准中的焊条代号)

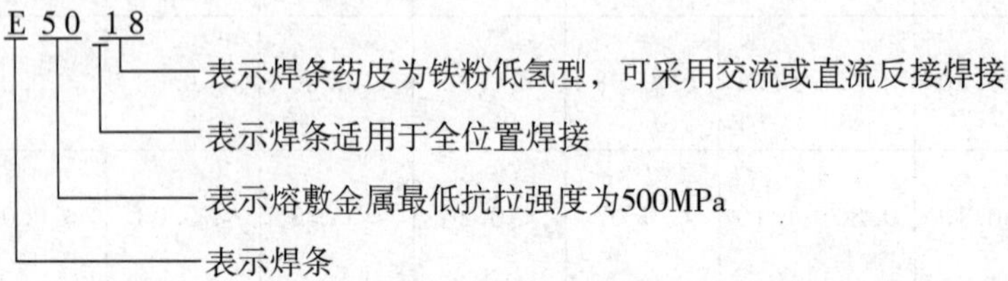

碳钢焊条应用最广泛，按 GB/T5117—1995 碳钢焊条标准，其型号用大写字母“E”和四位数字表示。“E”表示焊条，前两位数字表示熔敷金属抗拉强度的最小值，单位为MPa，第三位数字表示焊条适用的焊接位置，“0”、“1”表示焊条适用于全位置焊接(平、立、仰、横)，“2”表示焊条适用于平焊及平角焊，“4”表示焊条适用于向下立焊，第三位和第四位数字组合表示焊接电流种类及药皮类型。

②焊条牌号(焊条行业统一的焊条代号)

焊条牌号一般用一个大写拼音字母和三个数字表示，如 J422、J506 等。拼音字母表示焊条的各大类，如“J”表示结构钢焊条；前两位数字表示焊缝金属抗拉强度的最小值，单位 MPa，第三位数字表示药皮类型和电流种类。结构钢焊条牌号中数字的意义见表 4-3，其他焊条牌号表示方法见《焊接材料产品样本》(1997 年版)。

表 4-3 结构钢焊条牌号中数字的意义

牌号中第一、二位数字	焊缝金属抗拉强度等级/MPa	牌号中第三位数字	药皮类型	焊接电源种类
42	420	0	不属已规定类型	不规定
50	490	1	氧化钛型	直流或交流
55	540	2	氧化钛钙型	直流或交流
60	590	3	钛铁矿型	直流或交流
70	690	4	氧化铁型	直流或交流
75	740	6	低氢钾型	直流或交流
80	780	7	低氢钠型	直流

一般来说，型号和牌号是对应的，但一种型号可以有多种牌号，因牌号比较简明，所以生产中常用牌号表示。

4. 焊接接头形式和坡口形式

(1)接头型式设计

根据 GB/T3375－1994 规定，焊接碳钢和低合金钢的基本接头型式有对接、搭接、角接和 T 形接四种，如图 4－7 所示。焊接接头形式的选择应根据结构形状、强度要求、工件厚度、焊缝位置、焊后应力与变形大小、坡口加工难易程度及焊接材料消耗等因素综合考虑。

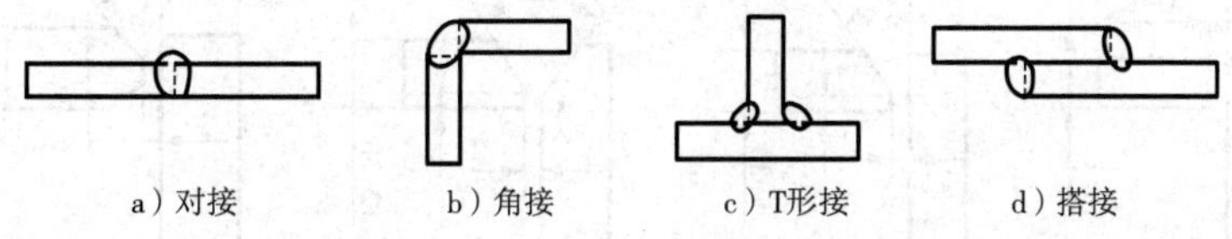

图 4－7　常用的焊接接头型式

对接接头是焊接结构应用最多的接头形式，其接头受力比较均匀，检验方便，接头质量也容易保证，适用于重要的受力焊缝，如锅炉、压力容器等结构。

搭接接头因两焊件不在同一个平面内，受力时产生附加弯矩，降低接头强度，一般应避免采用。但搭接接头不用开坡口，备料、装配比较容易，对某些受力不大的平面连接(如厂房屋架、桥梁等)，采用搭接接头可以节省工时。

角接接头和 T 形接头受力都比对接接头复杂，但接头成一定角度或直角连接时，必须采用这类接头型式。

此外，对于薄板气焊或钨极氩弧焊，为了避免烧穿或为了省去填充焊丝，常采用卷边接头。

(2)坡口型式设计

将焊件的待焊部位加工出一定形状的沟槽称坡口。为了保证将焊件根部焊透，并减少母材在焊缝中的比例，焊条电弧焊时钢板厚度大于 6mm 时需要开坡口(重要结构中板厚大于 3mm 时也要求开坡口)。焊条电弧焊常见的坡口基本形式有 I 形坡口、X 形坡口、V 形坡口、U 形坡口等几种，如图 4－8 所示。

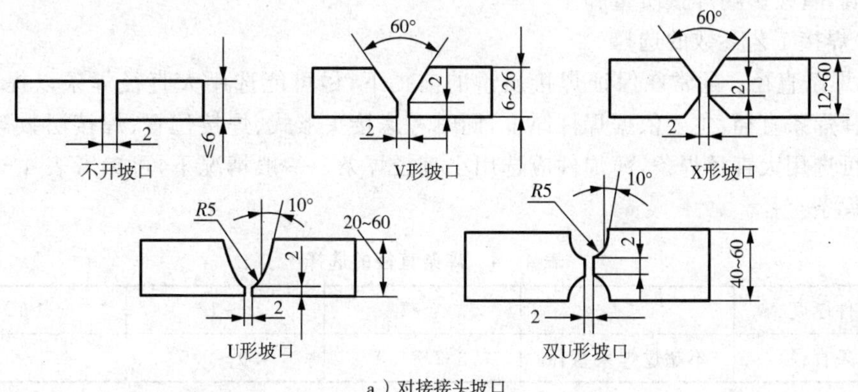

a）对接接头坡口

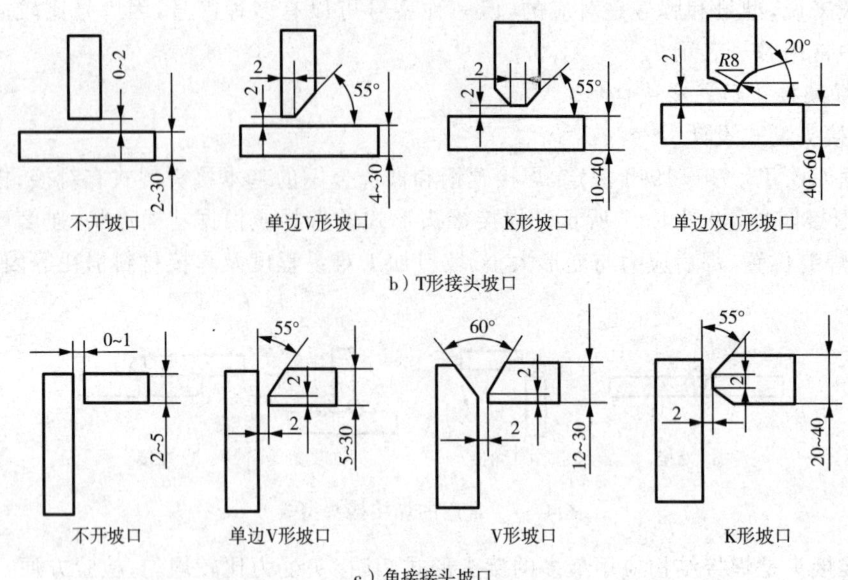

b）T形接头坡口

c）角接接头坡口

图 4-8　焊接接头的坡口

坡口形式的选择主要根据板厚，目的是既保证能焊透，又能提高生产率和降低成本。其中X形坡口适用于钢板厚度12～60mm以及要求焊后变形较小的结构；U形坡口适用于钢板厚度20～60mm较重要的焊接结构；V形坡口加工比较容易，但焊后变形大，适用于钢板厚度3～26mm的一般结构。

5. 焊接位置

熔焊时，焊件接缝所处的空间位置称为焊接位置，有平焊位置、立焊位置、横焊位置和仰焊位置等。平焊位置易于操作，生产率高，劳动条件好，焊接质量容易保证。因此，焊件应尽量放在平焊位置施焊，立焊位置和横焊位置次之，仰焊位置最差。

6. 焊接工艺参数

焊接时，为保证焊接质量而选定的诸物理量，称为焊接工艺参数。焊条电弧焊的工艺参数包括焊条直径、焊接电流、电弧电压、焊接速度和焊接层次等。焊接工艺参数选择是否正确，直接影响焊接质量和生产率。

(1)焊接工艺参数的选择

① 焊条直径。通常在保证焊接质量的前提下，尽可能选用大直径焊条以提高生产率。选择焊条直径，主要依据焊件厚度，同时考虑接头形式、焊接位置、焊接层数等因素。厚焊件可选用大直径焊条，薄焊件应选用小直径焊条。一般情况下，可参考表4-4的规定选择焊条直径。

表4-4　焊条直径的选择

焊件厚度	＜4	4～7	8～12	＞12
焊条直径	不超过焊条直径	3.2～4.0	4.0～5.0	4.0～5.8

在立焊位置、横焊位置和仰焊位置焊接时，由于重力作用，熔化金属容易从接头中流

出，应选用较小直径焊条。在实施多层焊时，第一层焊缝应选用较小直径焊条，以便于操作和控制熔透；以后各层可选用较大直径焊条，以加大熔深和提高生产率。

② 焊接电流。选择焊接电流主要根据焊条直径。对一般钢焊件，可以根据下面的经验公式来确定：

$$I=Kd$$

式中：I——焊接电流，A；

d——焊条直径，mm；

K——经验系数，可按表 4－5 确定。

表 4－5　经验系数的确定

焊条直径/mm	1.6	2.0～2.5	3.2	4.0～5.8
K	20～25	25～30	30～40	40～50

根据以上经验公式计算出的焊接电流，只是一个大概的参考数值，在实际生产中还应根据焊件厚度、接头形式、焊接位置、焊条种类等具体情况灵活掌握。例如，焊接大厚度焊件或 T 形接头和搭接接头时，焊接电流应大些；立焊、横焊或仰焊时，为了防止熔化金属从熔池中流淌，须采用较小些的焊接电流，一般比平焊位置小 10％～20％。重要结构焊接时，要通过试焊来调整和确定焊接电流大小。

③ 电弧电压。电弧电压由电弧长度决定。电弧长则电弧电压高，反之则低。焊条电弧焊时电弧长度是指焊芯熔化端到焊接熔池表面的距离。若电弧过长，电弧飘摆，燃烧不稳定，熔深减小、熔宽加大，并且容易产生焊接缺陷。若电弧太短，熔滴过渡时可能经常发生短路，使操作困难。正常的电弧长度是小于或等于焊条直径，即所谓短弧焊。

④ 焊接速度。焊接速度是指单位时间内焊接电弧沿焊件接缝移动的距离。焊条电弧焊时，一般不规定焊接速度，而由焊工凭经验掌握。

⑤ 焊接层数。厚板焊接时，常采用多层焊或多层多道焊。相同厚度的焊件，增加焊接层数有利于提高焊缝金属的塑性和韧性，但焊接变形增大，生产效率下降。层数过少，每层焊缝厚度过大，接头性能变差。一般每层焊缝厚度以不大于 4～5mm 为好。

(2)焊接工艺参数对焊缝成形的影响

焊接工艺参数是否合适，直接影响焊缝成形。如图 4－9 所示为焊接电流和焊接速度对焊缝形状的影响。

焊接电流和焊接速度合适时，焊缝形状规则，焊波均匀并呈椭圆形，焊缝到母材过渡平滑，焊缝外形尺寸符合要求，如图 4－9a 所示。

焊接电流太小时，电弧吹力小，熔池金属不易流开，焊波变圆，焊缝到母材过渡突然，余高增大，熔宽和熔深均减小，如图 4－9b 所示。

焊接电流太大时，焊条熔化过快，尾部发红，飞溅增多，焊波变尖，熔宽和熔深都增加，焊缝出现下榻，严重时可能产生烧穿缺陷，如图 4－9c 所示。

焊接速度太慢时，焊波变圆，熔宽、熔深和余高均增加，如图 4－9d 所示。焊接薄焊件时，可能产生烧穿缺陷。

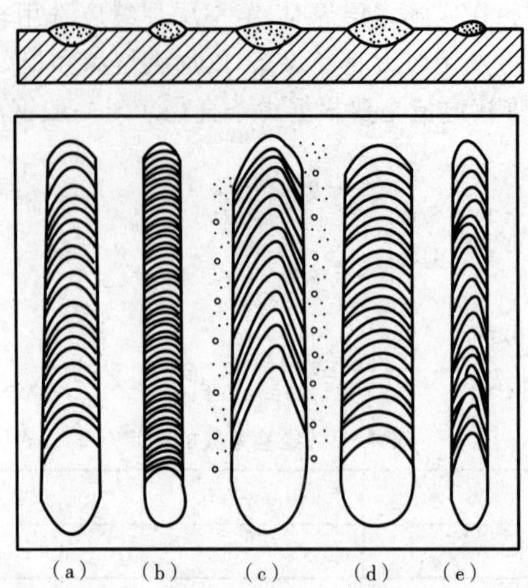

图 4-9 焊接电流和焊接速度对焊缝的影响

4.1.2 气焊与气割

1. 气焊

气焊是利用可燃气体如乙炔(C_2H_2)和助燃气体氧气(O_2)混合燃烧的高温火焰来进行焊接的,其工作情况如图 4-10 所示。

气焊所用的设备有乙炔发生器、回火防止器、氧气瓶、减压阀和焊炬等,如图 4-11 所示。

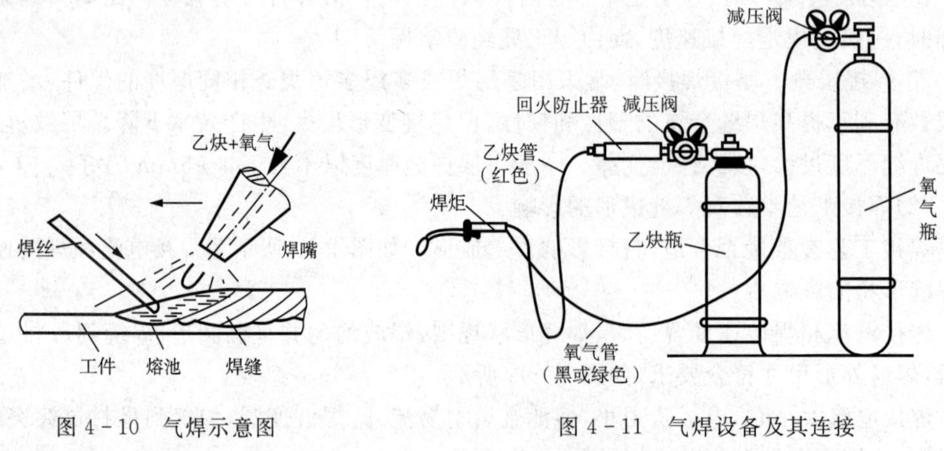

图 4-10 气焊示意图

图 4-11 气焊设备及其连接

(1)气焊火焰

改变氧气和乙炔的体积比例,可获得三种不同性质的气焊火焰。

① 中性焰。氧气和乙炔的混合比为 1～1.2 时燃烧所形成的火焰称为中性焰,又称为正常焰。其焰心特别明亮,内焰颜色较焰心暗,呈淡白色,温度最高可达 3000℃～

3200℃,外焰温度较低,呈淡蓝色。焊接时应使熔池及焊丝末端处于焰心前 2～4mm 的最高温度区。

中性焰应用最广,一般常用于焊接碳钢、紫铜和低合金钢等。

② 碳化焰。氧气和乙炔的混合比小于 1 时燃烧所形成的火焰称为碳化焰。其火焰特征为内焰变长且非常明亮,焰心轮廓不清,外焰特别长。且温度也较低,最高温度约为 2700℃～3000℃。

碳化焰中的乙炔过剩,适用于焊接高碳钢、铸铁和硬质合金等材料。焊接其他材料时,使焊缝金属增碳,变得硬而脆。

③ 氧化焰。氧气和乙炔的混合比为大于 1.2 时燃烧所形成的火焰称为氧化焰。由于氧气较多,燃烧比中性焰剧烈,火焰各部分长度均缩短,温度比中性焰高,可达 3100℃～3300℃。由于氧化焰对熔池有氧化作用,故一般不宜采用,只适用于焊接黄铜、镀锌铁皮等。

(2)气焊操作要领

①先把氧气瓶的气阀打开,调节减压器使氧气达到所需的工作压力,同时检查乙炔发生器和回火防止器是否正常。点火时,先微开焊炬上的氧气阀,再开乙炔气阀,然后点燃火焰。这时的火焰为碳化焰。随即慢慢开大氧气阀,观察火焰的变化,最后调节成为所需的中性焰。灭火时,应先关闭乙炔气阀,然后关闭氧气阀。

②气焊操作是右手握焊炬,左手拿焊丝,可以向左焊,也可以向右焊,如图 4－12 所示。向右焊时,焊炬在前,焊丝在后。这种焊法的火焰对熔池保护较严,并有利于把熔渣吹向焊缝表面,还能使焊缝缓慢冷却,以减少气孔、夹渣和裂纹等焊接缺陷,因此焊接质量较好。但是,焊丝挡住视线,操作不便。向左焊时,焊丝在前,焊炬在后。这种焊法的火焰吹向待焊部分的接头表面,能起到预热作用,因此焊接速度较快。又因操作较为方便,所以一般都采用向左焊。

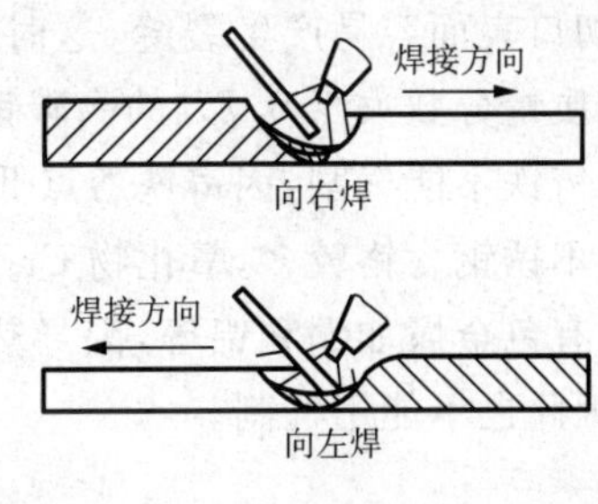

图 4－12　气焊焊接方向

③施焊方法

开始焊接时,因为工件的温度还低,所以焊嘴应与工件垂直,使火焰的热量集中,尽快使工件接头表面的金属熔化。焊到接头的末端时,则应将焊嘴与工件的夹角减小,以免烧塌工件的边缘,且有利于金属熔液填满接头的空隙。焊接过程中,不仅要掌握好焊嘴的倾斜角度,还应注意送进焊丝的方法。焊接时,先用火焰加热工件,焊丝端部则在焰心附近预热。待工件接头表面的金属熔化形成熔池之后,才把焊丝端部浸入熔池。焊丝熔化一定数量之后,应退出熔池,焊炬随即向前移动,又熔化工件接头的待焊部分,形成新的熔池。也就是说,焊丝不能经常处在火焰前面,以免阻碍工件受热;也不能使焊丝在熔池上面熔化后滴入熔池;更不能在接头表面尚未熔化时就送入焊丝。

(3)气焊的特点及其应用

① 生产率低。由于气焊火焰温度低,加热缓慢。

② 焊件变形大。气焊热量分散,热影响区宽。

③ 接头质量不高。焊接时火焰对熔池保护性差。

④ 气焊火焰易控制和调整，灵活性强。气焊设备不需电源。

因此，气焊适用于3mm以下的低碳钢薄板、铸铁焊补以及质量要求不高的铜和铝合金等合金的焊接。

2. 气割

氧气切割简称气割。气割的效率高、成本低、设备简单，并能在各种位置进行切割，因此它被广泛用于钢板下料和铸钢件浇冒口的割除。

气割是利用中性焰将金属预热到燃点，然后开放切割氧，将金属剧烈氧化成熔渣，并从切口中吹掉，从而将金属分离。

被切割金属应具备的条件是：

◆金属的燃点应低于其熔点。否则切割前金属先熔化，使切口过宽并凹凸不平。

◆燃烧生成的金属氧化物熔点应低于金属本身的熔点，以便融化后吹掉。

◆金属燃烧时应放出大量的热，以利于切割过程不断进行下去。

◆金属导热性要低，以利于预热。

碳的质量分数在0.4%以下的碳钢，以及碳的质量分数在0.25%以下的低合金钢都能很好地用氧气切割。这是因为它们的燃点(1350℃)低于熔点(1500℃)，氧化铁的熔点(1370℃)低于金属本身的熔点，同时在燃烧时放出大量的热。当含碳为0.4%～0.7%时，切口表面容易产生裂缝，这时应将被切割的钢板预热到250℃～300℃再进行气割。碳的质量分数大于0.7%的高碳钢，因钢板的燃点与熔点接近，切割质量难以保证。

铸铁不能气割，因铸铁熔点低于它的燃烧温度。

不锈钢含铬较多，氧化物Cr_2O_3的熔点高于不锈钢的熔点，因此难以切割。

有色金属如铜和铝等，因导热性好，容易氧化，氧化物的熔点都高于金属本身的熔点，因此也不能用气割。

4.1.3 其他焊接方法简介

焊条电弧焊(即手工电弧焊)由于操作方便、设备简单，可以随时完成各种金属材料在不同位置和不同接头型式的焊接工作，所以它仍是焊接生产中应用最广泛的一种方法。但它也存在效率低、焊接质量差等缺点，因此出现了其它焊接方法。

1. 埋弧自动焊

随着生产的不断发展，焊接技术的应用日益扩大，焊接工作量大大增加，手工方式的焊接已远远不能满足要求，因此出现了一种机械化的电弧焊——埋弧焊，其中引弧、运弧和送进焊丝等操作都是由机械来完成的，故称之为自动焊。

埋弧自动焊焊接过程如图4-13所示，它是以连续送进的焊丝作为电极和填充金属。焊接时，在焊接区的上面覆盖一层颗粒状焊剂，电弧在焊剂层下燃烧，焊机带着焊丝均匀地沿坡口移动，或者焊机机头不动，工件匀速运动。在焊丝前方，焊剂从漏斗中不断流出撒在被焊部位。焊接时，部分焊剂熔化形成熔渣覆盖在焊缝表面，大部分焊剂不熔化，可重新回收使用。

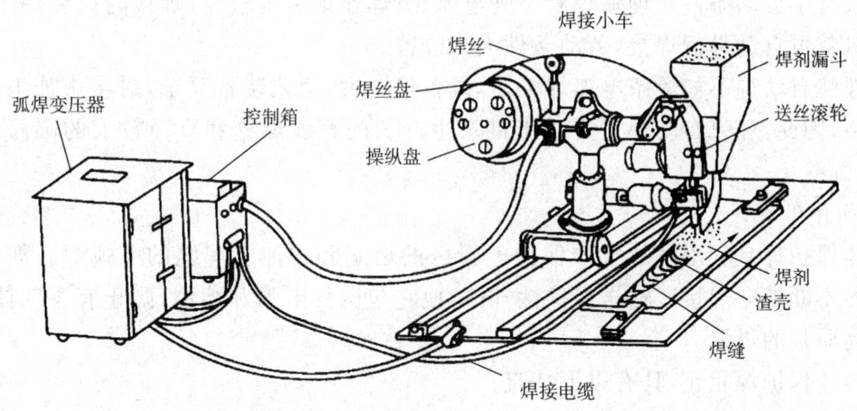

图 4-13　埋弧焊示意图

埋弧焊焊缝形成过程如图 4-14 所示。电弧燃烧后，工件与焊丝被熔化成较大体积(可达 $20cm^3$)的熔池。由于电弧向前移动，熔池金属被电弧气体排挤向后堆积形成焊缝。电弧周围的颗粒状焊剂被熔化成熔渣，与熔池金属产生物理化学作用。部分焊剂被蒸发，生成的气体将电弧周围的熔渣排开，形成一个封闭的熔渣泡。它具有一定粘度，能承受一定压力，使熔化的金属与空气隔离，并能防止金属熔滴向外飞溅。这样，既可减少电弧热能损失，又阻止了弧光四射。此外，焊丝上没有涂料，允许提高电流密度，电弧吹力则随电流密度的增大而增大。因此，埋弧焊的熔池深度比焊条电弧焊大得多。

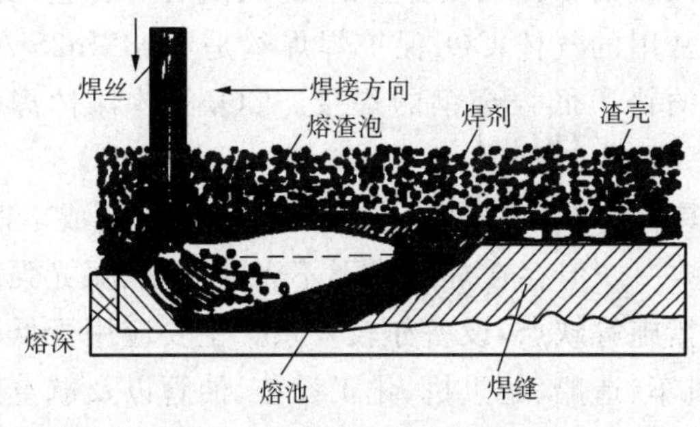

图 4-14　埋弧焊焊缝的形成

埋弧自动焊的特点是：

◆生产效率高。埋弧焊的焊接电流可达 800～1000A，是焊条电弧焊的 6～8 倍，同时节省更换焊条的时间。此外，电弧受焊剂保护，热能利用率高，可采用较快的焊接速度。故其生产率是焊条电弧焊的 5～10 倍。

◆焊缝质量高且稳定。因熔池受到焊剂很好保护，外界空气较难侵入，且焊接规范可自动调节，故焊缝质量稳定，缺陷少。此外，其热影响区很小，焊缝外形美观。

◆节省金属和电能。由于埋弧焊熔池深度较大，较厚的攻坚可以不开坡口，金属的烧损和飞溅也大为减少，且无焊条头的损失，故可节省金属材料。由于电弧热能散失较少，利用率大大提高，从而也节省了电能。

◆改善了劳动条件。埋弧焊看不到电弧光，焊接烟雾也较少，焊接时只要焊工调整、管理焊机就可自动进行焊接，劳动条件大为改善。

但埋弧自动焊不如焊条电弧焊灵活，设备投资大，工艺装备复杂，对接头加工与装配要求严格，因此，埋弧自动焊主要适于批量生产长的直线焊缝和直径较大的圆筒形工件的纵、环焊缝。

2. 气体保护焊

气体保护焊是利用外加气体保护电弧区的熔滴和熔池及焊缝的电弧焊。即在焊接时由外界不断地向焊接区输送保护性气体，使它包围住电弧和熔池，防止有害气体侵入，以获得高质量的焊缝。

它与渣保护焊相比，具有以下特点：

◆明弧可见，便于焊工观察熔池进行控制。

◆焊缝表面无渣，这在多层焊时可节省大量层间清渣工作。

◆可进行空间全方位的焊接。

气体保护焊的种类很多，目前常用的主要有两种：氩弧焊和二氧化碳气体保护焊。

(1)CO_2气体保护焊

CO_2气体保护焊是以CO_2作为保护气体，以焊丝为电极，以自动或半自动方式进行焊接的方法。目前常用的是半自动焊，即焊丝送进靠机械自动进行并保持一定的弧长，由操作人员手持焊炬进行焊接。

CO_2气体在电弧高温下能分解，有氧化性，会烧损合金元素。因此，不能用来焊接有色金属和合金钢。焊接低碳钢和普通低合金钢时，通过含有合金元素的焊丝来脱氧和渗合金等冶金处理。现在常用的气体CO_2保护焊焊丝是 H08Mn2SiA，适用于低碳钢和抗拉强度在 600MPa 以下的普通低合金钢的焊接。CO_2气体保护焊焊接装置如图 4－15 所示。

CO_2气体保护焊除具有气体保护焊的共同特点外，还独具成本低的优点(约为焊条电弧焊和埋弧焊的 40％左右)。但存在焊缝成形不光滑美观、弧光强烈、金属飞溅较多、烟雾较大以及需采取防风措施等缺点，设备亦较复杂。主要应用于低碳钢和普通低合金结构钢的焊接。在汽车、机车、造船、起重机、化工设备、油管以及航空工业等部门都得到广泛的应用。

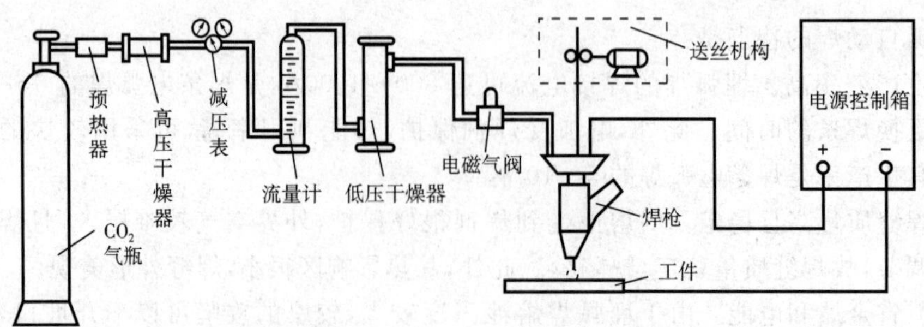

图 4－15　CO_2 气体保护电弧焊示意图

(2)氩弧焊

氩弧焊是指用氩气作保护气体的气体保护焊。氩气是惰性气体,在高温下不和金属起化学反应,也不溶于金属,可以保护电弧区的熔池、焊缝和电极不受空气的有害作用,是一种较理想的保护气体。氩弧焊分钨极(不熔化)氩弧焊和熔化极(金属极)氩弧焊两种,如图 4-16 所示。

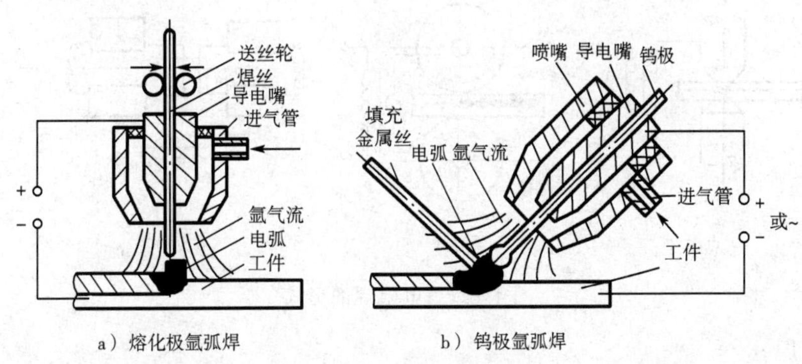

图 4-16　氩弧焊示意图

钨极氩弧焊电极常用钍钨极和铈钨极两种。焊接时,电极不熔化,只起导电和产生电弧作用。钨极为阴极时,发热量小,钨极烧损小。钨极作阳极时,发热量大,钨极烧损严重,电弧不稳定,焊缝易产生夹钨。因此,一般钨极氩弧焊不采用直流反接。此外,为尽量减少钨极的损耗,焊接电流不宜过大,故常用于焊接 4mm 以下的薄板。手工钨极氩弧焊的操作与气焊相似,需加填充金属,也可以在接头中附加金属条或采用卷边接头。填充金属有的可采用与母材相同的金属,有的需要加一些合金元素,进行冶金处理,以防止气孔等缺陷。

熔化极氩弧焊以连续送进的焊丝作为电极并兼作填充金属,因此,可采用较大电流,生产率较钨极氩弧焊高,适宜于焊接厚度为 25mm 以下的工件。它可分为自动熔化极氢弧焊和半自动熔化极氢弧焊两种。

氩弧焊除具有气体保护焊的共同优点外,还具有焊缝质量最好的独特优点,而且焊缝外形光洁美观。但氩气成本高,而且只能在室内无风处应用。此外,由于氩气的游离电势高,引弧困难,故需用高频振荡器或脉冲引弧器帮助引弧,或者提高电源空载电压。另外,氩弧焊设备也较复杂,特别是交流氩弧焊机。因此,氩弧焊目前主要用来焊接易氧化的有色金属(铝、镁及其合金、稀有金属(钛、钼、锆、钽等及其合金)、高强度合金钢及一些特殊性能合金钢(不锈钢、耐热钢)等。

3. 电阻焊

电阻焊又称接触焊。它是利用电流通过两焊件接触处所产生的电阻热($Q=I^2Rt$)作为焊接热源,将接头加热到塑性状态或熔化状态,然后迅速施加顶锻压力,以形成牢固的焊接接头。

因为焊件间的接触电阻有限,为使焊件在极短时间内达到高温,以减少散热损失,所以电阻焊采用大电流(几千到几万安)、低电压(几伏到十几伏)的大功率电源。电阻焊具有生产率高、焊件变形小、劳动条件好、不需添加填充金属,易实现机械化、自动化等优点;但设备复杂、耗电量大,对焊件厚度和截面形状有一定的限制;通常适用于大批量生产。

电阻焊按其接头型式不同,可分为点焊、缝焊和对焊三种形式,如图 4-17 所示。

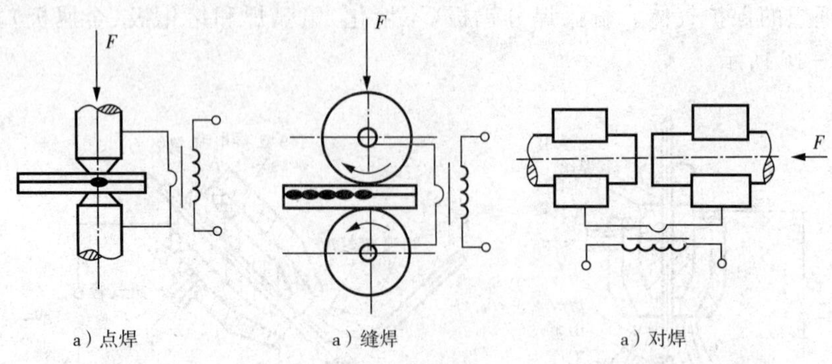

图 4-17　电阻焊的形式

(1)点焊

点焊是利用电流通过柱状电极和搭接的两焊件产生电阻热,将焊件加热并局部熔化,然后在压力作用下形成焊点,如图 4-17a 所示。

每个焊点的焊接过程是:

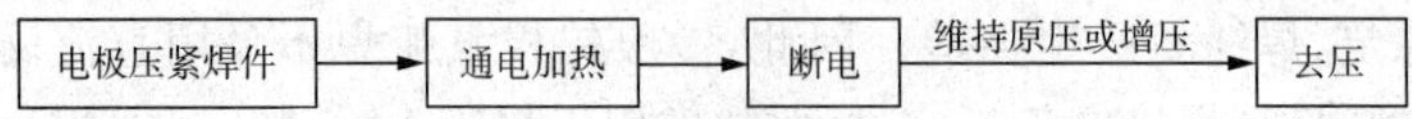

当工件上有多个焊点时,焊点与焊点间应有一定的距离(如 0.5mm 厚碳钢薄板工件,焊点间距为 10mm)。以防止"分流现象"。分流将使第二个焊点的焊接电流减小而影响焊接质量

点焊主要用于焊接厚度为 4mm 以下的薄板、冲压结构件及线材等,每次焊一个点或多个点。目前,点焊已广泛用于制造汽车、车厢、飞机等薄壁结构以及罩壳和轻工、生活用品等。

(2)缝焊

缝焊又称滚焊(图 4-17b),其焊接过程与点焊相似,只是用旋转的圆盘状滚状电极代替了柱状电极。焊接时,盘状电极压紧焊件并转动(也带动焊件向前移动),配合断续通电,即形成连续重叠的焊点。

缝焊时,焊点相互重叠 50%以上,密封性好。主要用于制造要求密封性的薄壁结构。如汽车油箱、小型容器与管道等。但因缝焊过程分流现象严重,焊接相同厚度的工件时,焊接电流约为点焊的 1.5~2 倍。因此要使用大功率焊机,用精确的电气设备控制间断通电的时间。缝焊只适用于厚度 3mm 以下的薄板结构。

(3)对焊

对焊是利用电阻热使两个工件在整个接触面上焊接起来的一种方法,如图 4-17c 所示。根据焊接工艺不同,对焊可分为电阻对焊和闪光对焊两种。

①电阻对焊

电阻对焊的焊接过程为:

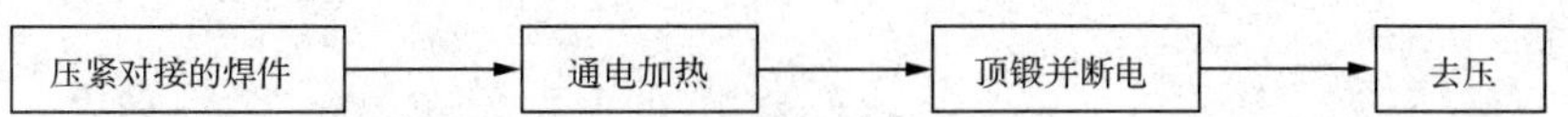

电阻对焊操作简单，接头比较光滑。但焊前应认真加工和清理端面，否则易加热不匀，连接不牢。此外，高温端面易发生氧化，质量不易保证。电阻对焊一般只用于焊接截面形状简单、直径（或边长）小于 20mm 和强度要求不高的工件。

②闪光对焊

闪光对焊的过程为：

闪光对焊接头中夹渣少，质量好，强度高。缺点是金属损耗较大，闪光火花易玷污其他设备与环境，接头处焊后有毛刺需要加工清理。

闪光对焊常用于对重要工件的焊接。可焊相同金属件，也可焊接一些异种金属（铝-铜、铝-钢等）。被焊工件直径可小到 0.01mm 的金属丝，也可以是端面大到 $20000mm^2$ 的金属棒和金属型材。

4. 钎焊

钎焊的能源可以是化学反应热，也可以是间接热能。它是利用熔点比被焊材料熔点低的金属作钎料，经过加热钎料熔化，靠毛细管作用将钎料吸入接头接触面的间隙内、润湿被焊金属表面，使液相与固相之间相互扩散而形成钎焊接头。因此，钎焊是一种固相兼液相的焊接方法。

根据钎料熔点不同，钎焊可分为硬钎焊和软钎焊两种。

(1)硬钎焊。钎料熔点在 450℃以上，接头强度在 200MPa 以上。主要用于受力较大的钢铁和铜合金构件的焊接（如自行车架、带锯锯条等）以及工具、刀具的焊接。

(2)软钎焊。钎料熔点在 450℃以上，接头强度较低，一般在 70MPa。主要用于焊接受力不大、工作温度较低的工件。

与一般熔化焊相比，钎焊的特点是：

◆工件加热温度较低，组织和力学性能变化很小，变形也小。接头光滑平整，工件尺寸精确。

◆可焊接性能差异很大的异种金属，对工件厚度的差别也没有严格限制。

◆工件整体加热钎焊时，可同时钎焊多条（甚至上千条）接缝组成的复杂形状构件，生产率很高。

◆设备简单，投资费用少。

但钎焊的接头强度较低，尤其是动载强度低，允许的工作温度不高，焊前清整要求严格，而且钎料价格较贵。

因此，钎焊不适合于一般钢结构件和重载、动载零件的焊接。钎焊主要用于制造精密仪表、电气部件、异种金属构件以及某些复杂薄壁结构，如夹层结构、蜂窝结构等。也常用于钎焊各类导线与硬质合金刀具。

4.2 焊接件质量控制与检验

4.2.1 焊接缺陷与检验

1. 焊接缺陷

常见的焊接缺陷主要有咬边、焊瘤、裂纹、气孔与缩孔、夹杂与夹渣、烧穿、未焊满、未熔合与未焊透等。

① 咬边。咬边是指在基本金属与焊缝金属交接处因焊接而造成的沟槽，如图 4-18a、4-18b 所示。产生咬边的原因有焊接电流太大、电弧太长、焊接速度太快、运条操作不当等。

② 焊瘤。焊瘤是指在焊接过程中，熔化金属流溢到焊缝之外的未熔化的母材上形成的金属瘤，如图 4-18c 所示。

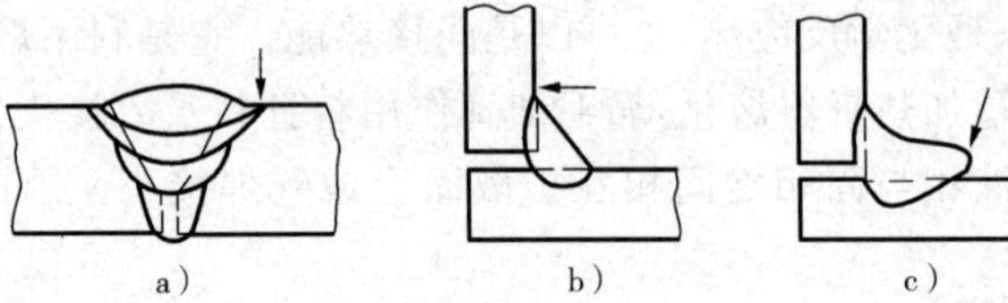

图 4-18 咬边和焊瘤

③ 裂纹。焊接裂纹主要有热裂纹和冷裂纹两种。热裂纹是焊接过程中，焊缝和热影响区金属冷却到固相线附近的高温时产生的裂纹。常见的热裂纹有结晶裂纹和液化裂纹。结晶裂纹是焊缝金属在结晶过程中冷却到固相线附近的高温时，液态晶界在焊接收缩应力作用下产生的裂纹，常发生在焊缝中心和弧坑，如图 4-19a 所示。液化裂纹是靠近熔合线的热影响区和多层间焊缝金属，由于焊接热循环，低熔点杂质被熔化，在收缩应力作用下发生的裂纹。接头表面热裂纹有氧化色彩。冷裂纹是焊接接头冷却到较低温度下(对于钢来说在 Ms 温度以下)时产生的裂纹，延迟裂纹是主要的一种冷裂纹，是焊接接头冷却到室温并在一定时间(几小时、几天，甚至十几天)后才出现的。延迟裂纹常发生在热影响区，如图 4-19b 所示。

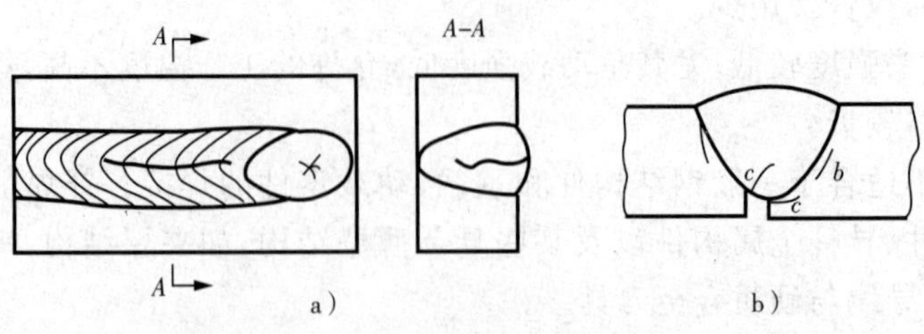

图 4-19 结晶裂纹和延迟裂纹

延迟裂纹的产生与接头的淬硬组织、扩散氢的聚集以及焊接应力有关。为了防止发生冷裂常采取预热、后热，采用低氢焊条、烘干焊条、清除坡口及两侧的锈与油、减小焊接应力等措施。

④气孔和缩孔。气孔是熔池中的气泡在凝固时未能溢出而残留下来所形成的空穴。产生气孔的原因有焊条受潮而未烘干，坡口及附近两侧有锈、水、油污而未清除干净，焊接电流过大或过小，电弧长度太长以致熔池保护不良，焊接速度过快等。缩孔是熔化金属在凝固过程中；收缩而产生的残留在焊缝中的孔穴。

⑤夹杂和夹渣。夹杂是残留在焊缝金属中由冶金反应产生的非金属夹杂和氧化物。夹渣是残留在焊缝中的熔渣。产生夹渣的原因主要有坡口角度太小，焊接电流太小，多层多道焊时清渣不干净，运条操作不当等。

⑥未熔合和未焊透。未熔合是在焊缝金属与母材之间或焊道金属之间未完全熔化结合的部分，如图 4－20a 所示。产生未熔合的原因主要有焊接电流太小，电弧偏吹，待焊金属表面不干净等。未焊透是焊接时接头根部未完全熔透的现象，如图 4－20b、c、d 所示。产生未焊透的原因是焊接电流太小，钝边太大，根部间隙太小，焊接速度太快，操作技术不熟练等。

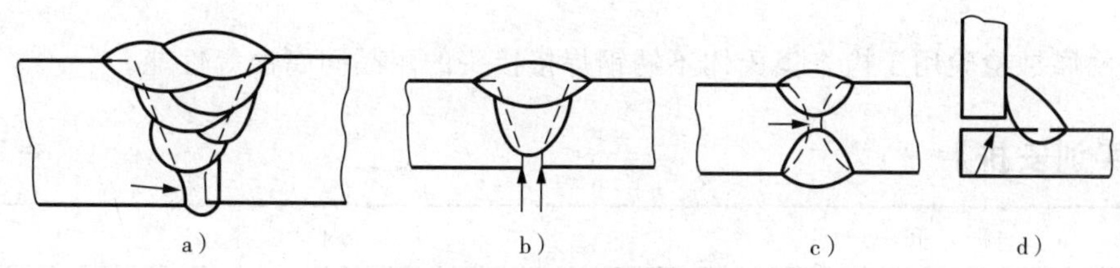

图 4－20　未熔合和未焊透

焊接缺陷会导致应力集中，降低承载能力，缩短使用寿命，甚至造成脆断。一般技术规程规定，裂纹、未熔合和表面夹渣是不允许有的；气孔、未焊透、内部夹渣和咬边等缺陷不能超过一定的允许值。对于超标缺陷应予彻底去除和焊补。

2. 焊接质量检验

检查焊接质量有两类检验方法：一类是非破坏性检验，包括外观检验、密封性检验、耐压检验和无损探伤等；另一类是破坏性试验，如力学性能试验、金相检验、断口检验和耐腐蚀试验等。

① 非破坏性检验

◆外观检验。是用肉眼或借助样板，或用低倍放大镜及简单通用的量具检验焊缝外形尺寸和焊接接头的表面缺陷。

◆密封性检验。是检查接头有无漏水、漏气和渗油、漏油等现象的试验。常用的有煤油试验、载水试验、气密性试验和水压试验等。气密性检验是将压缩空气（或氨、氟利昂、卤素气体等）压入焊接容器，利用容器的内外气体的压力差检查有无泄漏的试验方法。

◆耐压试验。是将水、油、气等充入容器内徐徐加压，以检查其泄漏、耐压、破坏等的试验，通常采用水压试验。水压试验常用于锅炉、压力容器及其管道的检验，既检验受压元件的耐压强度，又可检验焊缝和接头的致密性(有无渗水、漏水)。

◆焊缝无损探伤。常用方法有渗透探伤、磁粉探伤、射线探伤和超声探伤等。渗透是利用带有荧光染料(荧光法)或红色染料(着色法)的渗透剂的渗透作用，显示缺陷痕迹的无损检验法，现在常用着色法检查各种材料表面微裂纹。磁粉探伤是利用在强磁场中，铁磁性材料表层缺陷产生的漏磁场吸附磁粉的现象而进行的无损检验法，常用来检查铁磁材料的表面微裂纹及浅表层缺陷。射线探伤是用 X 射线或 γ 射线照射焊接接头检查内部缺陷的无损检验法。超声探伤是利用超声波探测材料内部缺陷的无损检验法。

② 破坏性试验

◆力学性能试验。力学性能试验有焊缝和接头拉伸试验、接头冲击试验、弯曲试验和硬度试验等，测定焊缝和接头的强度、塑性、韧性和硬度等各项力学性能指标。

◆金相检验。金相检验有宏观检验和微观检验两种。金相检验磨片可以从试验焊件产品上切取。宏观检验可检查该断面上裂纹、气孔、夹渣、未熔合和未焊透等缺陷。微观检验可以确定焊接接头各部分的显微组织特征、晶粒大小以及接头的显微缺陷(裂纹、气孔、夹渣等)和组织缺陷。

◆断口检验用于检查管子对接焊缝，一般是将管接头拉断后，检查该断口上焊缝的缺陷。

◆耐腐蚀检验用于检查奥氏体不锈钢焊接接头的耐晶间腐蚀等性能。

【实训安排】

时间			内容
第一天	上午	1 小时	讲课： (1)安全知识及实训要求； (2)焊条电弧焊相关知识； (3)示范操作焊条电弧焊
		2 小时	学生独立进行平焊练习
	下午	0.5 小时	讲课及示范： (1)气焊、气割的原理、工具及设备； (2)各种焊接方法演示
		2.5 小时	学生独立操作： (1)完成实训产品的焊接； (2)气焊与气割操作

【复习思考题】

4-1 标出右图所示手工电弧焊工作系统各组成部分的名称。

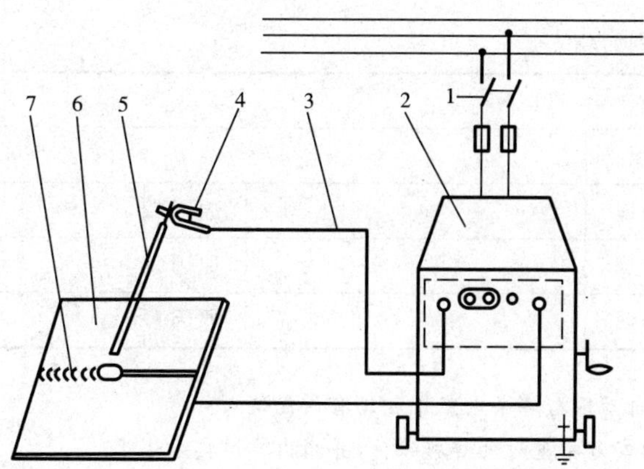

(1)________________

(2)________________

(3)________________

(4)________________

(5)________________

(6)________________

(7)________________

4-2　写出你实习时所用电焊机的名称是：________，型号是：________，电源电压为________。并写出你操作时的工艺参数。

4-3　焊条由哪两部分组成？各自的作用如何？

4-4　在进行焊条电弧焊时，如何确定焊接电流？

4-5　焊接设备有哪几种？各自有何特点？

4-6　标出气焊工作系统图中各装置的名称并说明其用途。

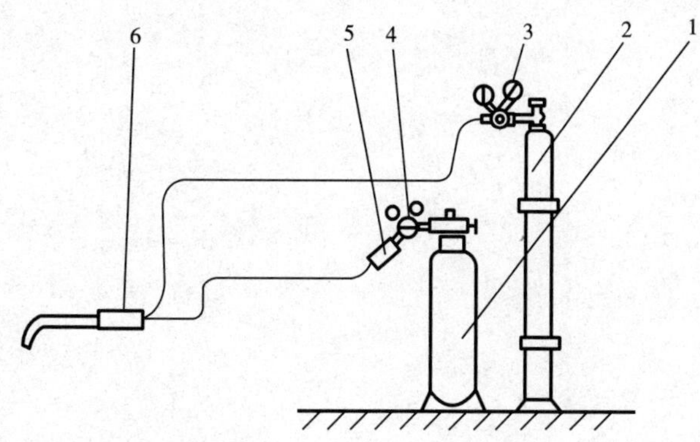

4-7　填表说明气焊火焰的性质与应用。

名　称	氧与乙炔混合比	火焰性质	应用范围
氧化焰			
中性焰			
碳化焰			

4-8 回答氧气切割的特点。

<table>
<tr><td>切割过程</td><td colspan="2">(1)</td><td colspan="2">(2)</td><td>(3)</td></tr>
<tr><td colspan="2">宜用氧气切割的金属</td><td colspan="4"></td></tr>
<tr><td colspan="2">不宜用氧气切割的金属</td><td colspan="2"></td><td>原因</td><td></td></tr>
<tr><td colspan="2">不宜用氧气切割的金属</td><td colspan="2"></td><td>原因</td><td></td></tr>
<tr><td colspan="2">不宜用氧气切割的金属</td><td colspan="2"></td><td>原因</td><td></td></tr>
</table>

4-9 请指出埋弧自动焊与焊条电弧焊相比有何优缺点？

4-10 请举例说出实习中见过的焊接零件，并指出其焊接方法。

第 5 章　切削加工基础知识

【实训要求】

(1)了解常用加工方法的切削运动。

(2)了解切削用量三要素的概念及选用原则。

(3)了解刀具材料的分类及选择。

(4)了解刀具的组成及刀具几何角度。

(5)掌握常用量具的使用。

(6)了解机械加工质量。

(7)了解机床的分类、型号、组成等基础知识。

【讲课内容】

在现代机械制造行业中,机械零件是由一系列加工方法加工而获得的。采用铸造、锻压、焊接等方法一般只能得到精度低、表面粗糙度值高的毛坯,如果要得到高精度、高质量的零件,就必须对毛坯进行切削加工。

金属切削加工是用刀具从金属材料(毛坯)上切除多余的部分,使获得的零件符合要求的几何形状、尺寸及表面粗糙度的加工过程。

金属切削加工按动力来源不同可分为钳工和机械加工两种。前者是工人手持工具进行的切削加工,如锉、锯、錾、刮等;后者是工人操纵机床进行的切削加工,如车、钻、刨、铣、磨等。不管是哪一种加工方法,它们都有一个共同的特点,就是将工件上一薄层金属变成切屑。

5.1　切削加工概述

5.1.1　切削运动及切削用量

1. 切削运动

各种机器零件的形状虽多,但分析起来,都不外乎是平面、外圆面(包括圆锥面)、内圆面(即孔)及成形面所组成的。因此,只要能对这几种典型表面进行加工,就能完成所有机器零件的加工。

◆ 外圆面和内圆面(孔)。它是指以某一直线为母线,以圆为运动轨迹做旋转运动时所形成的表面。

◆ 平面。它是指以一直线为母线,另一直线为轨迹做平移运动而形成的表面。

◆ 成形面。它是指以曲线为母线,以圆或直线为轨迹作旋转或平移运动时所形成的表面。

若想完成上述表面的加工,机床与工件之间必须作相对运动。如图 5－1 所示是刀具和工件作不同的相对运动来完成各种表面的加工方法。

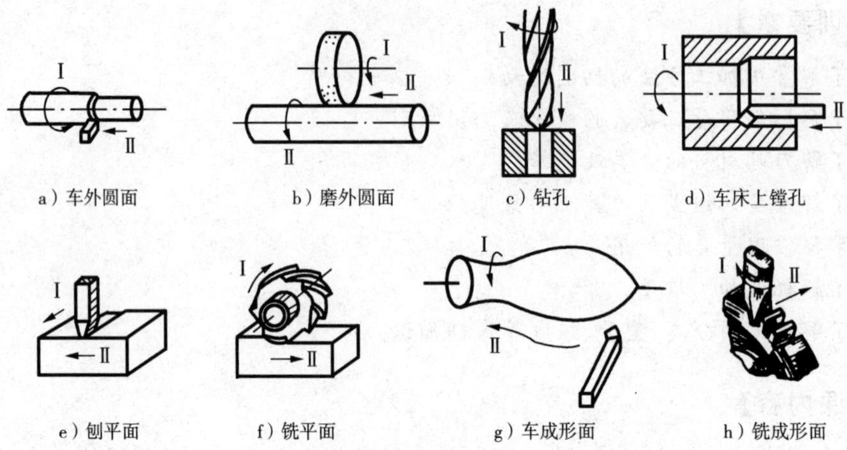

图 5－1　零件不同表面加工时的切削运动

与零件几何形状形成有直接关系的运动称为切削运动,其他称为辅助运动。

切削运动包括主运动和进给运动。主运动是切下切屑所必需的运动,它是切削运动中速度最高、消耗功率最多的运动。而进给运动是指与主运动配合,以便重复或连续不断地切下切屑,从而形成所需工件表面的运动。

各种切削加工机床都是为了实现某些表面的加工,因此都有特定的切削运动。从图 5－2 分析可知,主运动和进给运动可以由刀具完成,也可由工件完成;可以是连续的,也可以是间断的。任何切削加工只有一个主运动,而进给运动则可能是一个或多个。

2. 切削用量

(1)工件上的加工表面

在切削加工过程中,工件上的切削层不断地被刀具切削,并转变为切屑,从而获得零件所需要的新表面。在这一表面形成过程,工件上有三个不断变化着的表面。以车外圆为例来说明这三个表面,如图 5－2 所示。

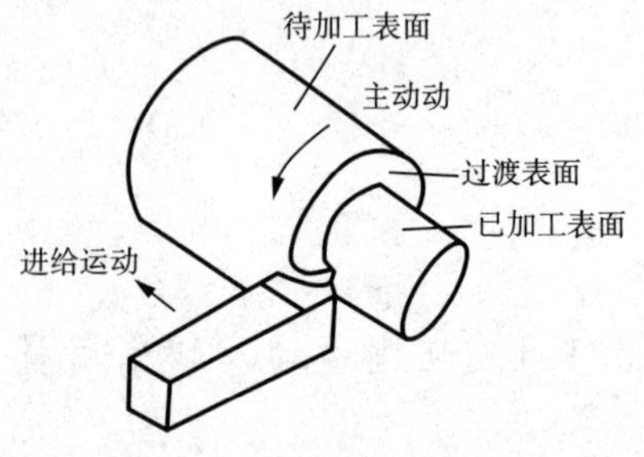

图 5－2　工件上的加工表面

① 待加工表面。即将被切除金属层的表面。

② 过渡表面。正在被切除金属层的表面。

③ 已加工表面。已经被切除金属层的表面。

(2)切削用量三要素

所谓切削用量是指切削速度、进给量和切削深度三者的总称。它是表示切削时各运动参数的大小,是调整机床运动的依据。

① 切削速度 V_c

主运动的线速度称为切削速度,它是指在单位时间内,工件和刀具沿主运动方向相对移动的距离。

当主运动为旋转运动时,则

$$V_c=\frac{\pi dn}{1000}(\mathrm{m/min})$$

式中:d——工件或刀具的直径,mm;

n——工件或刀具的转速,r/min。

若主运动为往复直线运动(如刨、插等),则以平均速度为切削速度,其计算公式为:

$$V_c=\frac{2Ln_r}{1000}(\mathrm{m/min})$$

式中:L——往复运动行程长度,mm;

n_r——主运动每分钟的往复次数,str/min。

② 进给量

刀具在进给运动方向上相对工件的位移量称为进给量。不同的加工方法,由于所用刀具和切削运动形式不同,进给量的表述和度量方法也不相同。主要有以下三种表述方法:

◆ 每转进给量 f。在主运动一个循环内,刀具与工件沿进给运动方向的相对位移,mm/r 或 mm/str。

◆ 每分进给量(进给速度)V_f。即进给运动的瞬时速度,它表示在单位时间内,刀具与工件沿进给运动方向的相对位移,mm/s 或 mm/min。

◆ 每齿进给量 f_z。刀具每转或每行程中每齿相对工件在进给运动方向上的位移量,mm/z。

显然它们的关系如下

$$V_f=fn=f_z zn$$

③ 背吃刀量 a_p

待加工表面与已加工表面的垂直距离称为背吃刀量。对车外圆来说,其计算公式如下:

$$a_p=\frac{d_w-d_m}{2}\mathrm{mm}$$

式中:d_w——工件待加工表面的直径,mm;

d_m——工件已加工表面的直径,mm。

(3)切削用量的合理选择

合理地选择切削用量，对于保证加工质量、提高生产效率和降低加工成本有着重要的影响。在机床、刀具和工件等条件一定的情况下，切削用量的选择具有较大的灵活性和潜力。为了取得最大的技术经济效益，就应当根据具体的加工条件，确定切削用量三要素的合理组合。

粗车时，工件的尺寸精度要求不高，工件的表面粗糙度允许较大，所以选择切削用量时应着重考虑如何发挥刀具和机床的能力，减少基本工艺时间，提高生产率。因此，粗车时应先选一个尽量大的背吃刀量 a_p，然后选一个比较大的进给量 f，最后再根据刀具寿命的允许，选一个合适的切削速度 V_c。这样才能使生产率最高，同时也能充分发挥刀具的寿命。具体要求是：

◆ 背吃刀量的选取是和工件的加工余量有关。在加工余量确定的条件下，尽可能一次切完，以减少走刀次数。如粗加工余量过大，无法一次切完，可以采用几次走刀，但前几次的背吃刀量要大些。机床和工件刚性好的背吃刀量可选得大些，否则相反。

◆ 背吃刀量选定后，就可根据机床、工件、刀具的具体条件选择尽可能大的进给量。机床、工件和刀具刚性好的可选大些，否则可选小些。进给量对进给力的影响较大，进给力应小于机床说明书上规定的最大允许值。

◆ 然后再根据刀具耐用度的要求，针对不同的刀具材料和工件材料，选用合适的切削速度。

精车时，关键是要保证工件的尺寸精度、形状精度和表面粗糙度的要求，然后再考虑尽可能高的生产率。

为了抑制积屑瘤的产生，以保证工件的表面粗糙度，硬质合金一般多用较高的切削速度，而高速钢刀具则大多采用较低的切削速度 V_c。

为了减小切削力以及由此引起的工艺系统的弹性变形，减小已加工表面的残留面积和参与应力，减少径向切削力 F_p，避免振动，以提高工件的加工精度和表面质量。因此，精车时应选用较小的背吃刀量 a_p 和较小的进给量 f。

总之，在选取切削用量时要记住以下三条：

◆ 影响刀具耐用度最大的是切削速度。

◆ 粗加工时背吃刀量越大越好。

◆ 粗加工时，进给量受机床、刀具、工件所能承受切削力的限制，精加工时受工件表面粗糙度的限制。

在实际生产中，切削用量三要素的具体数值多由工人凭经验选取或查阅有关切削用量手册。

5.1.2 刀具材料及刀具几何角度

切削过程中，直接完成切削工作的是刀具。刀具能否胜任切削工作，主要取决于刀具切削部分的材料、合理的几何形状和结构。

1. 刀具材料

刀具材料一般是指刀具切削部分的材料。它的性能是影响加工表面质量、切削效果、刀具寿命和加工成本的重要因素。

(1)对刀具材料的基本要求

金属在切削过程中,刀具切削部分承受很大切削力和剧烈摩擦,并产生很高的切削温度;在断续切削工作时,刀具将受到冲击和产生振动,引起切削温度的波动。为此,刀具材料应具备下列基本性能:

① 高的硬度和耐磨性。硬度是刀具材料应具备的基本特性,刀具要从工件上切下切屑,其硬度必须比工件的硬度大,一般都要求在 60HRC 以上。

耐磨性是材料抵抗磨损的能力。一般来说,刀具材料的硬度越高,耐磨性就越好。但刀具材料的耐磨性实际上不仅取决于它的硬度,而且还与它的化学成分、强度和纤维组织有关。

② 足够的强度和韧性,以承受切削力、冲击和振动。

③ 高的耐热性和化学稳定性。耐热性是衡量刀具材料切削性能的主要标志。它是指刀具材料在高温下保持硬度、耐磨性、强度和韧性的性能。耐热性越好,刀具材料的高温硬度越高,则刀具的切削性能越好,允许的切削速度也越高。

化学稳定性是指刀具材料在高温条件下不宜与工件材料和周围介质发生化学反应的能力,包括抗氧化和抗粘结能力。化学稳定性越高,刀具磨损越慢。

耐热性和化学稳定性是衡量刀具切削性能的主要指标。

④ 良好的工艺性和经济性。主要是要求刀具材料具有良好的可加工性、较好的热处理工艺性和较好的焊接性。此外,在满足以上性能要求时,应尽可能采用资源丰富、价格低廉的品种。

(2)常用刀具材料

目前在切削加工中常用的刀具材料有:碳素工具钢、量具刃具钢、高速钢、硬质合金、陶瓷材料和超硬材料等,其中在生产中使用最多的是高速钢和硬质合金,碳素工具钢和量具刃具钢因耐热性差,仅用于一些手工或切削速度较低的刀具。常用刀具材料的种类及选用见表 5-1。

表 5-1　常用刀具材料的种类及选用

种　类	特　点	应　用
碳素工具钢	淬火硬度较高,可达 HRC61～65;价格低廉;耐热性差(200℃～250℃);淬火时易产生裂纹和变形	用于制造低速、简单的手动工具,如锉刀、手工锯条等
量具刃具钢	具有较高的硬度,可达 HRC61～65;硬度、耐磨性、韧性比碳素工具钢高;具有较高的耐热性(350℃～400℃);热处理变形小	主要用于制造各种形状较为复杂的低速切削刀具(如丝锥、板牙、铰刀等)和精密量具

（续表）

<table>
<tr><th colspan="2">种 类</th><th>特 点</th><th colspan="2">应 用</th></tr>
<tr><td colspan="2">高速钢</td><td>较高的硬度，可达 HRC62～65；耐热性好(550℃～600℃)；硬度、强度、耐磨性显著提高；热处理变形小</td><td colspan="2">用来制造复杂刀具，如钻头、铣刀、齿轮加工刀具等</td></tr>
<tr><td rowspan="3">硬质合金</td><td>钨钴类</td><td rowspan="3">硬度很高，可达 HRA88～93，相当于 HRC70～75；耐热性高(800℃～1000℃)；切削速度比高速钢高 5～10 倍；抗弯强度和冲击韧性远比高速钢低</td><td rowspan="3">主要用作镶齿刀具</td><td>加工铸铁等脆性材料</td></tr>
<tr><td>钨钛钴类</td><td>加工钢材等塑性材料</td></tr>
<tr><td>钨钛钽(铌)类</td><td>既可加工钢，也可加工铸铁和有色金属</td></tr>
<tr><td colspan="2">陶瓷材料</td><td>硬度、耐磨性、耐热性和化学稳定性均优于硬质合金，但比硬质合金更脆</td><td colspan="2">主要用于精加工</td></tr>
<tr><td rowspan="2">超硬材料</td><td>人造金刚石</td><td>是自然界最硬的材料，有极高的耐磨性，刃口锋利，能切极薄的切屑；但极脆，不能用于粗加工；且与铁的亲合力，故不能切削黑色金属</td><td colspan="2">主要用于磨料，磨削硬质合金，也可用于有色金属及其合金的高速精细车和镗削</td></tr>
<tr><td>立方氮化硼(CBN)</td><td>硬度、耐磨性仅次于金刚石，但它的耐热性和化学稳定性都大大高于金刚石，且与铁族的亲合力小，但在高温时与水易起化学反应，所以用于干切削</td><td colspan="2">适于精加工淬硬钢、冷硬铸铁、高温合金、热喷涂材料、硬质合金及其他难加工材料</td></tr>
</table>

2. 刀具几何角度

刀具种类繁多，结构各异，但其切削部分的基本构成是一样的。如图 5－3 所示，各种多齿刀具或复杂刀具，就其一个刀齿而言，都相当于一把车刀的刀头。因此，只要弄清车刀，其他刀具即可举一反三，触类旁通了。

(1)车刀的组成

车刀由刀头和刀体两部分组成。刀体用于夹持和安装刀具，即为夹持部分，而刀头担任切削工作，故又称为切削部分，如图 5－4 所示。

车刀的切削部分一般是由三个表面组成的，即前刀面、主后刀面和副后刀面，如图5－4 所示。

(2)刀具静止参考系

为了确定和测量刀具角度，需要规定几个假想的基准平面，主要包括基面、切削平面、正交平面和假定工作平面，如图 5－5 所示。

① 基面。过切削刃选定点，垂直于该点假定主运动方向的平面。

② 切削平面。过切削刃上选定点，与切削刃相切，并垂直于基面的平面。

③ 正交平面。过切削刃选定点，并同时垂直于基面和切削平面的平面。

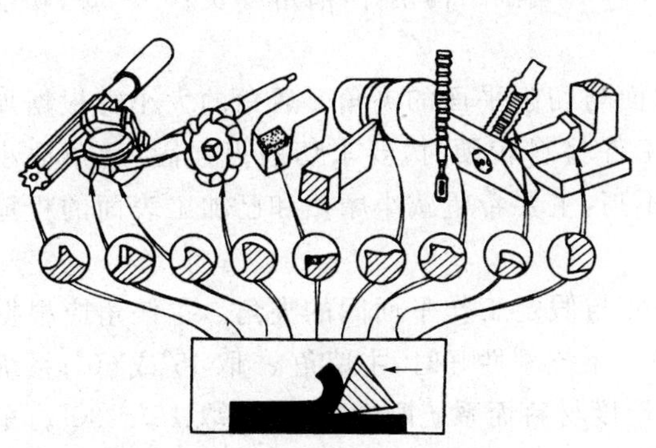

图 5-3　刀具的切削部分

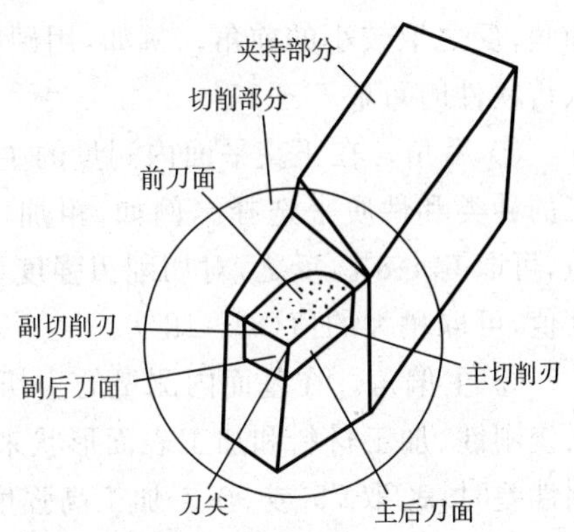

图 5-4　车刀的组成

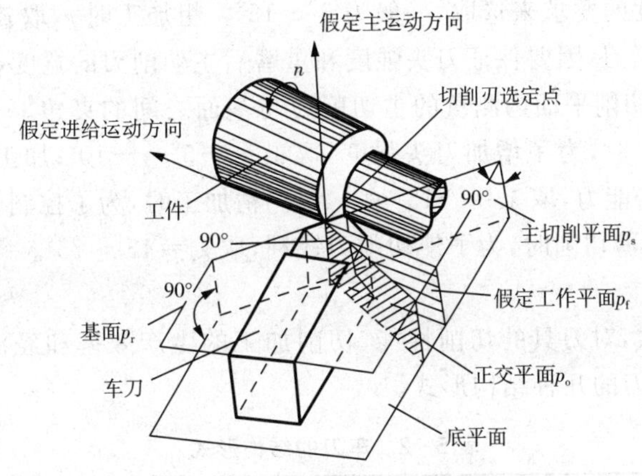

图 5-5　刀具静止参考系的平面

④ 假定工作平面。过切削刃上选定点，垂直于基面并平行于假定进给运动方向的平面。

(3)车刀的标注角度

刀具的标注角度是指刀具设计图样上标注出的角度，它是刀具制造、刃磨和测量的依据，并能保证刀具在实际使用时获得所需的切削角度。

车刀的标注角度主要有：前角 γ_0、后角 α_0、主偏角 κ_γ、副偏角 κ'_γ和刃倾角 λ_s，如图 5-6 所示。下面分别作一介绍。

① 前角。在正交平面内测量的前刀面与基面的夹角。前角的选择要根据工件材料、刀具材料和加工性质来选择前角的大小。当工件材料塑性大、强度和硬度低或刀具材料的强度和韧性好或精加工时，取大的

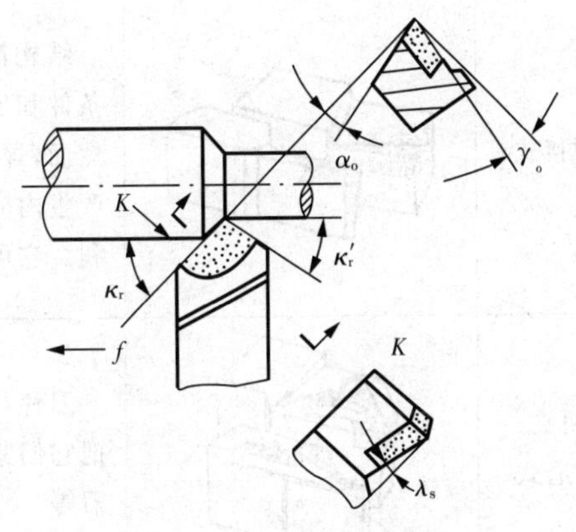

图 5-6　车刀的标注角度

前角;反之取较小的前角。例如,用硬质合金车刀切削结构钢件,前角可取 10°～20°;切削灰铸铁件时可取 5°～15°。

② 后角。在正交平面内测量的主后刀面与切削平面的夹角。后角的大小常根据加工的种类和性质来选择。例如,粗加工或工件材料较硬时,要求切削刃强固,后角取小值,可取 6°～8°。反之,对切削刃强度要求不高,主要希望减小摩擦和已加工表面的粗糙度值,可取稍大的值(8°～12°)。

③ 主偏角。在基面内测量的主切削平面与假定工作平面间的夹角。主偏角应根据系统刚性、加工材料和加工表面形状来选择。系统刚性好时,主偏角 κ_{γ} 取 45°或 60°;系统刚性差时,κ_{γ} 取 75°或 90°。加工高强度、高硬度材料而系统刚性好时,κ_{γ} 取 15°～30°。车阶梯轴时,κ_{γ} 取 90°或 93°。车外圆带倒角时,κ_{γ} 取 45°。

④ 副偏角。在基面内测量的副切削平面与假定工作平面间的夹角。副偏角的大小主要根据表面粗糙度的要求来选取,一般为 5°～15°。粗加工时 κ'_{γ} 取较大值,精加工时 κ'_{γ} 取较小值。至于切断刀,因要保证刀头强度和重磨后主切削刃的宽度,κ'_{γ} 取 1°～2°。

⑤ 刃倾角。在切削平面内测量的主切削刃与基面之间的夹角。刃倾角应根据加工性质来选择。粗加工时,为了增加刀头强度,取 $\lambda_s=-5°\sim-10°$;加工不连续表面时,为了增强切削刃抗冲击能力,取 $\lambda_s=-15°\sim-20°$。精加工时,为了控制切屑流向待加工表面,取 $\lambda_s=5°\sim10°$。薄切削时,为了使切削刃锋利,取 $\lambda_s=45°\sim75°$。

3. 刀具结构

刀具的结构形式,对刀具的切削性能、切削加工的生产效率和经济效益有着重要的意义。表 5-2 为车刀的几种结构形式。

表 5-2 车刀的结构形式

结构形式	图 例	特点及应用
整体式		一般使用高速钢制造,刃口可磨得较锋利,但由于对于贵重的刀具材料消耗较大,所以主要适合于小型车床或加工非铁金属、低速切削
焊接式		结构简单、紧凑、刚性好,而且灵活性较大,可以根据加工条件和加工要求,较方便地磨出所需的角度,应用十分普遍。然而,焊接式车刀的硬质合金刀片经过高温焊接和刃磨后,产生内应力和裂纹,使切削性能下降,对提高生产效率很不利。它可用作各类刀具,特别是小刀具
机夹重磨式		刀片与刀柄是两个可拆开的独立元件,工作时靠夹紧元件把它们紧固在一起。它可用作外圆、断面、镗孔、切断、螺纹车刀等

（续表）

结构形式	图　例	特点及应用
机夹可转位式		将预先加工好的有一定几何角度的多角形硬质合金刀片，用机械的方法装夹在特制的刀杆上的车刀。使用中，当一个切削刃磨钝后，只须松开刀片夹紧元件，将刀片转位，便可继续切削。其特点是：避免了因焊接而引起的缺陷，在相同的切削条件下刀具切削性能大为提高；在一定条件下，卷屑、断屑稳定可靠；刀片转位后，仍可保证切削刃与工件的相对位置，减少了调刀停机时间，提高了生产效率；刀片一般不需重磨，有利于涂层刀片的推广使用；刀体使用寿命长，可节约刀体材料及其制造费用。它是当前车刀发展的主要方向

5.2　常用量具

加工出的零件是否符合图纸要求（包括尺寸精度、形状精度、位置精度和表面粗糙度），就要用测量工具进行测量，这些测量工具简称量具。由于零件有各种不同形状，它们的精度也不一样，因此我们就要用不同的量具去测量。

量具的种类很多，本节仅介绍几种常用量具。

1. 卡钳

卡钳是一种间接量具。使用时必须与钢尺或其他刻线量具合用。图 5－7 为用外卡钳测量轴径的方法。图 5－8 为用内卡钳测量孔径的方法。

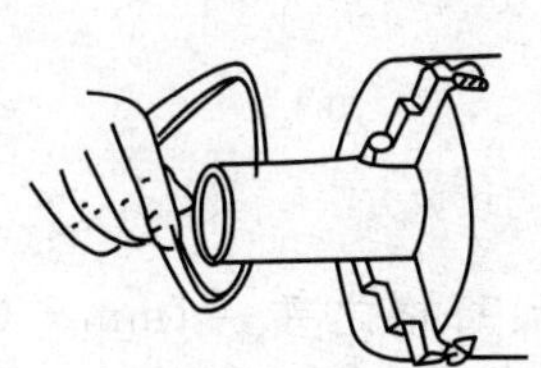

图 5－7　用外卡钳测量

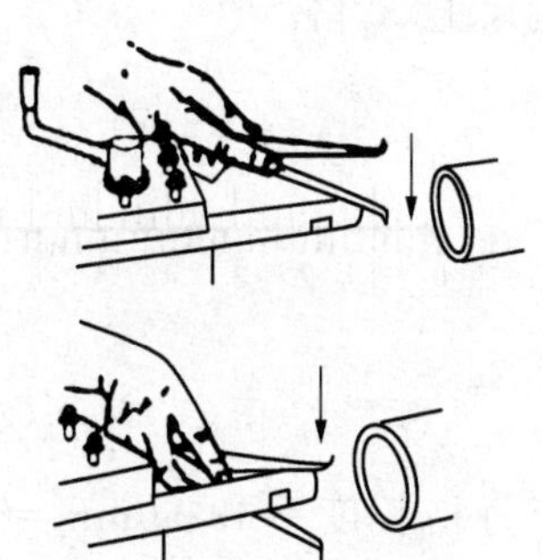

图 5－8　用内卡钳测量

2. 游标卡尺

游标卡尺如图 5－9 所示是一种比较精密的量具，它可以直接量出工件的内径、外径、宽度、长度、深度等尺寸。按照读数的准确度，游标卡尺可分为 1/10、1/20 和 1/50 三种，它们的读数准确度分别是 0.1mm、0.05mm 和 0.02mm。游标卡尺的测量范围有 0～125、0～200、0～300mm 等数种规格。

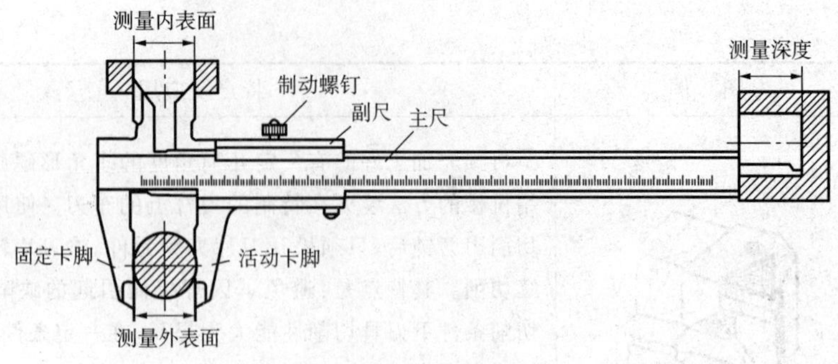

图 5-9 游标卡尺

图 5-10 是以 1/50 的游标卡尺为例，说明它的刻线原理和读数方法。

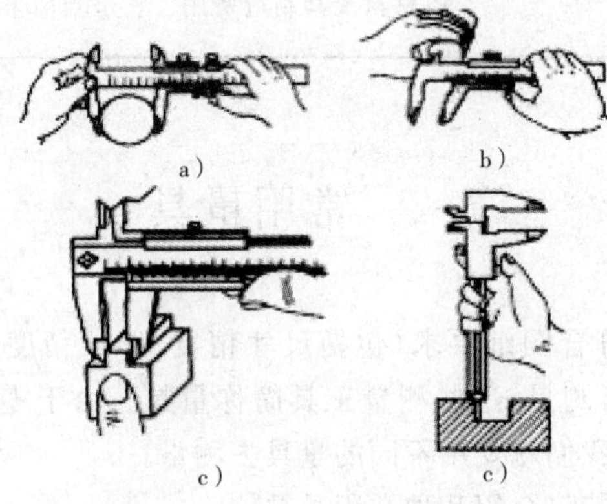

图 5-10 游标卡尺的测量方法

刻线原理：当主副两尺的卡脚贴合时，副尺（游标）上的零线对准主尺的零线见图 5-11，主尺每一小格为 1mm，取主尺 49mm 长度在副尺上等分为 50 格，即主尺上 49mm 刚好等于副尺上 50 格。

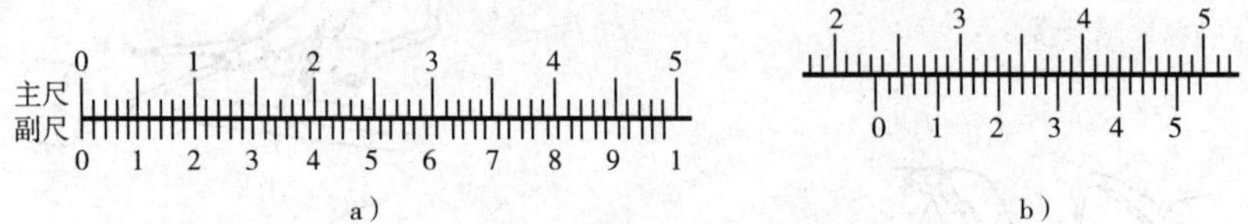

图 5-11 0.02mm 游标卡尺的刻线原理与读数方法

副尺每格长度＝49/50mm＝0.98mm。主尺与副尺每格之差＝1mm－0.98mm＝0.02mm

读数方法可分为三个步骤：

◆ 根据副尺零线以左的主尺上的最近刻度读出整毫米数；

◆ 根据副尺零线以右与主尺刻线对准的刻线数乘上 0.02 读出小数；

◆ 将上面整数和小数两部分尺寸加起来，即为总尺寸。

用游标卡尺测量工件时，应使卡脚逐渐与工件表面靠近，最后达到轻微接触。还要注意游标卡尺必须放正，切忌歪斜，以免测量不准。

如图 5－12 所示，是专用于测量高度和深度的高度游标尺。高度游标尺除用来测量工件的高度外，还可用来作精密划线用。

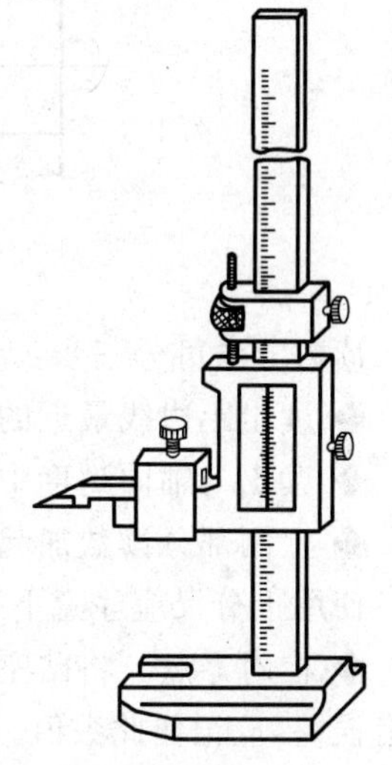

图 5－12　高度游标尺

使用游标卡尺应注意下列事项：

◆ 校对零点。先擦净卡脚，然后将两卡脚贴合，检查主、副尺零线是否重合。若不重合，则在测量后应根据原始误差修正读数。

◆ 测量时，卡脚不得用力紧压工件，以免卡脚变形或磨损，降低测量的准确度。

◆ 游标卡尺仅用于测量加工过的光滑表面。表面粗糙的工件和正在运动的工件都不宜用它测量，以免卡脚过快磨损。

3. 千分尺

千分尺是比游标卡尺更为精确的测量工具，其测量准确度为 0.01mm。有外径千分尺、内径千分尺和深度千分尺几种。外径百分尺按它的测量范围有 0～25、25～50、50～75、75～100、100～125mm 等多种规格。

如图 5－13 所示是测量范围为 0～25mm 的外径千分尺，其螺杆是和活动套筒连在一起的，当转动活动套筒时，螺杆和套筒一起向左或向右移动。

千分尺的刻线原理和读数示例如图 5－14 所示。

刻线原理：千分尺的读数机构由固定套筒和活动套筒组成（相当于游标卡尺的主尺和副尺）。固定套筒在轴线方向上刻有一条中线，中线的上、下方各刻一排刻线，刻线每小格间距均为 1mm，上、下两排刻线相互错开 0.5mm；在活动套筒左端圆周上有 50 等分的刻度线。因测量螺杆的螺距为 0.5mm，即螺杆每转一周，同时轴向移动 0.5mm，故活动套筒上每一小格的读数为 0.5/50＝0.01mm。当千分尺的螺杆左端与砧座表面接触时，活动套筒左端的边线与轴向刻度线的零线重合；同时圆周上的零线应与中线对准。

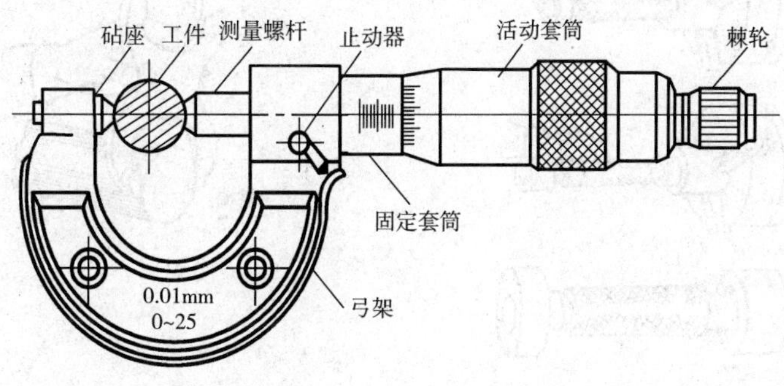

图 5－13　外径千分尺

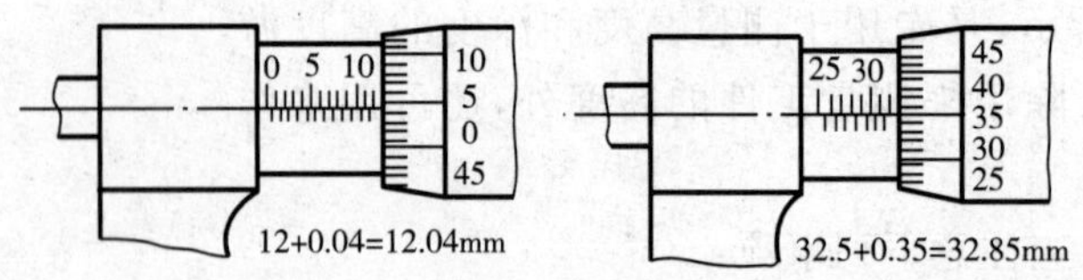

图 5-14 千分尺的刻线原理与读数方法

读数方法可分三步：

◆ 读出距边线最近的轴向刻度数(应为 0.5mm 的整数倍)；

◆ 读出与轴向刻度中线重合的圆周刻度数；

◆ 上两部分读数加起来即为总尺寸。

使用千分尺应注意下列事项：

◆ 校对零点。将砧座与螺杆接触(先擦干净)看圆周刻度零线是否与中线零点对齐，如有误差，应记住此数值。在测量时根据原始误差修正读数。

◆ 当测量螺杆快要接触工件时，必须使用端部棘轮(此时严禁使用活动套筒，以防用力过度测量不准)，当棘轮发生“嘎嘎”打滑声时，表示压力合适，停止拧动。

◆ 工件测量表面应擦干净，并准确放在百分尺测量面间，不得偏斜。

◆ 测量时不能先锁紧螺杆，后用力卡过工件。否则将导致螺杆弯曲或测量面磨损，从而降低测量准确度。

◆ 读数时要注意，提防读错 0.5mm。

4. 塞规与卡规(卡板)

塞规与卡规是用于成批大量生产的一种专用量具。

塞规是用来测量孔径或槽宽的，如图 5-15 所示。它的一端长度较短，其直径等于工件的上限尺寸，叫做“止规”；另一端长度较长，其直径等于工件的下限尺寸叫做“通规”。用塞规测量时，工件的尺寸只有当“通规”能进去，“止规”进不去，说明工件的实际尺寸在公差范围之内，是合格品，否则就是不合格品。

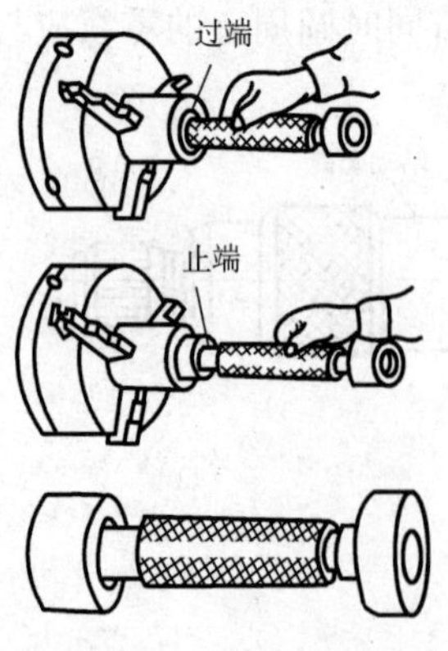

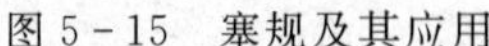

图 5-15 塞规及其应用

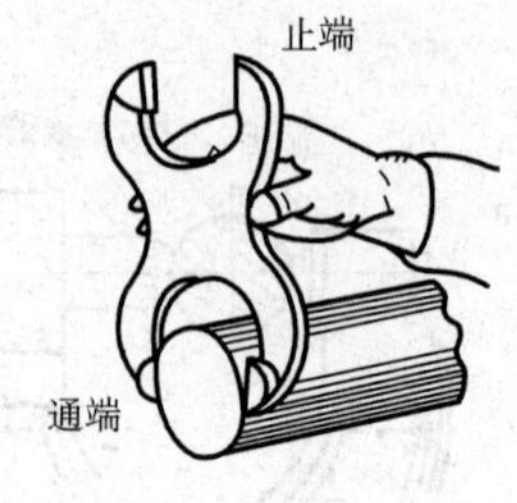

图 5-16 卡规及其应用

卡规是用来测量轴径或厚度的如图 5-16 所示。和塞规相似，也有“通规”和“止规“两端。使用方法亦和塞规相同。

5. 刀形样板平尺(刀口尺)

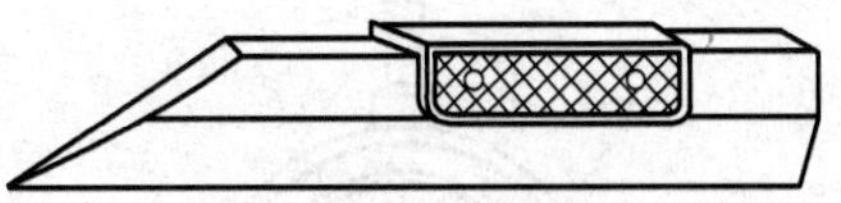

图 5-17　刀形样板平尺

刀形样板平尺如图 5-17 所示用于采用光隙法和痕迹法检验平面的几何形状误差(即直线度和平面度),间隙大时可用厚薄尺测量出间隙值。此尺亦可用比较法作高准确度的长度测量。

6. 厚薄尺(塞尺)

厚薄尺如图 5-18 所示用来检查两贴和面之间的缝隙大小。它由一组薄钢片组成,其厚度为 0.03～0.3mm。测量时用厚薄尺直接塞进间隙,当一片或数片能塞进两贴合面之间,则一片或数片的厚度(可由每片上的标记读出),即为两贴合面的间隙值。

使用厚薄尺必须先擦净尺面和工件,测量时不能使劲硬塞,以免尺片弯曲和折断。

7. 直角尺

直角尺如图 5-19 所示的两边成准确的 90°,用来检查工件的垂直度。当直角尺的一边与工件一面贴紧,工件的另一面与直角尺的另一边之间露出缝隙,用厚薄尺即可量出垂直度的误差值。

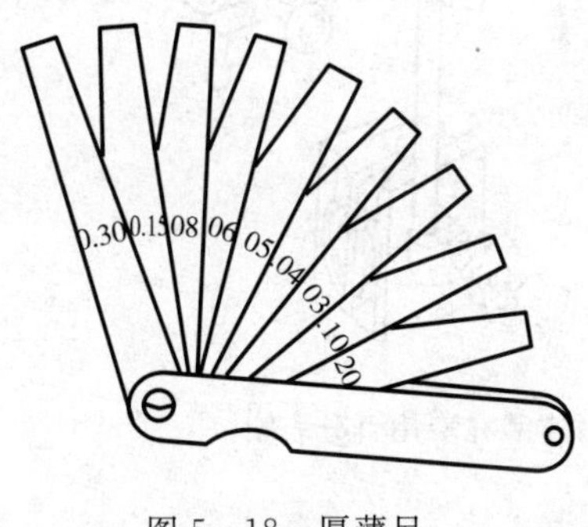

图 5-18　厚薄尺

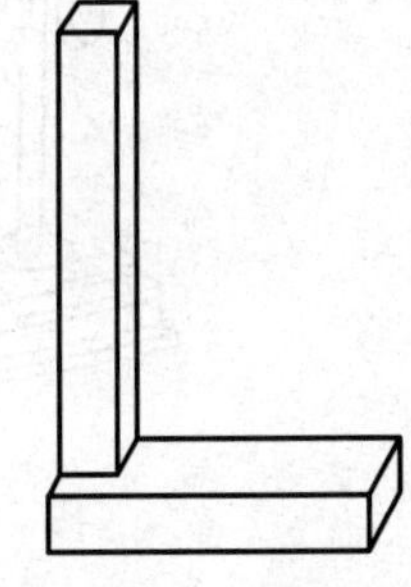

图 5-19　直角尺

8. 百分表

百分表是一种精度较高的比较量具,它只能测出相对数值,不能测出绝对数值。主要用来检查工件的形状和位置误差(如圆度、平面度、垂直度、跳动等),也常用于工件的精密找正。

百分表的结构如图 5-20 所示。当测量杆向上或向下移动 1mm 时,通过齿轮传动系统带动大指针转一圈,小指针转一格。刻度盘在圆周上有 100 等分的刻度线,其每格读数值为 1/100＝0.01mm;小指针每格读数值为 1mm。测量时大、小指针所示读数之和即为尺寸变化量。小指针处的刻度范围即为百分表的测量范围。刻度盘可以转动,供测量时调整大指针对零位刻线用。

百分表使用时常装在专用百分表架上,如图 5-21 所示。

9. 内径百分表

内径百分表是用来测量孔径及其形状精度的一种精密的比较量具。如图 5-22 所示是内径百分表的结构。它附有成套的可换插头,其读数准确度为 0.01mm,测量范围有 6～10,10～18,18～35,35～50,50～100,100～160mm 等多种。

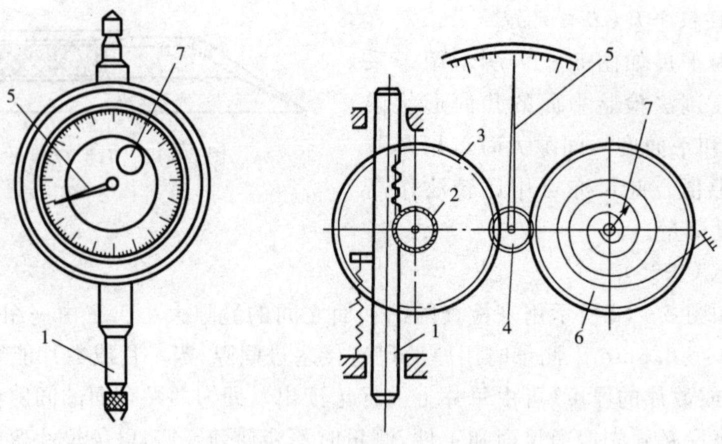

图 5-20　百分表及其结构原理

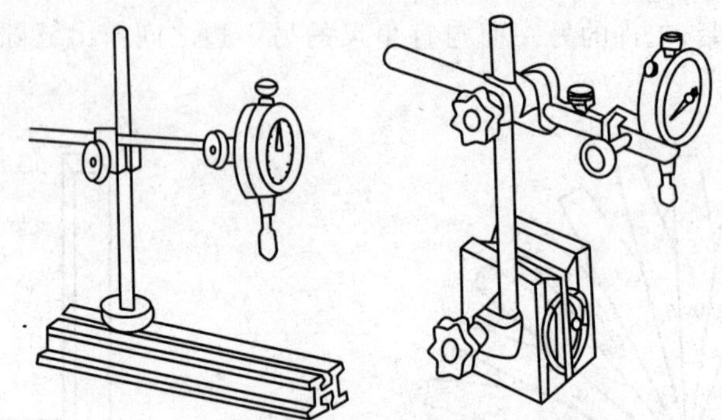
图 5-21　百分表使用时常装在专用百分表架

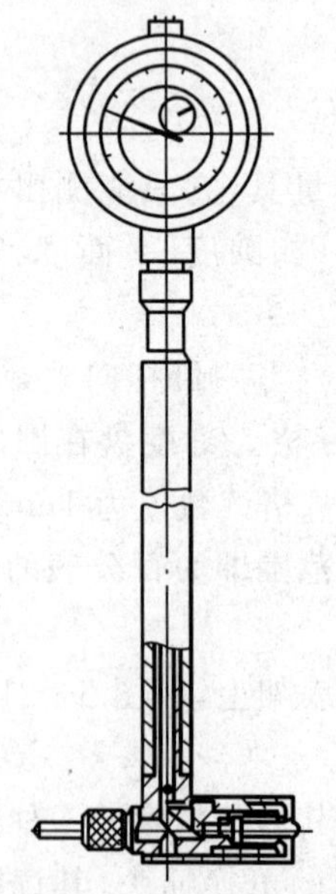
图 5-22　内径百分表

内径百分表是测量公差等级 IT7 以上精度的孔的常用量具。使用内径百分表的方法如图 5－23 所示。

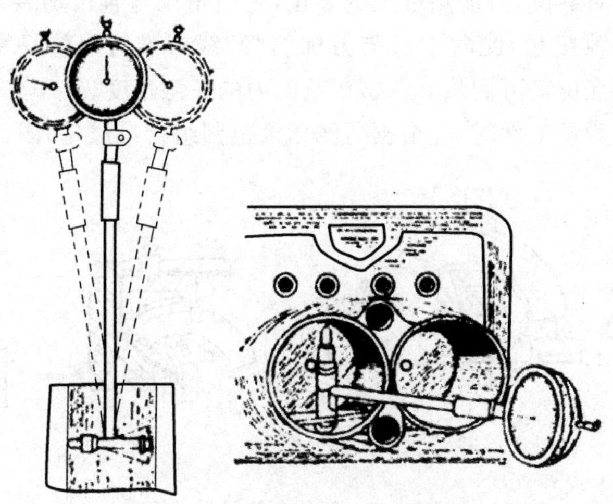

图 5－23　内径百分表的使用方法

10. 万能角度尺

万能角度尺是用来测量零件或样板的内、外角度的量具，它的结构如图 5－24 所示。

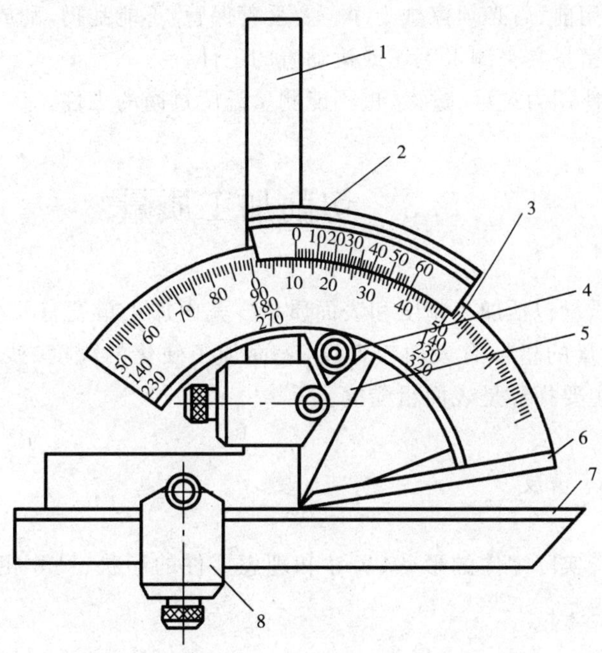

图 5－24　万能角度尺

1—直角尺；2—游标；3—主要尺；4—制动头；5—扇形板；6—基尺；7—直尺；8—卡块

万能角度尺的读数机构是根据游标卡尺原理制成的。主尺刻线每格为 1°。游标的刻线是取主尺的 29°等分为 30 格。因此，游标刻线每格为 29°/30，即主尺 1 格与游标 1

格的差值为 1°－29°/30＝1°/30＝2′，也就是万能角度尺读数准确度为 2′。它的读数方法与游标卡尺完全相同。

测量时应先校对零位，万能角度尺的零位，是当角尺与直尺均装上，且角尺的底边及基尺均与直尺无间隙接触，此时主尺与游标的“0”线对准。调整好零位后，通过改变基尺、角尺、直尺的相互位置可测量 0°～320°范围内的任意角度。

用万能角度尺测量工件时，应根据所测角度范围组合量尺，如图 5－25 所示。

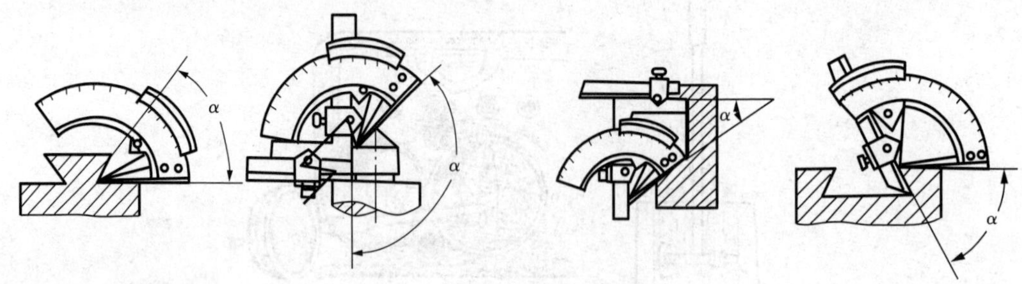

图 5－25　万能角度尺的应用

11. 量具的保养

前面介绍的十种常用量具，除卡钳外，均是较精密的量具，我们必须精心保养。量具保养得好坏，直接影响到它的使用寿命和零件的测量精度。因此，必须做到下列几点：

◆ 量具在使用前、后必须擦拭干净。要妥善保管，不能乱扔，乱放。

◆ 不能用精密量具去测量毛坯或运动着的工件。

◆ 测量时不能用力过猛、过大、也不能测量温度过高的工件。

5.3　切削加工质量

零件的加工质量包括加工精度和表面质量。其中加工精度有尺寸精度、形状精度和位置精度，表面质量的指标有表面粗糙度、表面加工硬化的程度、残余应力的性质和大小。表面质量的主要指标是表面粗糙度。

5.3.1　加工精度

加工精度是指实际零件的形状、尺寸和理想零件的形状、尺寸相符合的程度。精度的高低用公差来表示。

1. 尺寸精度

零件的尺寸要加工得绝对准确是不可能的，也是不必要的。所以，在保证零件使用要求的情况下，总是要给予一定的加工误差范围，这个规定的误差范围就叫公差。

同一基本尺寸的零件，公差值的大小就决定了零件尺寸的精确程度，公差值小的，精度高；公差值大的，精度低。这类精度叫做尺寸精度。

尺寸精度常用游标卡尺、百分尺等来检验。

2. 形状精度

随着生产的发展，对机械制造产品的要求越来越高，为了使机器零件正确装配，有时单靠尺寸精度来控制零件的几何形状已不够了，还要对零件表面的几何形状及相互位置提出技术要求。

以如图 5-26 所示的 $\phi 25^{0}_{-0.014}$ mm 轴为例，虽然同样保持在尺寸公差范围内，却可能加工成八种不同形状，用这八种不同形状的轴装在精密机械上，效果显然会有差别。

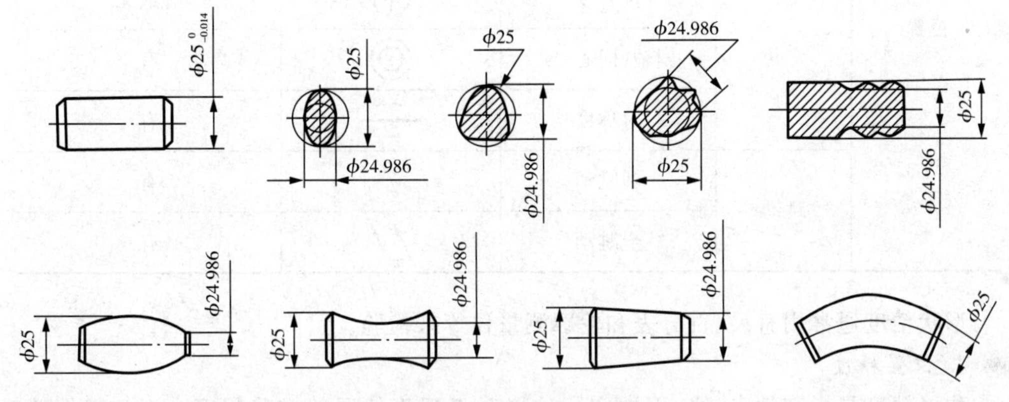

图 5-26　轴的形状误差示例

零件的形状精度是指同一表面的实际形状相对于理想形状的准确程度。一个零件的表面形状不可能做的绝对准确，为满足产品的使用要求，对这些表面形状要加以控制。

按照国家标准(GB1182－1980 及 GB1183－1980)规定，表面形状的精度用形状公差来控制。形状公差有六项，其符号见表 5-3。

表 5-3　形位公差的项目及其符号

公差		特征项目	符号	有或无基准要求
形状	形状	直线度	—	无
		平面度	▱	无
		圆度	○	无
		圆柱度	⌭	无
形状或位置	轮廓	线轮廓度	⌒	有或无
		面轮廓度	⌓	有或无

（续表）

公 差		特征项目	符 号	有或无基准要求
位置	定向	平行度	//	有
		垂直度	⊥	有
		倾斜度	∠	有
	定位	位置度	⊕	有或无
		同轴(同心)度	◎	有
		对称度	≡	有
	跳动	圆跳动	↗	有
		全跳动	⌰	有

形状精度通常用直尺、百分表和轮廓测量仪等来检验。

3. 位置精度

位置精度是指零件点、线、面的实际位置对于理想位置的准确程度。正如零件的表面形状不能做得绝对准确一样，表面相互位置误差也是不可避免的。

按照国家标准(GB1182－1980 及 GB1183－1980)规定，相互位置精度用位置公差来控制。位置公差有八项，其符号见表 5－3。零件技术要求部分标注示例见图 5－27。

位置精度常用游标卡尺、百分表和直尺来检验。

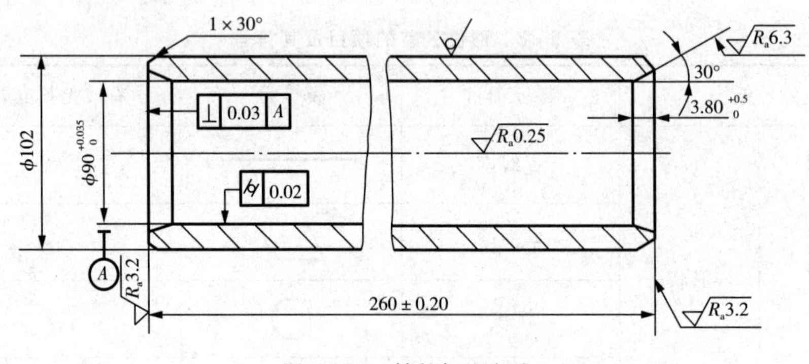

图 5－27　轴的标注方法

5.3.2　表面粗糙度

零件的表面有的光滑，有的粗糙。即使看起来是很光滑的表面，经过放大以后，也会发现它们是高低不平的。我们把零件表面这种微观不平度叫做表面粗糙度。表面粗糙度对零件的使用性能有很大影响。

国家标准 GB3505－1983、GB1031－1983、GB131－83 中详细规定了表面粗糙度的各种参数及其数值、所用代号及其注法等。用轮廓算术平均偏差 R_a 值标注的表面粗糙度最为常用，共有 14 级见表 5－4。

表 5－4　表面粗糙度的各种参数及其数值、所用代号及其注法

表面粗糙度	R_a	50	25	12.5	6.3	3.2	1.60	0.80
	R_z	200	100	50	25	12.5	6.3	6.3
表面粗糙度	R_a	0.40	0.20	0.100	0.050	0.025	0.012	0.008
	R_z	3.2	1.60	0.80	0.40	0.20	0.100	0.050

检验粗糙度的方法主要有标准样板比较法（不同的加工法有不同的标准样板）、显微镜测量计算法等。在实际生产中，最常用的检测方法是标准样板比较法。比较法是将被测表面对照粗糙度样板，用肉眼判断或借助于放大镜、比较显微镜进行比较；也可以用手摸、指甲划动的感觉来判断表面粗糙度。选择表面粗糙度样板时，样板材料、表面形状及制造工艺应尽可能与被测工件相同。

5.4　金属切削机床简介

金属切削机床（习惯上简称为“机床”）是用切削加工方法将金属毛坯加工成机械零件的机器。机床是机械制造业的基本加工装备，它的品种、性能、质量和技术水平直接影响着其他机电产品的性能、质量、生产技术和企业的经济效益。机械工业为国民经济各部门提供技术装备的能力和水平，在很大程度上取决于机床的水平，所以机床属于基础机械装备。

5.4.1　机床的分类

机床的品种和规格繁多，为了便于区分、使用和管理，需对机床进行分类。目前对机床的分类方法主要有：

(1)按加工性质和使用刀具分

这是一种主要的分类方法。目前，按这种分类法我国将机床分成为十二大类，即车床、钻床、镗床、磨床、齿轮加工机床、螺纹加工机床、铣床、刨（插）床、拉床、特种加工机床、锯床及其他机床。

在每一类机床中，又按工艺范围、布局形式和结构等分为若干组，每一组又细分为若干系列。

(2)按使用万能性分

按照机床在使用上的万能性程度划分，可将机床分为：

① 通用机床。这类机床加工零件的品种变动大，可以完成多种工件的多种工序加工。例如卧式车床、万能升降台铣床、牛头刨床、万能外圆磨床等。这类机床结构复杂，生产率低，用于单件小批生产。

② 专门化机床。用于加工形状类似而尺寸不同的工件的某一工序的机床。例如凸轮轴车床、精密丝杠车床和凸轮轴磨床等。这类机床加工范围较窄，适用于成批生产。

③ 专用机床。用于加工特定零件的特定工序的机床。例如用于加工某机床主轴箱的专用镗床、加工汽车发动机气缸体平面的专用拉床和加工车床导轨的专用磨床等，各种组合机床也属于专用机床。这类机床的生产率高，加工范围最窄，适用于大批量生产。

(3)按加工精度分

同类型机床按工作精度的不同，可分为三种精度等级，即普通精度机床、精密机床和高精度机床。精密机床是在普通精度机床的基础上，提高了主轴、导轨或丝杠等主要零件的制造精度。高精度机床不仅提高了主要零件的制造精度，而且采用了保证高精度的机床结构。以上三种精度等级的机床均有相应的精度标准，其允差若以普通精度级为 1，则大致比例为 1∶0.4∶0.25。

(4)按自动化程度分

按自动化程度(即加工过程中操作者参与的程度)分，可将机床分为手动机床、机动机床、半自动化机床和自动化机床等。

(5)按机床重量和尺寸分

按机床重量和尺寸分，可将机床分为：仪表机床、中型机床(机床重量在 10 吨以下)、大型机床(机床重量为 10～30 吨)、重型机床(机床重量为 30～100 吨)、超重型机床(机床重量在 100 吨以上)。

(6)按机床主要工作部件分

机床主要工作部件数目，通常是指切削加工时同时工作的主运动部件或进给运动部件的数目。按此可将机床分为：单轴机床、多轴机床、单刀机床和多刀机床等。

需要说明的是：随着现代化机床向着更高层次发展，如数控化和复合化，使得传统的分类方法难以恰当地进行表述。因此，分类方法也需要不断地发展和变化。

5.4.2 机床的型号

机床型号可以简明地表示机床的类型、主要规格及有关特征等。从 1957 年开始我国就对机床型号的编制方法作了规定。随着机床工业的不断发展，至今已经修订了数次，目前是按 1994 年颁布的标准“GB/T15375－1994”金属切削机床型号编制方法执行，适用于各类通用、专门化及专用机床，不包括组合机床在内。此标准规定，机床型号采用汉语拼音字母和阿拉伯数字按一定规律组合而成。具体表示形式为：

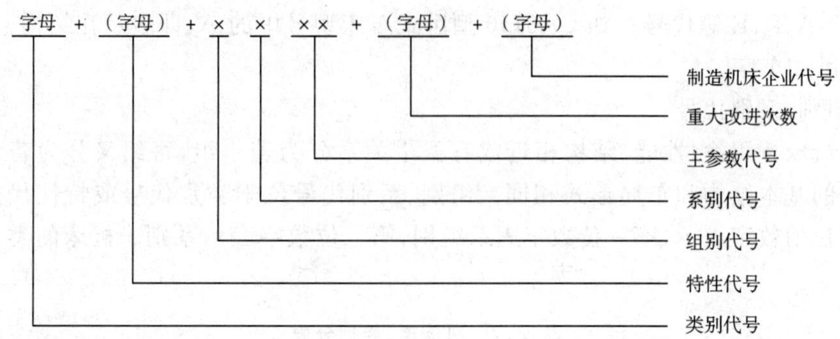

(1)类别代号

机床的类别分为十二大类,分别用汉语拼音的第一个字母大写表示,位于型号的首位,表示各类机床的名称。各类机床代号见表 5-5。

表 5-5　机床类别代号

类　别	车　床	钻　床	镗　床	磨　床			齿轮加工机床
代号	C	Z	T	M	2M	3M	Y
读音	车	钻	镗	磨	二磨	三磨	牙
类别	螺纹加工机床	铣床	刨插床	拉床	特种加工机床	锯床	其他机床
代号	S	X	B	L	D	G	Q
读音	丝	铣	刨	拉	电	割	其

(2)特性代号

特性代号是表示机床所具有的特殊性能,用大写汉语拼音字母表示,位于类别代号之后。特性代号分为通用特性代号、结构特性代号。

① 通用特性代号

当某类机床除有普通型外,还具有某些通用特性时,可用表 5-6 所列代号表示。

表 5-6　机床通用特性代号

通用特性	高精度	精密	自动	半自动	数控	加工中心(自动换刀)	仿形	轻型	加重型	简式	柔性加工单元	数显	高速
代号	G	M	Z	B	K	H	F	Q	C	J	R	X	S
读音	高	密	自	半	控	换	仿	轻	重	简	柔	显	速

② 结构特性代号

为区别主参数相同而结构不同的机床,在型号中用结构特性代号表示。结构特性代号也用拼音字母大写,但无统一规定。注意不要使用通用特性的代号来表示结构特性。

例如：可用 A、D、E 等代号。如 CA6140 型卧式车床型号中的 A，即表示在结构上区别于 C6140 型卧式车床。

(3)组别、系别代号

每类机床按用途、性能、结构相近或有派生关系分为若干组，每组又分为若干系，同一系机床的基本结构和布局形式相同。组别、系别代号位于类别代号或特性代号之后，用两位阿拉伯数字表示，第一位数字表示组别，第二位数字表示系别。机床的类、组划分见表 5－7。

表 5－7　机床类、组划分表

系别＼组别		0	1	2	3	4	5	6	7	8	9
车床 C		仪表车床	单轴自动、半自动车床	多轴自动、半自动车床	回轮、转塔车床	曲轴及凸轮轴车床	立式车床	落地及卧式车床	仿形及多刀车床	轮、轴、辊、锭及铲齿车床	其他车床
钻床 Z			坐标檯钻床	深孔钻床	摇臂钻床	台式钻床	立式钻床	卧式钻床	铣钻床	中心孔钻床	
镗床 T				深孔镗床		坐标镗床	立式镗床	卧式铣镗床	精镗床	汽车、拖拉机修理用镗床	
磨床	M	仪表磨床	外圆磨床	内圆磨床	砂轮机	坐标磨床	导轨磨床	刀具刃磨床	平面及端面磨床	曲轴、凸轮轴、花键轴及轧辊磨床	工具磨床
	2M		超精机	内圆珩磨机	外圆及其他珩磨机	抛光机	砂带抛光及磨削机床	刀具刃磨及研磨机床	可转位刀片磨削机床	研磨机	其他磨床
	3M		球轴承套圈沟磨床	滚子轴承套圈滚道磨床	轴承套圈超精磨床		叶片磨削机床	滚子加工机床	钢球加工机床	气门、活塞及活塞环磨削机床	汽车、拖拉机修磨机床

（续表）

组别 系别	0	1	2	3	4	5	6	7	8	9
齿轮加工机床 Y	仪表齿轮加工机		锥齿轮加工机	滚齿及铣齿机	剃齿及珩齿机	插齿机	花键轴铣床	齿轮磨齿机	其他齿轮加工机	齿轮倒角及检查机
螺纹加工机床 S			套丝机	攻丝机			螺纹铣床	螺纹磨床	螺纹磨床	
铣床 X	仪表铣床	悬臂及滑枕铣床	龙门铣床	平面铣床	仿形铣床	立式升降台铣床	卧式升降台铣床	床身铣床	工具铣床	其他铣床
刨插床 B		悬臂刨床	龙门刨床			插床	牛头刨床		边缘及模具刨床	其他刨床
拉床 L			侧拉床	卧式外拉床	连续拉床	立式内拉床	卧式内拉床	立式外拉床	键槽及螺纹拉床	其他拉床
特种加工机床 D		超声波加工机	电解磨床	电解加工机			电火花磨床	电火花加工机		
锯床 G			砂轮片锯床		卧式带锯床	立式带锯床	圆锯床	弓锯床	锉锯床	
其他机床 Q	其他仪表机床	管子加工机床	木螺钉加工机		刻线机	切断机				

(4)主参数

机床主参数表示机床规格的大小，用主参数折算值或实际值表示。常见机床的主参数及折算系数见表 5-8。一般用两位数字表示，位于组别、系别代号之后。

表 5-8　常见机床主参数及折算系数

机　床	主参数名称	折算系数
卧式车床	床身上最大回转直径	1/10
立式车床	最大车削直径	1/100
摇臂钻床	最大钻孔直径	1/1
卧式镗床	镗轴直径	1/10
坐标镗床	工作台面宽度	1/10

（续表）

机　床	主参数名称	折算系数
外圆磨床	最大磨削直径	1/10
内圆磨床	最大磨削孔径	1/10
矩台平面磨床	工作台面宽度	1/10
齿轮加工机床	最大工件直径	1/10
龙门铣床	工作台面宽度	1/100
升降台铣床	工作台面宽度	1/10
龙门刨床	最大刨削宽度	1/100
插床及牛头刨床	最大插削及刨削长度	1/10
拉床	额定拉力(t)	1/1

(5)重大改进次数

当机床的结构和性能有重大改进和提高，并且按新产品中心设计、试制和鉴定时，可按字母 A、B、C……的顺序选用，加在型号的尾部，以区别于原机床型号。

例如：

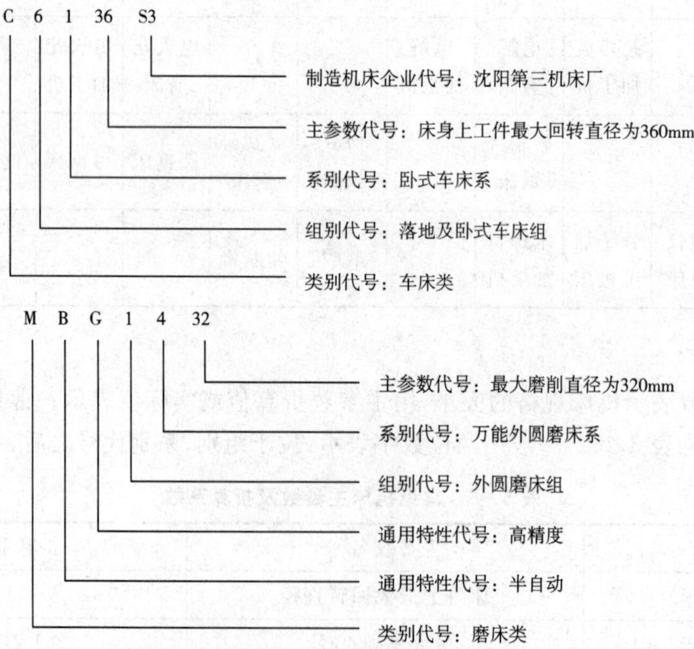

但是，对于已定型，并按过去机床型号编制方法确定型号的机床，其型号不改变，故有些机床仍用原型号，如：C616、X62W、B665 等。老型号与现行的机床型号编制方法的区别是：

◆ 老型号中没有组与系的区别，故只用一位数字表示组别。

◆ 主要参数表示法不同。如老型号中车床用中心高表示；铣床用工作台的编号表示，X62W 中的“2”表示 2 号工作台（1250×320mm）。

◆ 老型号的重大改进次数用数字表示，如 C620－1。

5.4.3　机床的组成

1. 机床的基本组成

由于机床运动形式、刀具及工件类型的不同，机床的构造和外形有很大区别。但归纳起来，各种类型的机床都应有以下几个主要部分组成。

(1)主传动部件。用来实现机床主运动的部件，它形成切削速度并消耗大部分动力。例如带动工件旋转的车床主轴箱；带动刀具旋转的钻床或铣床的主轴箱；带动砂轮旋转的磨床砂轮架；刨床的变速箱等。

(2)进给传动部件。用来实现机床进给运动的部件，它维持切削加工连续不断地进行。例如车床的进给箱、溜板箱；钻床和铣床的进给箱；刨床的进给机构；磨床工作台的液压传动装置等。

(3)工件安装装置。用来安装工件。例如车床的卡盘和尾座；钻床、刨床、铣床、平面磨床的工作台；外圆磨床的头架和尾座等。

(4)刀具安装装置。用来安装刀具。例如车床、刨床的刀架；钻床、立式铣床的主轴，卧式铣床的刀杆轴，磨床的砂轮架主轴等。

(5)支承件。机床的基础部件，用于支承机床的其他零部件并保证它们的相互位置精度。例如各类机床的床身、立柱、底座、横梁等。

(6)动力源。提供运动和动力的装置，是机床的运动来源。普通机床通常采用三相异步电机作动力源(不需对电机调整，连续工作)；数控机床的动力源采用的是直流或交流调速电机、伺服电机和步进电机等(可直接对电机调速，频繁启动)。

2. 机床的传动的组成

在机床上进行切削加工时，经常需要改变工件和刀具的运动方式。为了实现加工过程中所需的各种运动，机床通过自身的各种机械、液压、气动、电气等多种传动机构，把动力和运动传递给工件和刀具，其中最常见的是机械传动和液压传动。

机床的各种运动和动力都来自动力源，并由传动装置将运动和动力传递给执行件来完成各种要求的运动。因此，为了实现加工过程中所需的各种运动，机床必须具备三个基本部分。

(1)执行件。执行机床运动的部件，通常指机床上直接夹持刀具或工件并实现其运动的零、部件。它是传递运动的末端件，其任务是带动工件或刀具完成一定形式的运动(旋转或直线运动)和保持准确的运动轨迹。常见的执行件有主轴、刀架、工作台等。

(2)动力源。提供运动和动力的装置，是执行件的运动来源(也称为动源)。普通机床通常都采用三相异步电机作动源(不需对电机调整，连续工作)；数控机床的动源采用的是直流或交流调速电机、伺服电机和步进电机等(可直接对电机调速，频繁启动)。

(3)传动装置。传递运动和动力的装置。传动装置把动力源的运动和动力传给执行件，同时还完成变速、变向、改变运动形式等任务，使执行件获得所需要的运动速度、运动方向和运动形式。传动装置把执行件与动力源或者把有关执行件之间连接起来，构成传动系统。机床的传动按其所用介质不同，分为机械传动、液压传动、电气传动和气压传动等，这些传动形式的综合运用体现了现代机床传动的特点。

复习思考题

5-1 试分析下列加工方法的主运动和进给运动。

(1)在车床上钻孔 (2)在钻床上钻孔 (3)在牛头刨床上刨平面

(4)在铣床上铣平面 (5)在外圆磨床上磨外圆

5-2 刀具材料应具备哪些性能？试举例说明刀具材料如何选择。

5-3 画图表示下列刀具的前角、后角、主偏角、副偏角和刃倾角。

(1)外圆车刀 (2)端面车刀 (3)切断刀

5-4 常用量具有哪几种？试选择测量下列已加工工件尺寸的量具。

(1)$\phi 30$ (2)$\phi 25\pm 0.1$ (3)$\phi 35\pm 0.01$

5-5 游标卡尺和百分尺测量准确度是多少？怎样正确使用？

5-6 零件的加工质量包含哪些方面的内容？

5-7 解释下列机床型号：

(1)CA6132A (2)X5032 (3)Z5125A (4)MM7132A (5)B6050

5-8 机床主要由哪几部分组成？各自的功用如何？

第6章　车　工

【实训要求】

(1)熟悉卧式车床各组成部分的名称及作用。

(2)了解车刀的刃磨和安装。

(3)了解车床上工件的安装。

(4)掌握外圆、端面、内孔加工的操作方法,并能对简单轴类、盘类零件的技术要求正确、合理地选择工、夹、量具及制订简单的车削加工顺序。

【安全文明生产】

(1)使用车床时,必须遵守操作规程,服从安排。在实习场地内禁止大声喧哗、嬉戏追逐;禁止吸烟及从事一些未经指导人员同意的工作;不得随意触摸、启动各种开关。

(2)装夹工件和车刀要停机进行。工件和车刀必须装牢靠,防止飞出伤人。装刀时刀头伸出部分不要超出刀体高度的 1.5 倍,刀具下垫片的形状尺寸应与刀体形状、尺寸相一致,垫片应尽可能少而平。工件装夹好后,卡盘扳手必须随时取下。

(3)在车床主轴上装卸卡盘,一定要停机后进行,不可利用电动机的力量来取下卡盘。

(4)用顶尖装夹工件时,要注意顶尖中心与主轴中心孔应完全一致,不能使用破损或歪斜的顶尖,使用前应将顶尖、中心孔擦干净,尾座顶尖要顶牢。

(5)开车前,必须重新检查各手柄是否在正常位置,卡盘扳手是否取下。

(6)禁止把工具、夹具或工件放在车床床身上和主轴变速箱上。

(7)车螺纹时,必须把主轴转速设定在最低挡,不准用中速或高速车螺纹。

(8)测量工件要停机并将刀架移动到安全位置后进行。

(9)需要用砂布打磨工件表面时,应把刀具移到安全位置,并注意不要让手和衣服接触工件表面。磨内孔时,不得用手指持砂布,应使用木棍,同时车速不宜太快。

(10)切削时产生的带状切屑、螺旋状长切屑,应使用钩子及时清除,严禁用手拉。

(11)车床开动后,务必做到"四不准":

① 不准在运转中改变主轴转速和进给量;

② 初学者纵、横向自动走刀时,手不准离开自动手柄;

③ 纵向自动走刀时,向左走刀,刀架不准过于靠近卡盘;向右走刀时,刀架不准靠近

尾架；

④ 开车后，人不准离开机床。

(12)任何人在使用设备后，都应把刀具、工具、量具、材料等物品整理好，并作好设备清洁和日常设备维护工作。

【讲课内容】

车削加工是机械加工中最基本最常用的加工方法，它是在车床上用车刀对零件进行切削加工的过程。

车床主要用来加工各种回转体表面，其主运动为工件的旋转运动，进给运动为刀具的直线移动。加工精度可IT8～IT7，表面粗糙度 R_a 值为 1.6～0.8μm。车床上能加工的各种典型表面如图 6-1 所示。

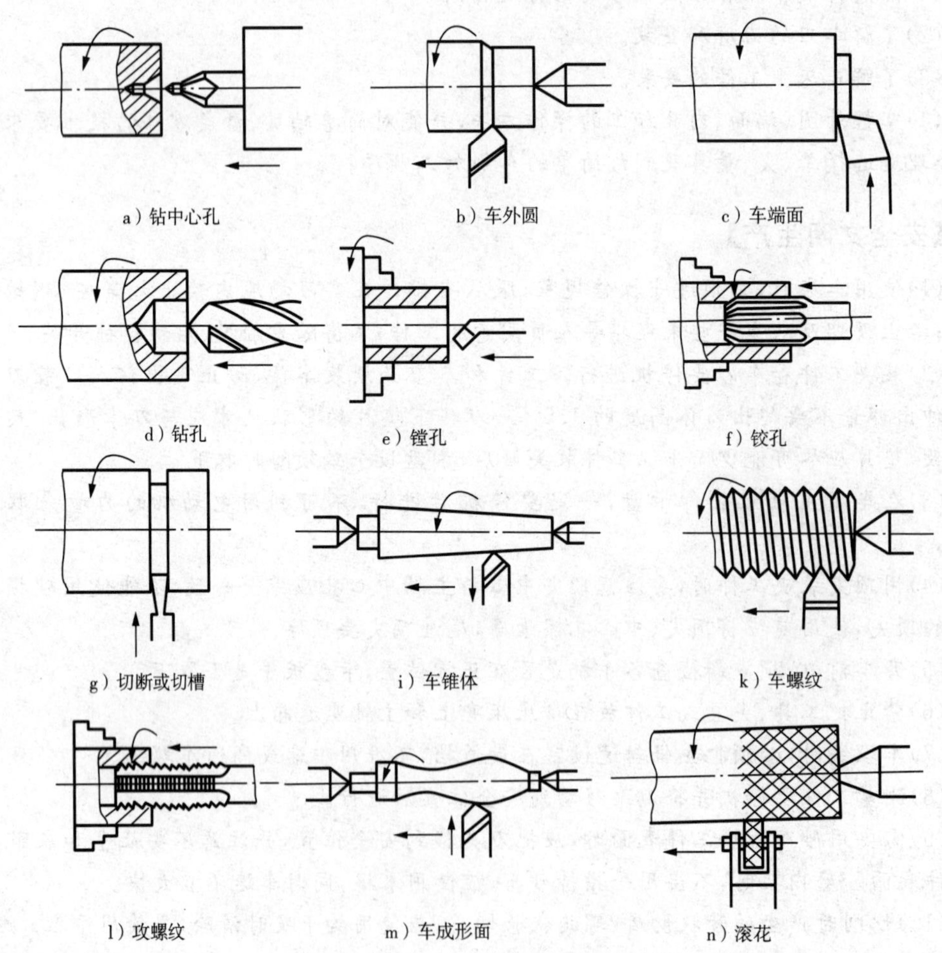

图 6-1 车削的运动和加工范围

6.1 车　床

车床的类型很多,主要有卧式车床、立式车床、转塔车床、自动车床和数控车床等。下面仅介绍最常用的卧式车床。

卧式车床是目前生产中应用最广的一种车床,它具有性能良好、结构先进、操作轻便、通用性大和外形整齐美观等优点。但自动化程度较低,适用于单件小批量生产,加工各种轴、盘、套等类零件上的各种表面车削加工。图6-2为CA6140型卧式车床的外形图。

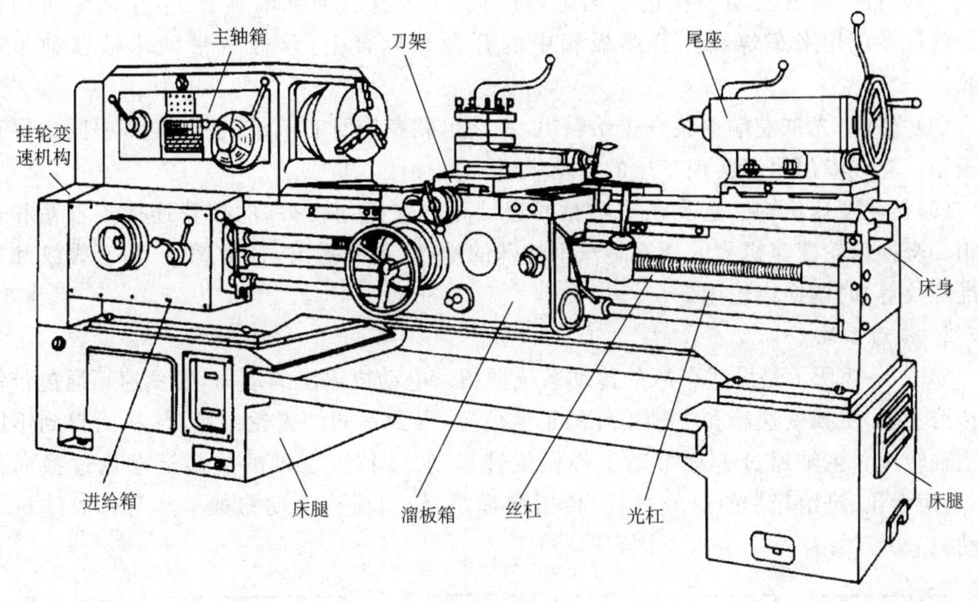

图6-2　CA6140卧式车床外观图

1. 组成

卧式车床的主要部件有:

(1)主轴箱。主轴箱固定在床身的左端。主轴箱的功用是支承主轴,使它旋转、停止、变速,变向。主轴箱内装有变速机构和主轴。主轴是空心的,中间可以穿过棒料。主轴的前端装有卡盘,用以夹持工件。车床的电动机经V带传动,通过主轴箱内的变速机构,把动力传给主轴,以实现车削的主运动。

(2)刀架。刀架位于三层滑板的顶端。刀架的功用是安装车刀,一般可同时装四把车刀。床鞍的功用是使刀架作纵向、横向和斜向运动。最底层的滑板就称为大拖板,它可沿床身导轨纵向运动,可以机动也可以手动,以带动刀架实现纵向进给。第二层为中拖板,它可沿着床鞍顶部的导轨作垂直于主轴方向的横向运动,也可以机动或手动,以带动刀架实现横向进给。最上一层为小拖板,它与中滑板以转盘连接,因此,小滑板可在中滑板上转动,调整好某个方向后,可以带动刀架实现斜向手动进给。

(3)尾座。尾座安装在床身的导轨上,可沿床身导轨纵向运动以调整其位置。尾座的功用是用后顶尖支承长工件和安装钻头、铰刀等进行孔加工。尾座可在其底板上作少量的横向运动,以便用后顶尖住的工件车锥体。

(4)床身。床身固定在床腿上,用来安装机床各部件。床身上有供刀架和尾架移动导向的导轨。

(5)溜板箱。溜板箱固定在床鞍底部。它的功能是将丝杠或光杠的旋转运动转变为刀架的进给运动。在溜板箱表面装有各种操纵手柄和按钮,用来实现手动或机动、进给或车螺纹、纵向进给或横向进给、快速进退或工作速度移动等等。

(6)进给箱。进给箱固定在床身的左前侧。箱内装有进给运动变速机构。进给箱的功用是让丝杠旋转或光杠旋转、改变机动进给的进给量和改变被加工螺纹的导程。

(7)丝杠。丝杠左端装在进给箱上,右端装在床身右前侧的挂脚上,中间穿过溜板箱。丝杠专门用来车螺纹。若溜板箱中的开合螺母合上,丝杠就带动床鞍移动车制螺纹。

(8)光杠。光杠左端也装在进给箱上,右端也装在床身右前侧的挂脚上,中间也穿过溜板箱。光杠专门用于实现车床的自动纵、横向进给。

(9)挂轮变速机构。它装在主轴箱和进给箱的左侧,其内部的挂轮连接主轴箱和进给箱。交换齿轮变速机构的用途是车削特殊的螺纹(英制螺纹、径节螺纹、精密螺纹和非标准螺纹等)时调换齿轮用。

2. 传动系统

如图 6-3 所示是卧式车床的传动系统框图。电动机输出的动力,经变速箱通过带传动传给主轴,更换变速箱和主轴箱外的手柄位置,得到不同的齿轮组啮合,从而得到不同的主轴转速。主轴通过卡盘带动工件做旋转运动。同时,主轴的旋转运动通过换向机构、交换齿轮、进给箱、光杠(或丝杠)传给溜板箱,使溜板箱带动刀架沿床身作直线进给运动。

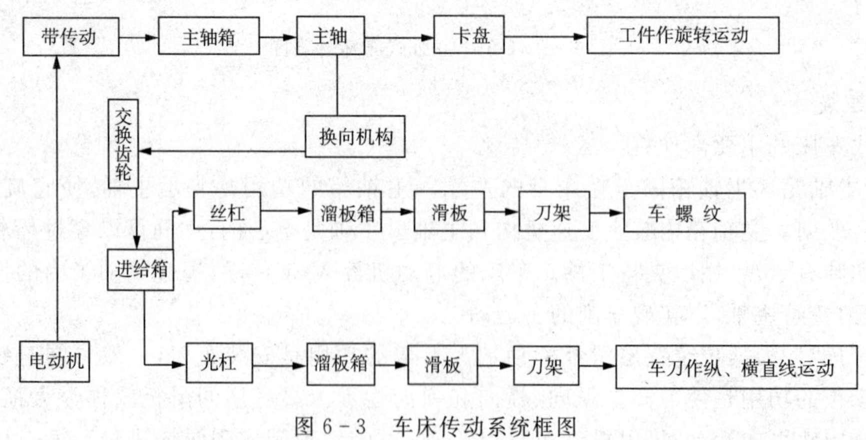

图 6-3 车床传动系统框图

6.2　车刀及工件的安装

6.2.1　车刀的刃磨

一把车刀用钝后必须重新刃磨(指整体车刀与焊接车刀),以恢复车刀原来的形状和角度。车刀是在砂轮机上刃磨的。磨高速钢车刀或磨硬质合金车刀的刀体部分用氧化铝砂轮(白色),磨硬质合金刀头用碳化硅砂轮(绿色)。车刀刃磨的步骤如图 6-4 所示:

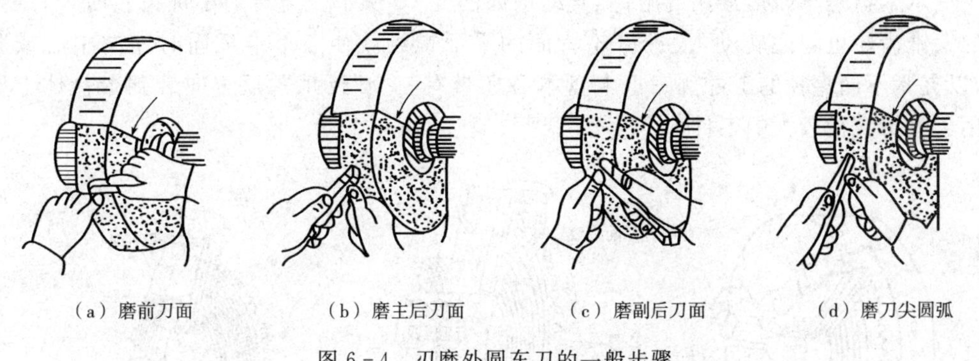
(a) 磨前刀面　(b) 磨主后刀面　(c) 磨副后刀面　(d) 磨刀尖圆弧

图 6-4　刃磨外圆车刀的一般步骤

磨前刀面的目的是磨出车刀的前角 γ_o 及刃倾角 λ_s;磨主后刀面的目的是磨出车刀的主偏角 κ_r 和主后角 α_o;副后刀面的目的是磨出车刀的副偏角 κ'_r 和副后角 α'_o;在主刀刃与副刀刃之间磨刀尖圆弧,以提高刀尖强度和改善散热条件。

磨刀时,要站在砂轮侧面双手拿稳车刀,用力要均匀,倾斜角度应合适,要在砂轮圆周面的中间部位磨,并左右移动。磨高速钢车刀,刀头磨热时,应放入水中冷却,以免刀具因温升过高而软化。磨硬质合金车刀,刀头磨热后应将刀杆置于水内冷却,避免刀头过热沾水急冷而产生裂纹。

在砂轮机上将车刀各面磨好之后,还应该用油石细磨车刀的各面,进一步降低各切削刃及各面的表面粗糙度,从而提高车刀的耐用度和加工表面的质量。

6.2.2　车刀的安装

车刀安装在方刀架上,刀尖一般应与车床中心等高。此外,车刀在方刀架上伸出的长短要合适,垫刀片要放得平整,车刀与方刀架都要锁紧。

车刀使用时必须正确安装。车刀安装的基本要求如下:

◆ 刀尖应与车床主轴轴线等高且与尾座顶尖对齐,刀杆应与零件的轴线垂直,其底面应平放在方刀架上。

◆ 刀头伸出长度应小于刀杆厚度的 1.5～2 倍,以防切削时产生振动,影响加工质量。

◆ 刀具应垫平、放正、夹牢。垫片数量不宜过多,以 1～3 片为宜,一般用两个螺钉交替锁紧车刀。

6.2.3 工件的安装

由于车削加工的主运动为旋转运动,因此在车床上安装工件时,应使被加工表面的回转中心与车床主轴的轴线重合,以保证工件位置准确,同时还要将工件夹紧,以承受切削力,保证工作时安全。根据工件的特点,可利用不同附件,进行不同方法的安装。

(1)三爪卡盘

三爪卡盘是车床最常用的附件,其结构如图 6-5 所示。当转动小锥齿轮时,与之啮合的大锥齿轮也随之转动,大锥齿轮背面的平面螺纹就使三个卡爪同时缩向中心或胀开,以夹紧不同直径的工件。三爪卡盘本身还带有三个"反爪",反方向装到卡盘体上即可用于夹持直径较大的工件。

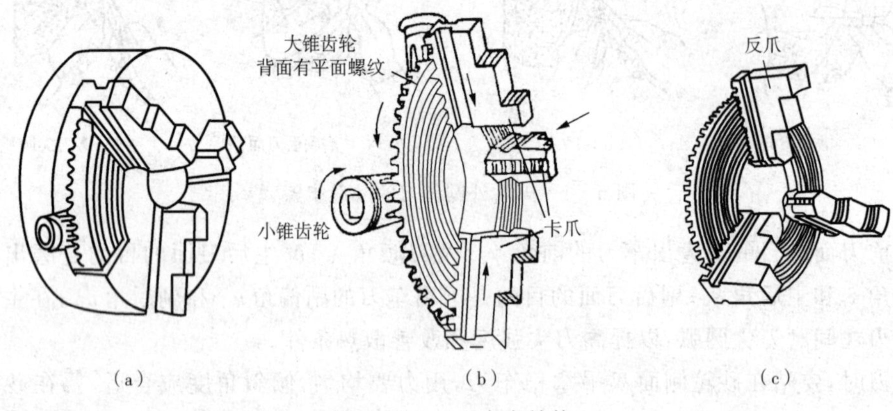

图 6-5 三爪卡盘结构

三爪卡盘由于三爪联动,能自动定心,但夹紧力小,故适用于装夹圆棒料、六角棒料及外表面为圆柱面的工件。

(2)四爪卡盘

四爪卡盘的构造如图 6-6a 所示。它的四个卡爪都可以单独调整,每个爪的后面有一半瓣内螺纹,跟丝杆啮合,丝杆的一端有一方孔,是用来安插卡盘扳手的。当转动丝杆时就可使卡爪沿卡盘的径向槽移动。由于四爪单动,夹紧力大,但装夹时工件需找正(图 6-6b、c),故适合于装夹毛坯、方形、椭圆形和其他形状不规则的工件及较大的工件。

(3)用顶尖安装

卡盘装夹适合于安装长径比小于 4 的工件,而当某些工件在加工过程中需多次安装,要求有同一基准,或无需多次安装,但为了增加工件的刚性(加工长径比为 4～10 的轴类零件时),往往采用双顶尖安装工件,如图 6-7 所示。

用顶尖装夹,必须先在工件两端面上用中心钻钻出中心孔,再把轴安装在前后顶尖上。前顶尖装在车床主轴锥孔中与主轴一起旋转。后顶尖装在尾座套筒锥孔内。它有死顶尖和活顶尖两种。死顶尖与工件中心孔发生摩擦，在接触面上要加润滑脂润滑。死顶尖定心准确，刚性好，适合于低速切削和工件精度要求较高的场合。活顶尖随工件一起转动，与工件中心孔无摩擦，它适合于高速切削，但定心精度不高。用两顶尖装夹时，需有鸡心夹头和拨盘夹紧来带动工件旋转。

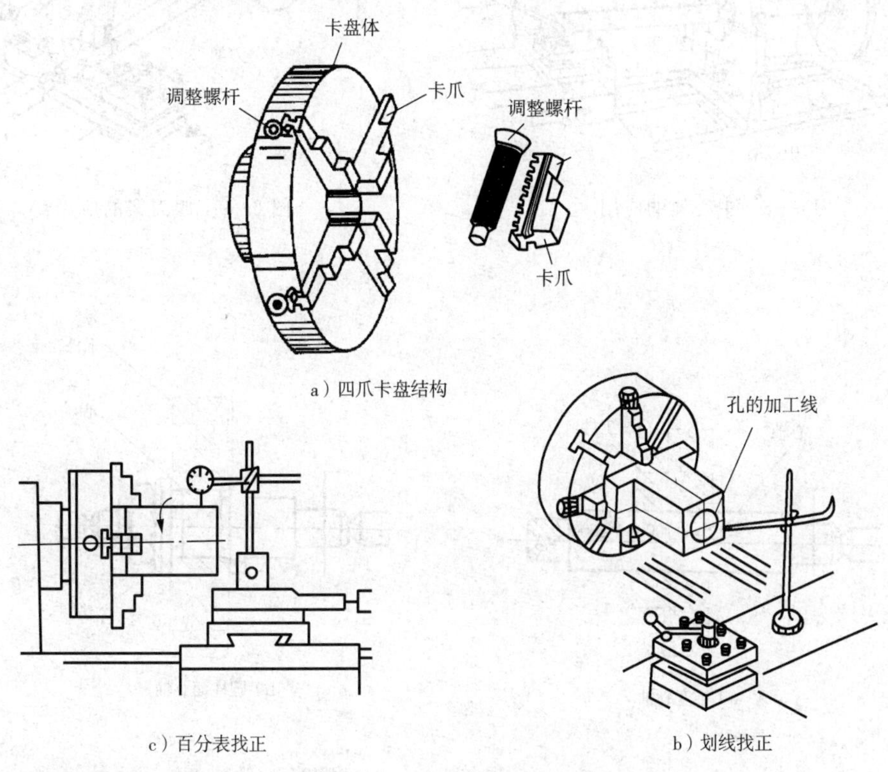

图 6 - 6　四爪卡盘及其找正

当加工长径比大于 10 的细长轴时，为了防止轴受切削力的作用而产生弯曲变形，往往需要加用中心架（图 6 - 8）或跟刀架（图 6 - 9）支承，以增加其刚性。

中心架固定于床身导轨上，它有三个可调节的支承，以支承工件。跟刀架则装在大拖板上，可以跟随拖板与刀具一起移动，它有两个可调节的支承，用来支承工件。用中心架或跟刀架装夹工件时，工件被支承部位应为加工过的外圆面，并需加机油润滑。

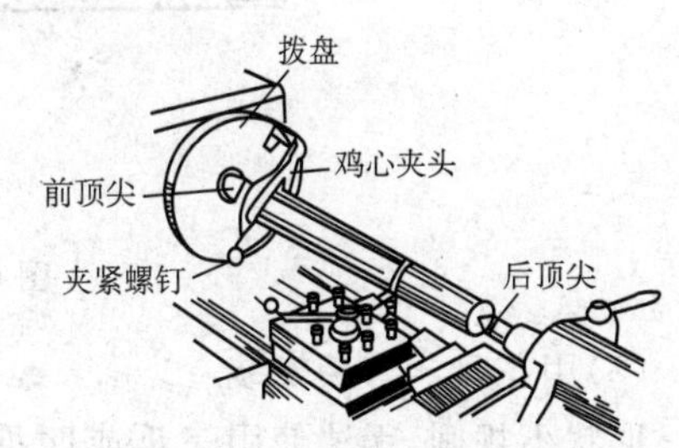

图 6 - 7　用双顶尖安装工件

(4)用心轴安装

心轴安装如图 6 - 10 所示。这种安装方法适用于已加工内孔的工件。利用内孔定位，安装在心轴上，然后再把心轴安装在车床前后顶尖之向。用心轴装夹可以保证工件孔与外圆、孔与端面的位置精度。

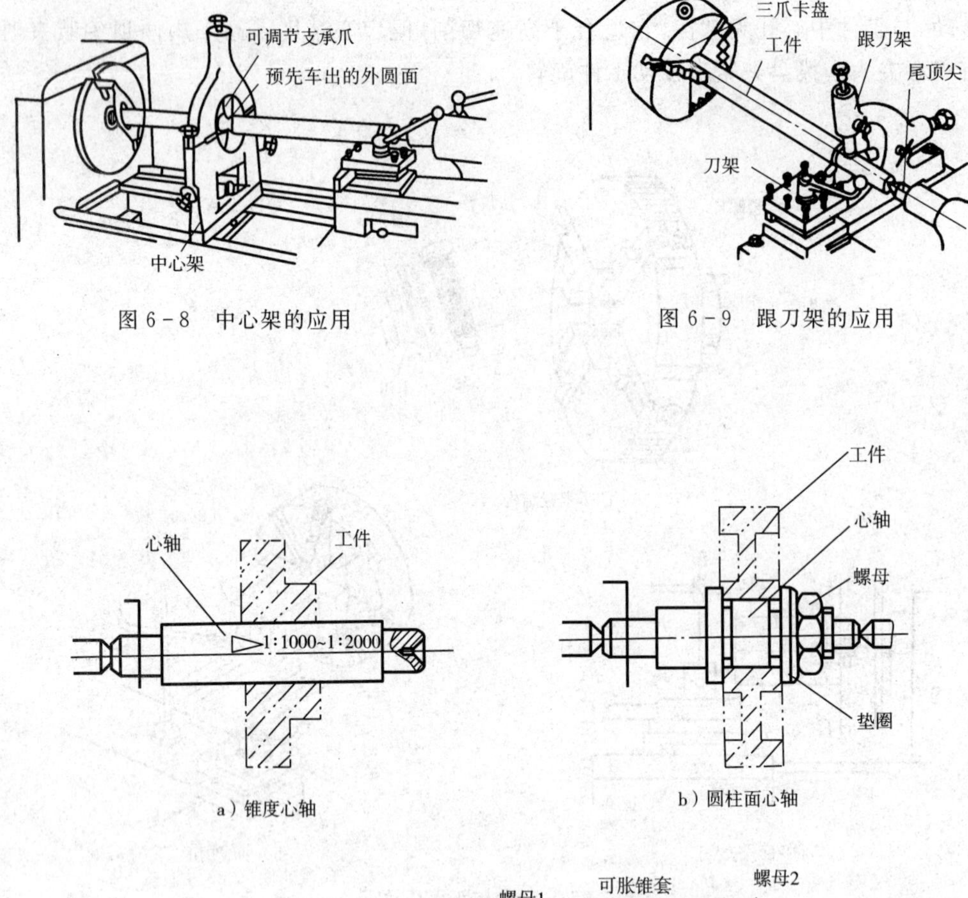

图 6－8　中心架的应用

图 6－9　跟刀架的应用

图 6－10　可胀心轴

(5)用花盘－弯板安装

形状不规则、无法使用三爪或四爪卡盘装夹的工件，可用花盘装夹。花盘是安装在车床主轴上的一个大圆盘，盘面上的许多长槽用以穿放螺栓，工件可用螺栓和压板直接安装在花盘上(图 6－11a)；也可以把辅助支承角铁(弯板)用螺钉牢固夹持在花盘上，工件则安装在弯板上(图 6－11b)。为了防止转动时因中心偏向一边而产生振动，在工件的另一边要加平衡铁。工件在花盘上的位置需经仔细找正。

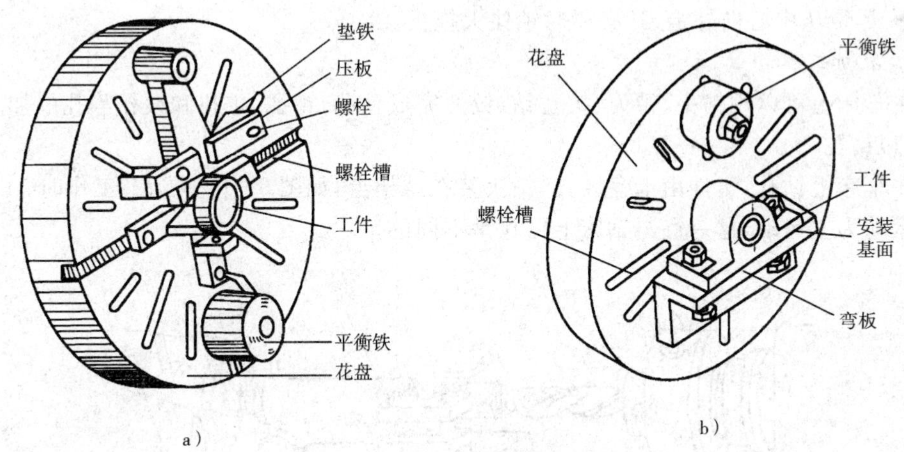

图 6-11　在花盘上安装零件

6.2.4　车削的应用

1. 车外圆和台阶

外圆车削是车削加工中最基本,也是最常见的工作。常用的外圆车刀有尖刀、弯头刀及偏刀等。尖刀主要用于粗车外圆和车没有台阶或台阶不大的外圆。弯头刀用于车外圆、端面、倒角和有 45°斜面的外圆。偏刀的主偏角为 90°,车外圆时径向力很小,常用来车有垂直台阶的外圆和车细长轴。

台阶高度小于 5mm 的称为低台阶,车削时外圆和台阶可一刀完成,端面部分由刀具作横向退刀时车出。台阶高度大于 5mm 的称为高台阶,车削时外圆先分层切除,当外径符合要求后再对台阶面进行精车。

2. 车端面

常用的端面车刀和车端面的方法,如图 6-12 所示。车端面时刀具作横向进给,车刀在端面上的轨迹实质上是螺旋线,同时由于加工直径在不断地发生变化,越向中心车削速度越小,因此切削条件比车外圆要差。

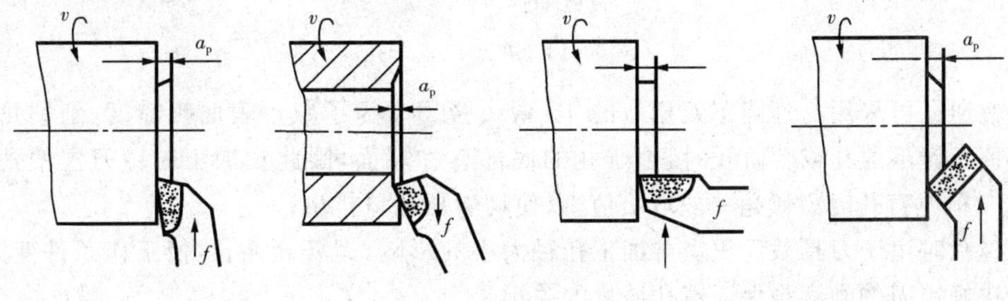

图 6-12　车端面

车端面时应注意以下几点:

◆ 车刀的刀尖应对准工件中心，以免车出的端面中心留有凸台。

◆ 尽量从中心向外走刀，必要时锁住大拖板。

3. 孔加工

在车床上可以用钻头、镗刀、扩孔钻、铰刀完成钻孔、镗孔、扩孔和铰孔等孔的加工。

(1)钻孔

在车床上钻孔，工件由卡盘装夹，钻头装在尾架上，如图6-13所示。工作时，工件的旋转运动为主运动，这一点与钻床上钻孔是不同的。

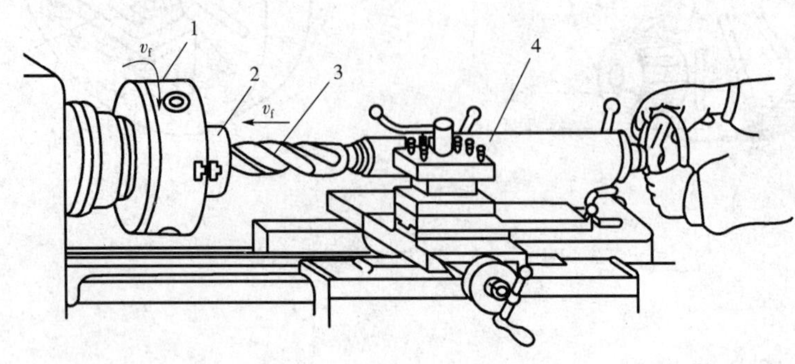

图6-13 在车床上钻孔

1—三爪卡盘；2—工件；3—麻花钻；4—尾架

在车床上钻孔、扩孔或铰孔时，要将尾架固定在合适的位置，用手摇尾架套筒进行进给。钻孔必须先车平端面。为了防止钻头偏斜，可先用车刀挖一个坑或先用中心钻钻中心孔作为引导。钻孔时，应加冷却液。有关钻孔、扩孔和铰孔内容详见本书钳工部分。

(2)镗孔

镗孔是指在已有孔(钻孔、铸孔、锻孔)的工件上进一步进行加工。镗孔有以下三种情况，如图6-14所示。

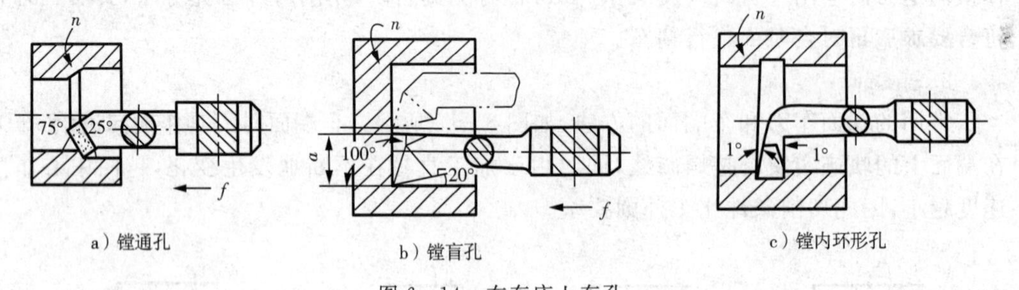

图6-14 在车床上车孔

镗通孔可采用与外圆车刀相似的45°弯头镗刀。为了减小表面粗糙度，副偏角可选较小值。镗不通孔或台阶孔时，由于孔的底部有一端面，因此孔加工时镗刀主偏角应大于90°，精镗盲孔时刃倾角一般取负值，以使切屑从孔口排出。

镗孔时由于刀具截面积受被加工孔径大小的影响，刀杆悬伸长，使工作条件变差，因此解决好镗刀的刚度是保证镗孔质量的关键。

4. 车锥面

锥面有配合紧密、传递扭矩大、定心准确、同轴度高、拆装方便等优点，故锥体应用广泛。

在车床上车锥面的常用方法主要有以下几种：

(1)转动小滑板

如图6-15所示，把小滑板扳转一个等于工件圆锥斜角α的角度，然后转动小滑板手柄手动进给，就能车出工件的圆锥表面。这种方法内、外圆锥均可加工。但限于小滑板行程而不能车长锥体。由于小滑板不能自动进给，手摇手柄进给速度不易均匀而且费力，车出锥体的表面粗糙度较大。它适合于车削长度短、锥度大的内、外锥体和整体圆锥(如顶尖)。

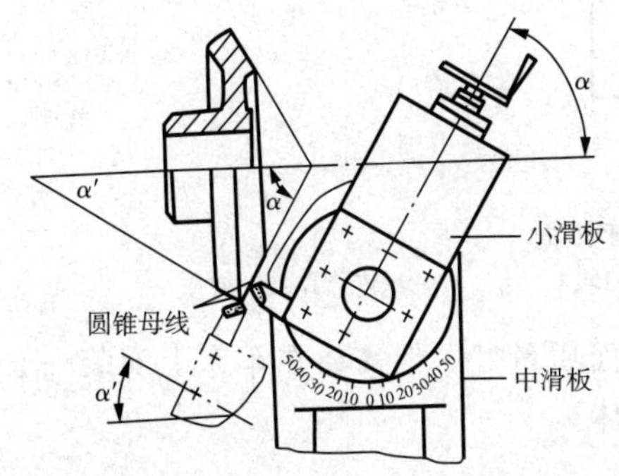

图6-15　扳转小滑板车锥面

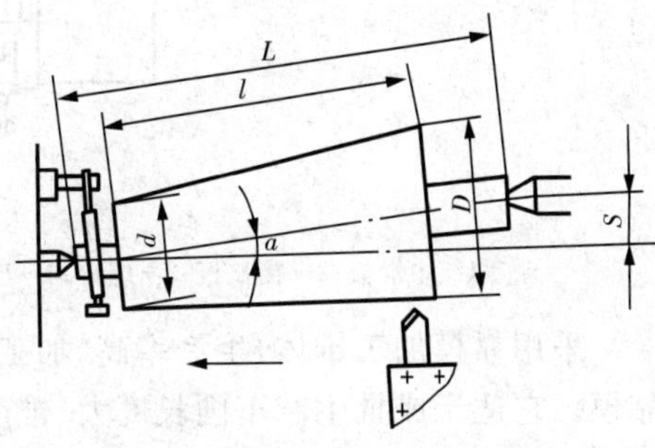

图6-16　偏移尾座法车锥面

(2)偏移尾座法

如图6-16所示，把尾座偏移S，使工件轴线与车床主轴轴线之间的夹角等于工件锥体的斜角α，就可用床鞍自动进给车削外圆锥。$S=L\sin\alpha$(L为两顶尖之间的距离)，当α很小时，$\sin\alpha\approx\tan\alpha$，故$S=L\tan\alpha$。于是：

$$S=\frac{L(D-d)}{2l}$$

式中：D——锥体大端直径；

d——锥体小端直径；

l——锥体轴向长度。

这种方法的优点是能利用床鞍自动进给，车出锥体表面质量好。它的缺点是顶尖与中心孔接触不良，磨损不均匀，中心孔的精度容易丧失，而且不能车内锥体和整体圆锥。它适合车削长度大、锥度小的外锥体。

(3)靠模法

如图6-17所示为常见的靠模装置。它的底座固定在车床床身后面，底座上装有锥度靠模，它可以绕轴销转动。当靠模转动工件锥体的斜角后，用螺钉紧固在底座上。滑块可自由地在锥度靠模的槽中移动。中滑板与它下面的丝杠已脱开，它通过接长板、与滑块连接在一起。车削时，床鞍作纵向自动走刀。中滑板被床鞍带动，同时受靠模的约束，获得纵向和横向的合成运动，使车刀刀尖的轨迹平行于靠模的槽，从而车出所需的外圆锥。这时，小滑板需转动90°，以便横向吃刀。

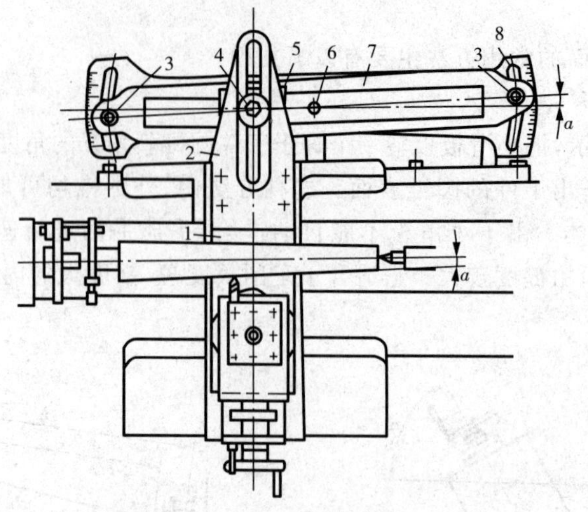

图 6-17 用靠模法车锥面

1—中滑板；2—接长板；3—螺钉；4—压板螺钉；5—滑块；6—轴销；7—锥度靠模；8—底座

采用靠模加工锥体，生产率高，加工精度高，表面质量好。但需要在车床上安装一套靠模。它适于成批生产车削长度大、锥度小的外锥体。

5. 切槽与切断

(1)切槽操作。切槽使用切槽刀。切槽和车端面很相似。切槽刀如同右偏刀和左偏刀并在一起同时车左、右两个端面，如图 6-18 所示。

切窄槽时，主切削刃宽度等于槽宽，在横向进刀中一次切出。切宽槽时，主切削刃宽度可小于槽宽，在横向进刀中分多次切出。

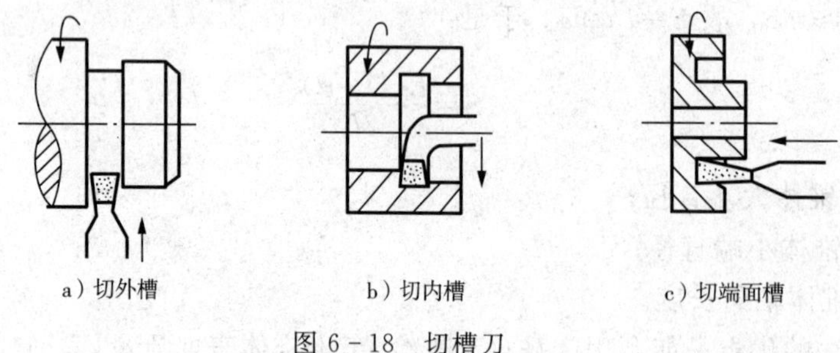

a）切外槽　　b）切内槽　　c）切端面槽

图 6-18 切槽刀

(2)切断操作。切断要用切断刀。切断刀的形状与切槽刀相似，但因刀头窄而长，很容易折断。切断时应注意以下几点：

◆ 切断一般在卡盘上进行，工件的切断处应距卡盘近些，以免切削时工件振动。

◆ 切断刀刀尖必须与工件中心等高，否则切断处将剩有凸台，且刀头也容易损坏。切断刀伸出刀架的长度不要过长。

◆ 用手进给时一定要均匀，即将切断时，须放慢进给速度，以免刀头折断。

6. 车锥度

在机械制造工业中，除了采用圆柱体和圆锥孔作为配合表面外，还广泛采用圆锥体和圆锥孔作为配合表面。如车床的主轴锥孔、顶尖、钻头和铰刀的锥柄等等。这是因为圆锥面配合紧密，拆卸方便，而且多次拆卸仍能保持精确的定心作用。

(1)圆锥各部分名称、代号及计算公式

圆锥体和圆锥孔的各部分名称、代号及计算公式均相同，圆锥体的主要尺寸有：

大端直径：$D=d+2l\text{tg}\alpha$（l 为锥体长度）；

小端直径：$d=D-2l\text{tg}\alpha$；

锥度：$K=(D-d)/l=2\text{tg}\alpha$；

斜度：$M=(D-d)/2l=\text{tg}\alpha=K/2$。

(2)车锥度的方法

车锥度的方法有四种：小刀架转位法、锥尺加工法（也叫靠模法）、尾架偏移法和样板刀法（也叫宽刀法）。

① 小刀架转位法

如图 6－19 所示，根据零件的锥角 2α，将小刀架扳转 α 角，即可加工。这种方法操作简单，能保证一定的加工精度，而且还能车内锥面和锥角很大的锥面，因此应用较广。但由于受小刀架行程的限制，并且不能自动走刀，所以适于加工短的圆锥工件。

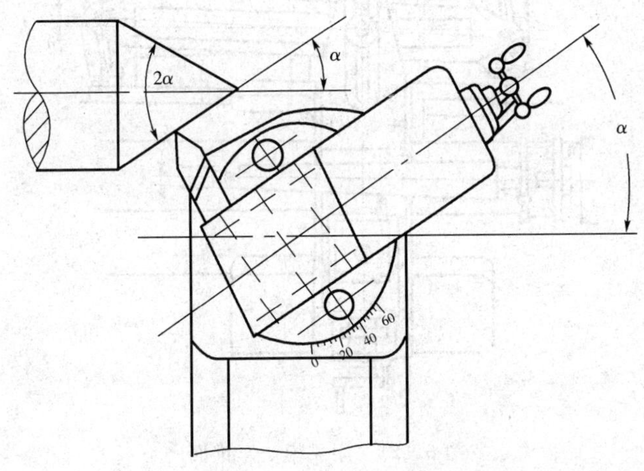

图 6－19　小刀架转位法

② 偏移尾座法

如图 6－20 所示，把尾座偏移 S，使工件轴线与车床主轴轴线之间的夹角等于工件锥体的斜角 α，就可用床鞍自动进给车削外圆锥。$S=L\sin\alpha$（L 为两顶尖之间的距离），当 α 很小时，$\sin\alpha\approx\tan\alpha$，故 $S=L\tan\alpha$。于是：

$$S=\frac{L(D-d)}{2l}$$

式中：D——锥体大端直径；

d——锥体小端直径；

l——锥体轴向长度。

这种方法的优点是能利用床鞍自动进给，车出锥体表面质量好。它的缺点是顶尖与中心孔接触不良，磨损不均匀，中心孔的精度容易丧失，而且不能车内锥体和整体圆锥。

它适合车削长度大、锥度小的外锥体。

③ 靠模法

图 6-21 为常见的靠模装置。它的底座固定在车床床身后面。底座上装有锥度靠模，它可以绕轴销转动。当靠模转动工件锥体的斜角后，用螺钉紧固在底座上。滑块可自由地在锥度靠模的槽中移动。中滑板与它下面的丝杠已脱开，它通过接长板、与滑块联接在一起。车削时，床鞍作纵向自动走刀。中滑板被床鞍带动，同时受靠模的约束，获得纵向和横向的合成运动，使车刀刀尖的轨迹平行于靠模的槽，从而车出所需的外圆锥。这时，小滑板需转动 90°，以便横向吃刀。

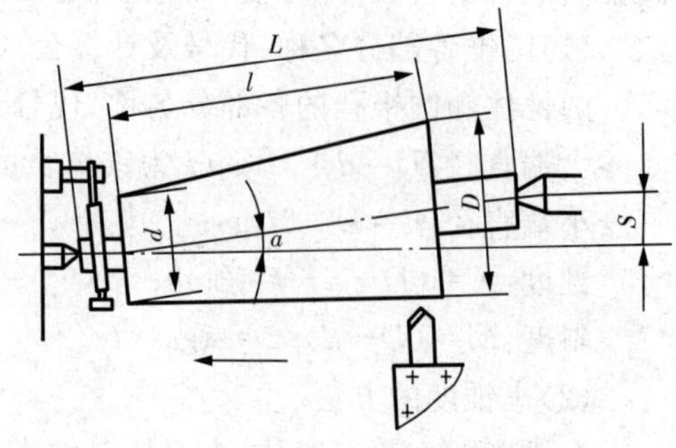

图 6-20　偏移尾座法车锥面

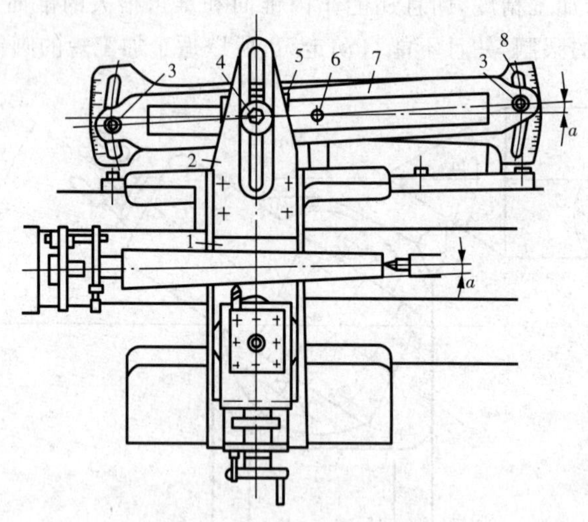

图 6-21　用靠模法车锥面

1—中滑板；2—接长板；3—螺钉；4—压板螺钉；5—滑块；6—轴销；7—锥度靠模；8—底座

采用靠模加工锥体，生产率高，加工精度高，表面质量好。但需要在车床上安装一套靠模。它适于成批生产车削长度大、锥度小的外锥体。

④ 宽刀法

宽刀法车锥面如图 6-22 所示。刀刃必须平直，与工件轴线夹角应等于圆锥半角 $\alpha/2$，工件和车刀的刚度要好，否则容易引起振动。表面粗糙度 R_a 值取决于车刀刀刃的刃磨质量和加工时的振动情况，一般可达 6.3～3.2μm。宽刀法只适宜加工较短的锥面，生产率较高，在成批和大量生产中应用较多。

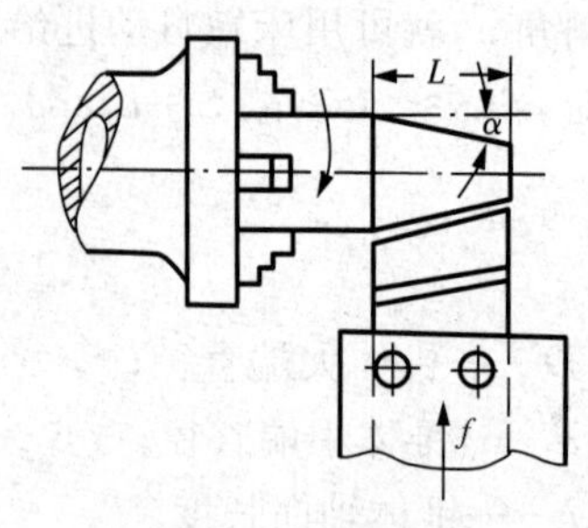

图 6-22　宽刀法

7. 车成形面

有些零件如手柄、手轮、圆球等，它们的表面不是平直的，而是由曲面组成，这类零件的表面叫做成形面。下面介绍三种加工成形面的方法。

(1)手动车削成形面

用双手同时操纵横向和纵向进给手柄，使刀刃的运动轨迹与所需成形面的曲线相符，从而加工出所需的成形面，如图 6-23 所示。成形面的形状一般用样板检验。这种方法的优点是灵活、方便，必须要其他辅助工具，但生产率低，对工人技术水平要求较高。因此，这种方法主要适于单件小批生产和要求不高的成形面。

(2)用样板刀车成形面

车成形面的样板刀的刀刃是曲线，与零件的表面轮廓相一致，如图 6-24 所示。由于样板刀的刀刃不能太宽，刃磨出的曲线形状也不十分准确，因此常用于加工形状比较简单、形面不太精确的成形面。

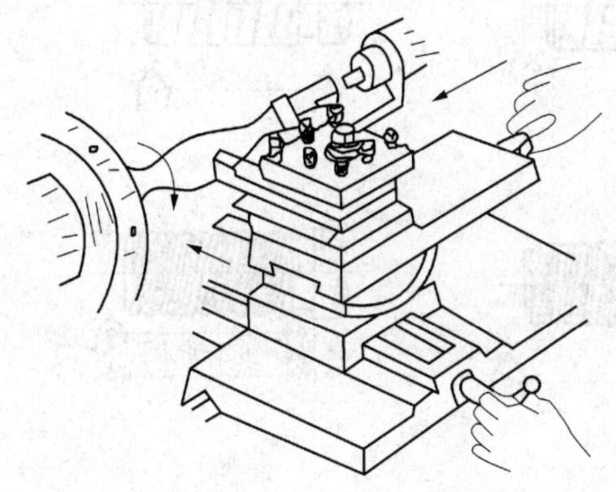

图 6-23　双手控制法车成形面

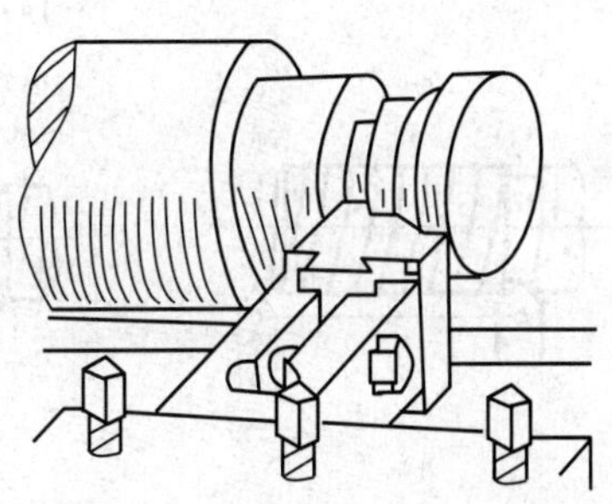

图 6-24　成形刀法车削成形面

(3)用靠模车成形面

如图 6-25 所示用靠模加工手柄的成形面。此时刀架的横向滑板已经与丝杠脱开，其前端的拉杆上装有滚柱。当大拖板纵向走刀时，滚柱即在靠模的曲线槽内移动，从而使车刀刀尖也随着作曲线移动，同时用小刀架控制切深，即可车出手柄的成形面。这种方法加工成形面，操作简单，生产率较高，因此多用于成批生产。

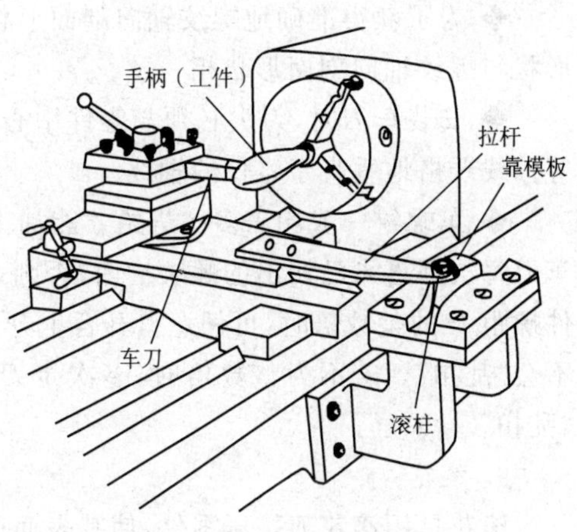

图 6-25　靠模法

8. 车螺纹

在车床上可车削各种螺纹，其加工原理是使工件每转一转，刀具移动的距离等于工件的导程。因此，溜板箱的移动必须由丝杆带动，以保证严格的传动关系。车外螺纹操作步骤如图 6-26 所示。步骤如下：

(1)开车对刀,使车刀与零件轻微接触,记下刻度盘读数,向右退出车刀,如图 6-26a 所示。

(2)合上开合螺母,在零件表面上车出一条螺旋线,横向退出车刀,停车,如图 6-26b 所示。

(3)开反车使车刀退到零件右端,停车,用钢直尺检查螺距是否正确,如图 6-26c 所示。

(4)利用刻度盘调整背吃刀量,开车切削,车钢料时加机油润滑,如图 6-26d 所示。

(5)车刀将至行程终了时,应做好退刀停车准备,先快速退出车刀,然后停车,开反车退回零件右端,如图 6-26e 所示。

(6)再次横向切入,继续切削,如图 6-26f 所示。

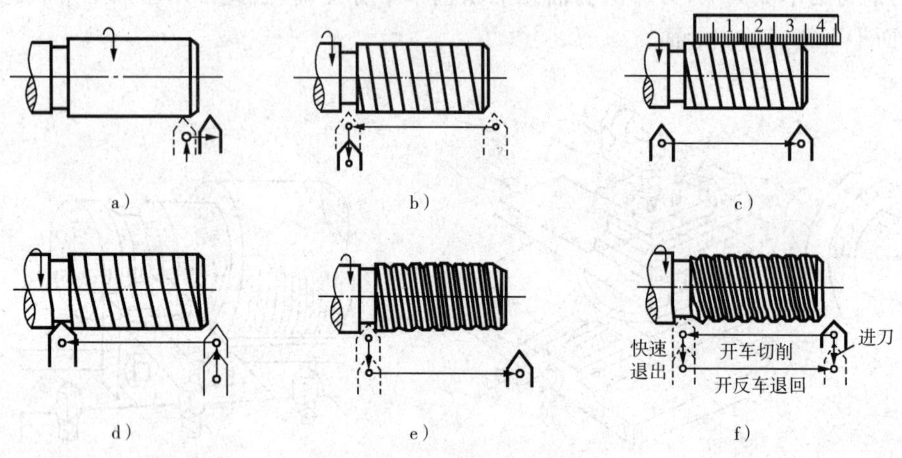

图 6-26 车削外螺纹操作步骤

车螺纹时应注意:

◆ 为了获得准确地螺纹轴向剖面形状,应使螺纹车刀的刀尖角等于螺纹角,刀头的形状与螺纹轴向剖面形状相一致。

◆ 安装车刀时,刀尖必须与零件中心等高。调整时,用对刀样板对刀,保证刀尖角的等分线严格地垂直于零件的轴线。

◆ 车螺纹一般均需多次进给才能加工到规定的深度。在多次走刀过程中,必须保证车刀每次都落入已切出的螺纹槽内,否则,就会发生“乱扣”现象。当丝杠的螺距 P_s 是零件螺距 P 的整数倍时,可任意打开合上开合螺母,车刀总会落入原来已切出的螺纹槽内,不会“乱扣”。若不为整数倍时,多次走刀和退刀时,均不能打开开合螺母,否则将发生“乱扣”。

9. 滚花

滚花是用滚花刀挤压零件,使其表面产生塑性变形而形成花纹。花纹一般有直纹和网纹两种,滚花刀也分直纹滚花刀和网纹滚花刀。滚花前,应将滚花部分的直径车削得比零件所要求尺寸大些,然后将滚花刀的表面与零件平行接触,且使滚花刀中心线与零件中心线等高。在滚花开始进刀时,需用较大压力,待进刀一定深度后,再纵向自动进给，这样往复滚压 1～2 次，直到滚好为止。此外，滚花时零件转速要低，通常还需充分供给冷却液。

<table>
<tr><th colspan="2">时　间</th><th>内　容</th></tr>
<tr><td rowspan="4">第一天</td><td>0.5 小时</td><td>讲课及示范：
(1)安全知识及实训要求；
(2)车床组成、运动、型号及用途；
(3)传动系统；
(4)车床各手柄的作用及使用；
(5)成形面的加工及步骤</td></tr>
<tr><td>3 小时</td><td>学生独立操作空车练习、车成形面</td></tr>
<tr><td>0.5 小时</td><td>讲课及示范：
(1)车外圆、端面、台阶的操作方法及步骤；
(2)刀具的材料、几何形状、性能、刃磨</td></tr>
<tr><td>2 小时</td><td>学生独立操作车外圆、端面、台阶</td></tr>
<tr><td rowspan="3">第二天</td><td>2.5 小时</td><td>学生独立操作车外圆、端面、台阶</td></tr>
<tr><td>0.5 小时</td><td>讲课及示范：
(1)车锥面；
(2)车孔、钻孔</td></tr>
<tr><td>3 小时</td><td>学生独立操作车锥面、车孔、钻孔</td></tr>
<tr><td rowspan="2">第三天</td><td>0.5 小时</td><td>讲课及示范：
(1)镗孔；
(2)滚花；
(3)结合挂图讲解有关内容；
(4)量具的使用</td></tr>
<tr><td>5.5 小时</td><td>学生独立操作孔的加工、滚花</td></tr>
<tr><td rowspan="2">第四天</td><td>1 小时</td><td>讲解：
(1)车螺纹的方法、操作步骤；
(2)加工综合件操作工艺及加工步骤；
(3)典型零件的加工工艺(示范为主)</td></tr>
<tr><td>5 小时</td><td>学生独立操作综合件</td></tr>
</table>

复习思考题

6-1　你在实习中所用的车床型号是__________。该车床能加工工件的最大回转直径为__________mm。并请指出下图所示车床各部分的名称。

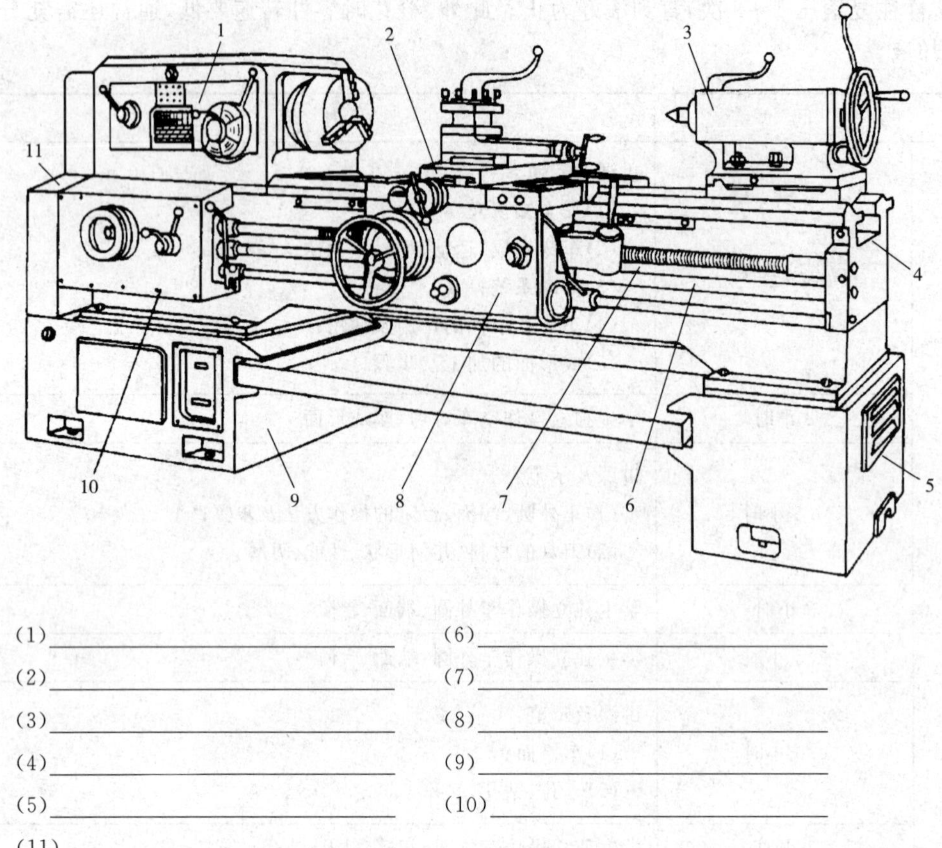

(1)________________ (6)________________

(2)________________ (7)________________

(3)________________ (8)________________

(4)________________ (9)________________

(5)________________ (10)________________

(11)________________

6-2 在下列加工简图中，用箭头标出其主运动和进给运动。并说明其加工内容、刀具名称及其切削部分的材料。

加工简图	v_c f	v_c f	v_c f
加工内容			
刀具名称			
加工简图	v_c f	v_c f	v_c f
加工内容			
刀具名称			

（续表）

加工简图	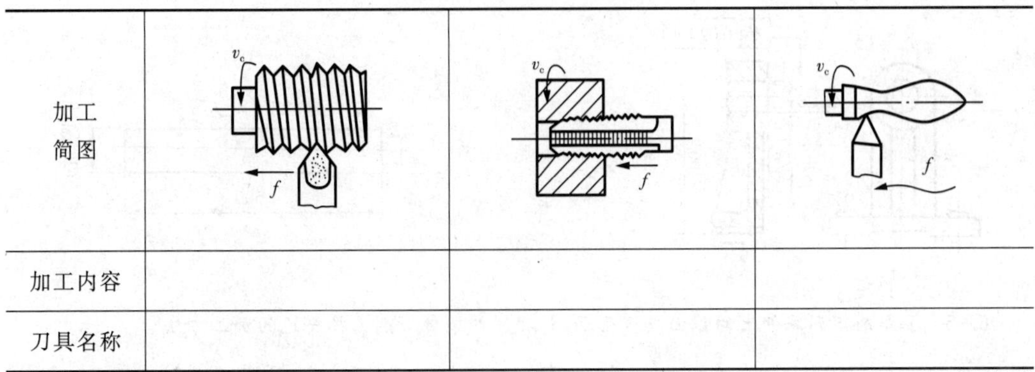		
加工内容			
刀具名称			

6-3　游标卡尺的副尺上将 49mm 分为 50 小格，此卡尺读数的精度为________。读出下图精度为 0.02mm 游标卡尺的读数________。

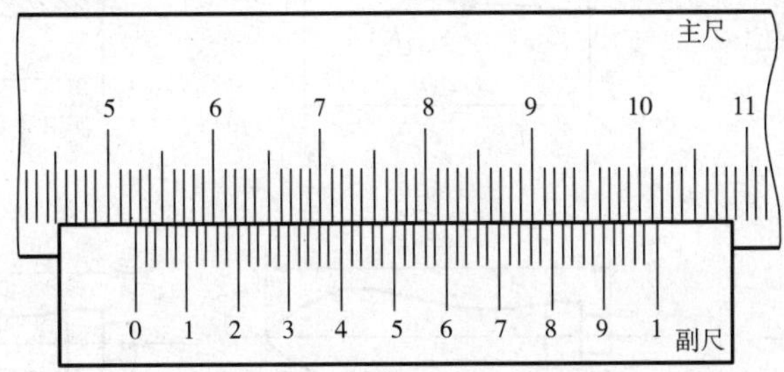

6-4　写出车削下列工件上标有表面粗糙度值的表面时的装夹方法。

(1)车床尾座套筒

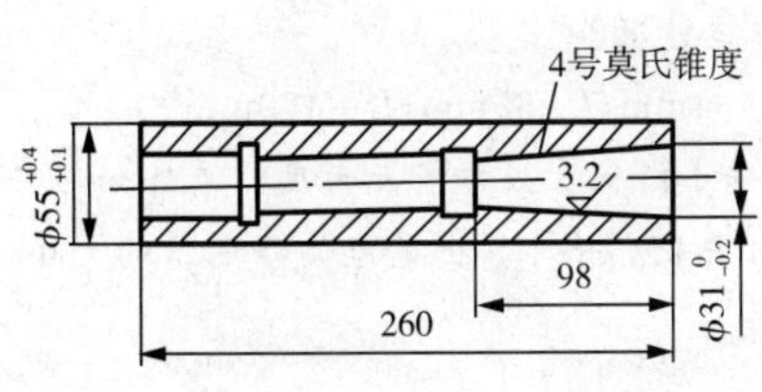

(2)滑块(要求在 C618 车床上车削)

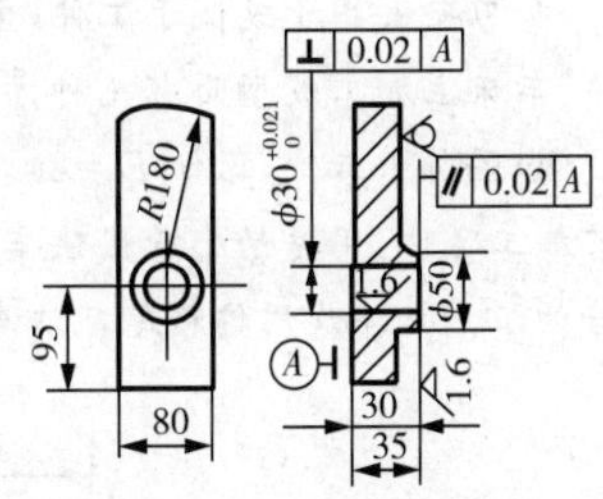

(3)齿轮坯(要求全部在车床上完成)

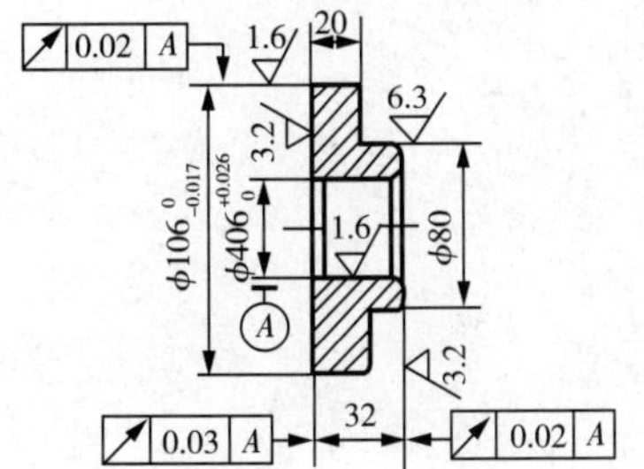

(4)摇臂

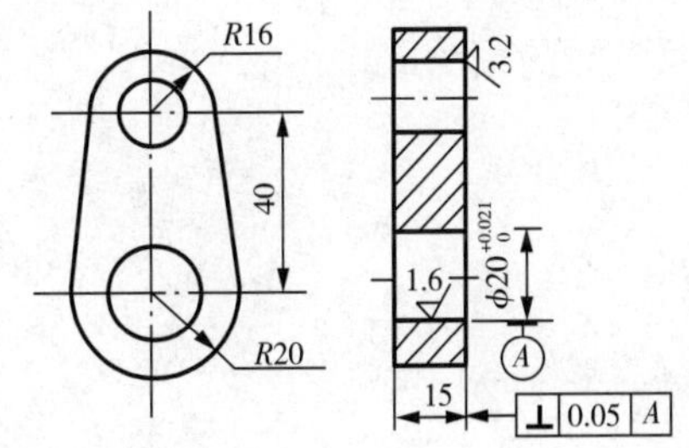

(5)支架(底面已加工完)

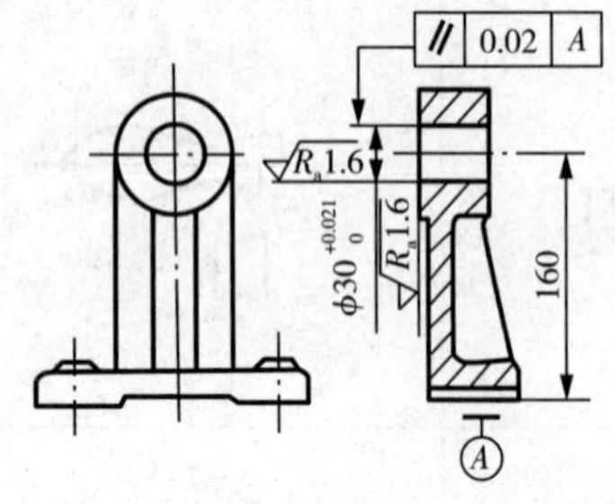

(6)细长轴

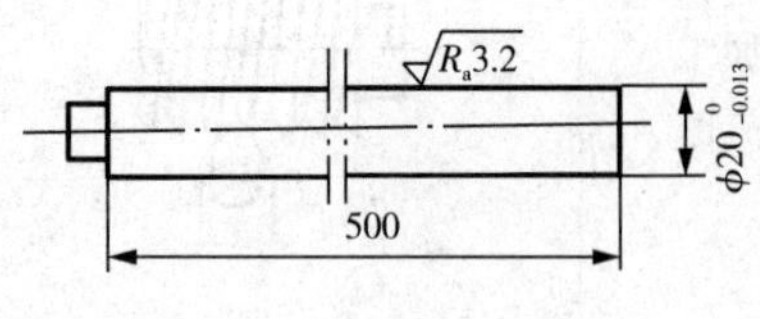

6-5　要车削下列零件上的锥面或成形面，根据所给条件分别选择合适的加工方法。

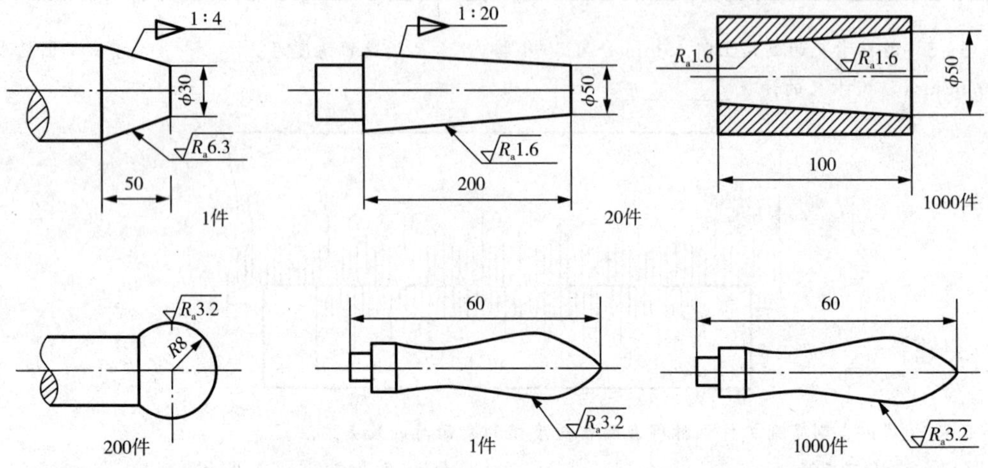

6-6　车刀安装高于或低于工件(主轴)中心线时，车削后会发生什么问题？

6-7　车床上加工成型面有几种方法？各适用于什么情况？

6-8　如图所示工件，已知 $D=24.051$mm，$d=19.984$mm，$l=85$mm，$L=160$mm。

(1)若加工 1 件，用转动小滑板法车锥度，应如何扳转小滑板？扳转多大角度？工件如何安装？

(2)若加工 100 件改用偏移尾座法车锥度，工件如何安装？并计算出尾座偏移量 S 的大小。

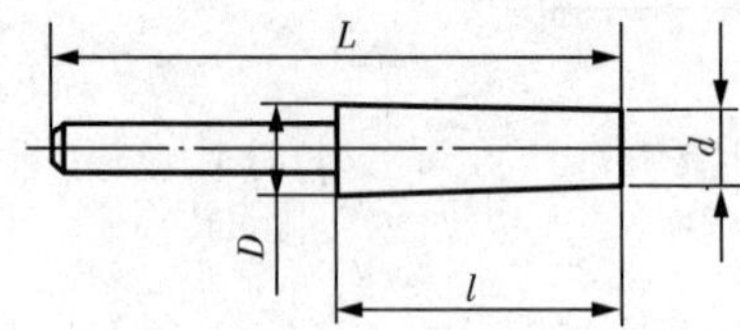

第7章　铣　工

【实训要求】

(1)了解铣削加工的基本知识。

(2)熟悉万能卧式铣床主要组成部分名称、运动及作用,了解其他铣床的工作特点及适用场合。

(3)了解铣刀的种类及应用。

(4)了解铣床上工件的安装及附件。

(5)了解铣削加工的应用,熟悉平面、齿形的加工。

【安全文明生产】

(1)检查铣床主要部件是否处于正常状况,确定周围无障碍后,试车1～2min,情况正常,正式开车。

(2)先开电源开关再开铣床运转开关,应避免带负荷直接开动铣床。下班时应先关铣床运转开关,再切断电源开关。

(3)铣床运转中,操作者应站在安全位置上,不得触摸工件、刀具和传动部件,并要防止切屑飞溅伤人。不得隔着运转部件传递和拿取工具物品等,工作台面不准任意放置工具或其他物品。

(4)调整铣床、变换速度、调换附件、装夹工件和刀具及测量等工作应停车进行。

(5)铣床运转中不得离开工作岗位,因故离开时必须停车断电。不能用手拨或嘴吹除切屑,需要时可停车用专用刷子或器具清除。运转中发现异常情况或故障应立即停车检修。

(6)注意做好铣床保养工作,按规定加润滑油。工作结束切断电源,扫清切屑,擦净铣床,导轨面上涂防锈油,调整有关部位,使铣床处于完好的正常状态。

【讲课内容】

铣削加工是指用铣刀在铣床上进行加工工件的过程。铣削与车削的原理不同,铣削时刀具的旋转运动为主运动,工件的直线移动为进给运动。旋转的铣刀是由多个刀刃组合而成的,因此铣削是非连续的切削过程。铣削主要用来加工平面及各种沟槽,如图7-1所示。加工精度一般可达IT8～IT7,表面粗糙度R_a值1.6～6.3μm。

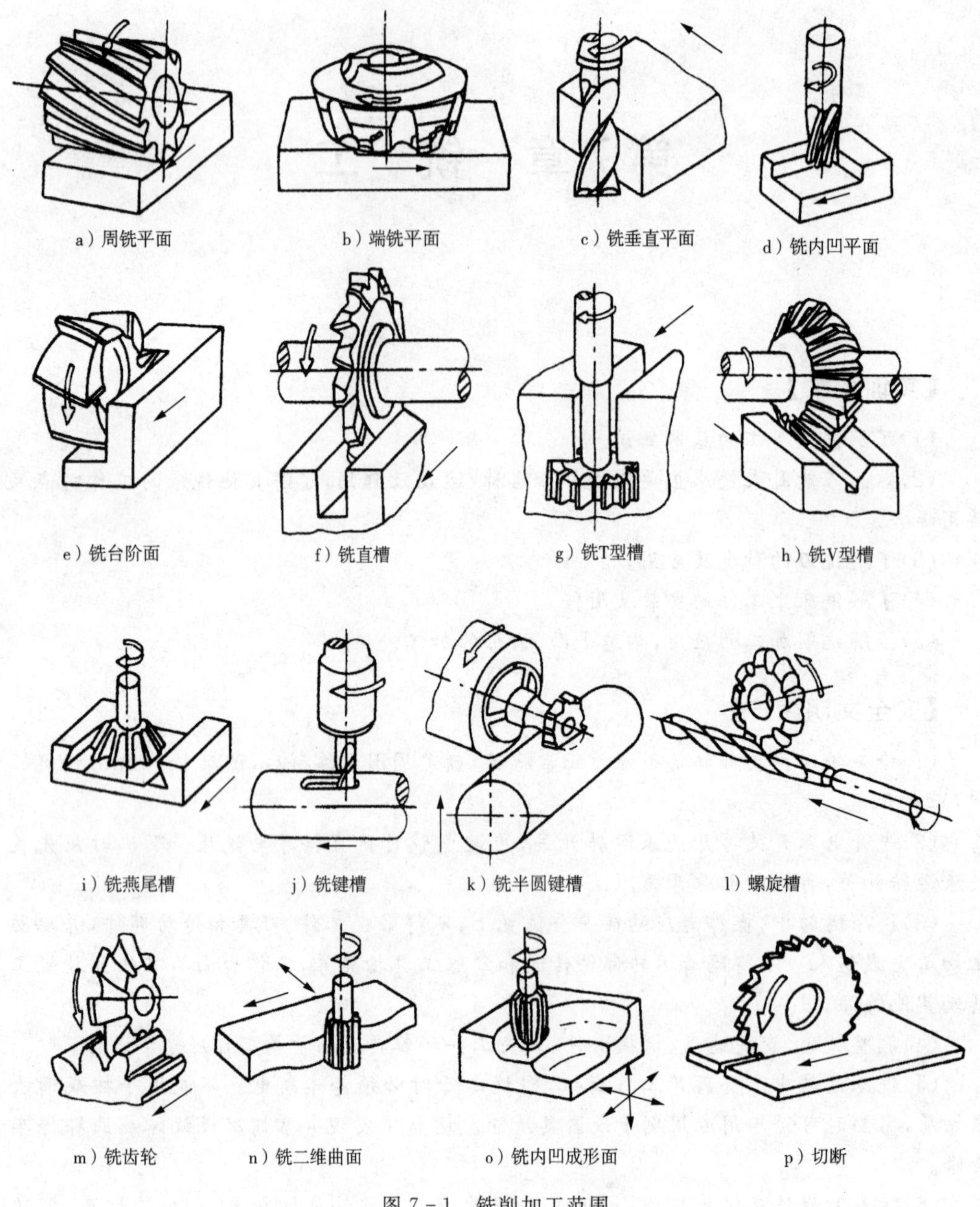

图 7－1　铣削加工范围

7.1　铣　床

铣床的种类很多，常见的有卧式万能升降台铣床、立式升降台铣床、龙门铣床和数控铣床等。

1. 卧式万能升降台铣床

卧式万能升降台铣床的主轴是水平布置的，故又简称卧铣。图 7-2 为一卧式万能升降台铣床的外形图，其主要组成部分和作用如下：

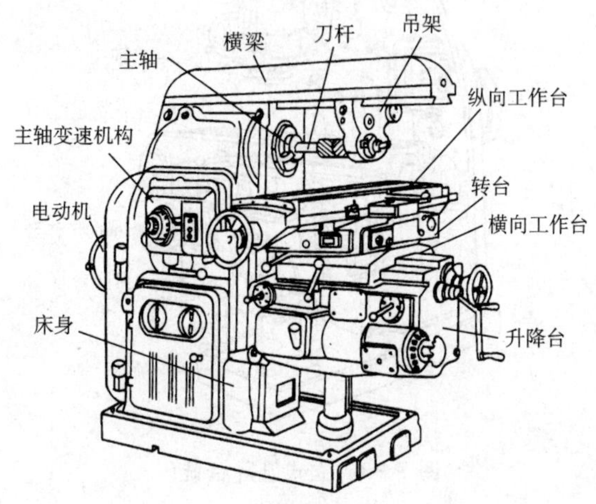

图 7-2　卧式万能升降台铣床

(1)床身。床身支承并连接各部件，其顶面水平导轨支承横梁，前侧导轨供升降台移动之用。床身内装有主轴和主运动变速系统及润滑系统。

(2)横梁。它可在床身顶部导轨前后移动，吊架安装其上，用来支承铣刀杆。

(3)主轴。主轴是空心的，前端有锥孔，用以安装铣刀杆和刀具。

(4)转台。转台位于纵向工作台和横向工作台之间，下面用螺钉与横向工作台相连，松开螺钉可使转台带动纵向工作台在水平面内回转一定角度(左右最大可转过 45°)。

(5)纵向工作台。纵向工作台由纵向丝杠带动在转台的导轨上作纵向移动，以带动台面上的工件作纵向进给。台面上的 T 形槽用以安装夹具或工件。

(6)横向工作台。横向工作台位于升降台上面的水平导轨上，可带动纵向工作台一起作横向进给。

(7)升降台。升降台可沿床身导轨作垂直移动，调整工作台至铣刀的距离。

这种铣床可将横梁移至床身后面，在主轴端部装上立铣头，能进行立铣加工。

卧式万能升降台铣床主要用于铣削中小型零件上的平面、沟槽尤其是螺旋槽和需要分度的零件。

2. 立式升降台铣床

如图 7-3 所示为一立式升降台铣床外观图，由于它的主轴是垂直布置的，故又简称立铣。立式铣床与卧式铣床在很多地方相似，不同的是：立式铣床的床身无顶导轨，也无横梁，而是前上部有一个立铣头，其作用是安装主轴和铣刀。通常立式铣床在床身与立铣头之间还有转盘，可使主轴倾斜一定角度，用来铣削斜面。

立式升降台铣床装上面铣刀或立铣刀可加工平面、台阶、沟槽、多齿零件和凸轮表面等。

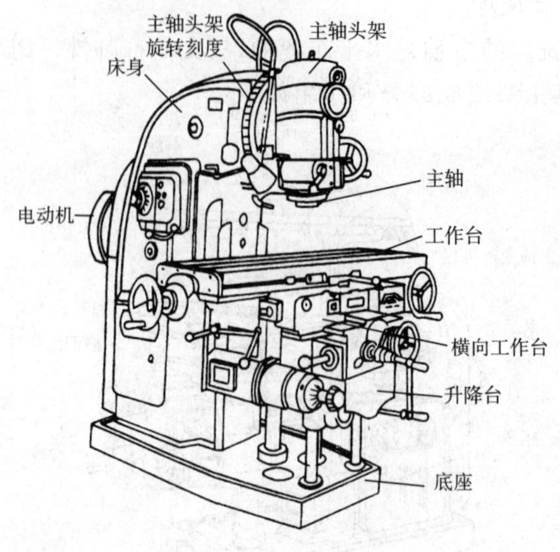

图 7-3　立式升降台铣床

7.2 铣　刀

7.2.1　铣刀的种类

铣刀是多刃的旋转刀具，它有许多类型，常见的铣刀类型见表 7-1。

表 7-1　常见的铣刀类型

铣刀种类	图　例	应　用
圆柱铣刀		用在卧铣上加工宽度不大的平面
面铣刀	机夹、焊接式　可转位刀片式	主要用在立铣上加工大平面，也可在卧铣上使用
立铣刀		主要用在立铣上加工沟槽、台阶，也可用于铣削平面和二维曲面

（续表）

铣刀种类	图 例	应 用
三面刃盘铣刀	直齿三面刃盘铣刀  错齿二面刃盘铣刀  硬质合金三面刃盘铣刀 	主要用于加工直槽，也可加工台阶面
锯片铣刀		用于铣削要求不高的窄槽和切断
键槽铣刀	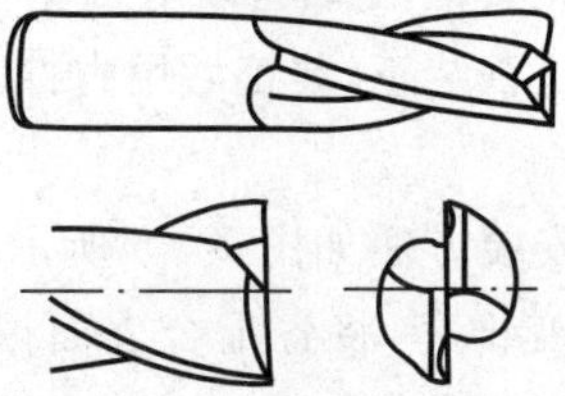	它与立铣刀形似，但只有两个刃瓣，端面切削刃直达中心。键槽铣刀兼有钻头和立铣刀的功能
角度铣刀	 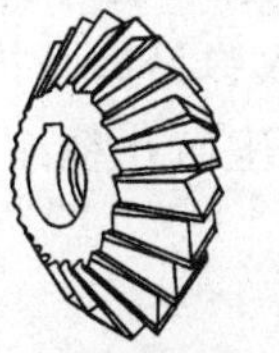 	用于铣角度槽（如 V 形槽、燕尾槽等）和斜面
铲齿成形铣刀	  	用于铣削各种成形表面

7.2.2 铣刀的安装

1. 带孔铣刀的安装

带孔铣刀多用短刀杆安装，而带孔铣刀中的圆柱形、圆盘形铣刀，多用长刀杆安装，如图 7-4 所示。长刀杆 6 一端有 7∶24 锥度与铣床主轴孔配合，并用拉杆 1 穿过主轴 2 将刀杆 6 拉紧，以保证刀杆 6 与主轴锥孔紧密配合。安装刀具 5 的刀杆部分，根据刀孔的大小分几种型号，常用的有 $\phi16$、$\phi22$、$\phi27$、$\phi32$ 等。

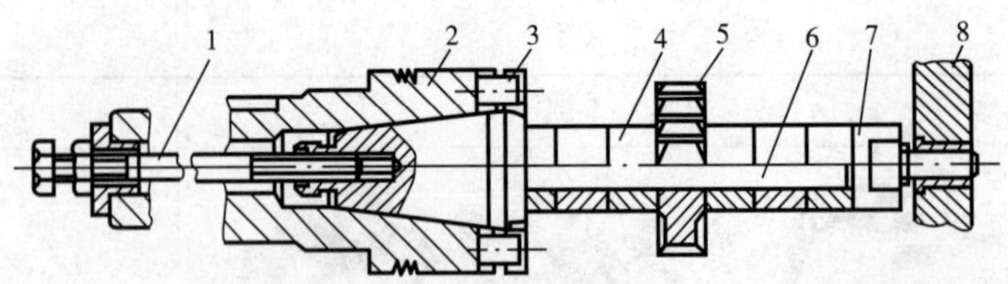

图 7-4　圆盘铣刀的安装

1—拉杆;2—主轴;3—端面;4—套筒;5—铣刀;6—刀杆;7—压紧螺母;8—吊架

用长刀杆安装带孔铣刀时应注意:

(1)在不影响加工的条件下,应尽可能使铣刀 5 靠近铣床主轴 2,并使吊架 8 尽量靠近铣刀 5,以保证有足够的刚性,避免刀杆 6 发生弯曲,影响加工精度。铣刀 5 的位置可用更换不同的套筒 4 的方法调整。

(2)斜齿圆柱铣刀所产生的轴向力应指向主轴轴承。

(3)套筒 4 的端面与铣刀 5 的端面必须擦干净,以保证铣刀端面与刀杆 6 轴线垂直。

(4)拧紧刀杆压紧螺母 7 时,必须先装上吊架 8,以防刀杆 6 受力弯曲。

(5)初步拧紧螺母,开车观察铣刀是否装正,装正后用力拧紧螺母。

2. 带柄铣刀安装

带柄铣刀又有锥柄和直柄之分。安装方法如图 7-5 所示。图 7-5a 为锥柄铣刀的安装,根据铣刀锥柄尺寸,选择合适的变锥套,将各配合表面擦净,然后用拉杆将铣刀和变锥套一起拉紧在主轴锥孔内。图 7-5b 为直柄铣刀的安装,这类铣刀直径一般不大于 20mm,多用弹簧夹头安装。铣刀的柱柄插入弹簧套孔内,由于弹簧套上面有三个开口,所以用螺母压弹簧套的端面,致使外锥面受压而孔径缩小,从而将铣刀抱紧。弹簧套有多种孔径,以适应不同尺寸的直柄铣刀。

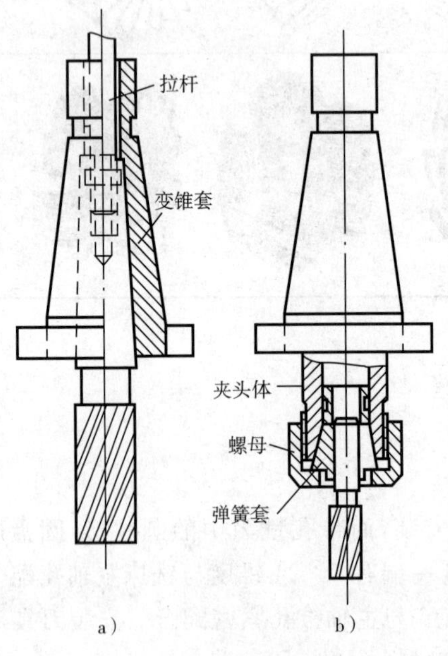

图 7-5　带柄铣刀安装

7.3　铣床附件及工件的安装

铣床的主要附件有机床用平口虎钳、回转工作台、分度头和万能铣头等。其中前 3 种附件用于安装零件,万能铣头用于安装刀具。当零件较大或形状特殊时,可以用压板、螺栓、垫铁和挡铁把零件直接固定在工作台上进行铣削。当生产批量较大时,可采用专用夹具或组合夹具安装零件,这样既能提高生产效率,又能保证零件的加工质量。

1. 机床用平口虎钳

机床用平口虎钳是一种通用夹具,也是铣床常用的附件之一,它安装使用方便,应用广泛,主要用于安装尺寸较小和形状简单的支架、盘套、板块、轴类零件。它有固定钳口和活动钳口,通过丝杠、螺母传动调整钳口间距离,以安装不同宽度的零件。铣削时,将平口虎钳固定在工作台上,再把零件安装在平口虎钳上,应使铣削力方向趋向固定钳口方向。

2. 压板螺栓

对于尺寸较大或形状特殊的零件,可视其具体情况采用不同的装夹工具固定在工作台上,安装时应先进行零件找正,如图 7-6 所示。

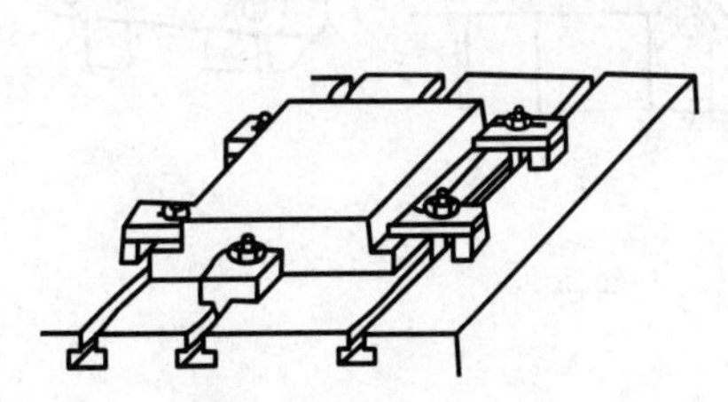

a）用压板螺钉和挡铁安装零件

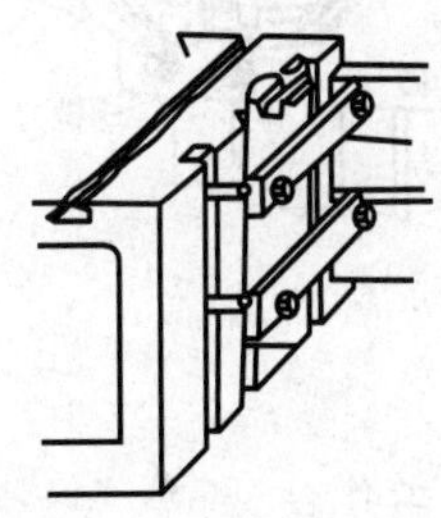

b）在工作台侧面用压板螺钉安装零件

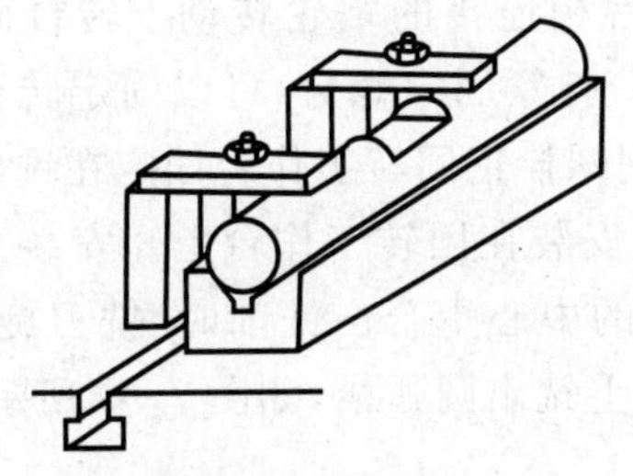

c）用V形铁安装轴类零件

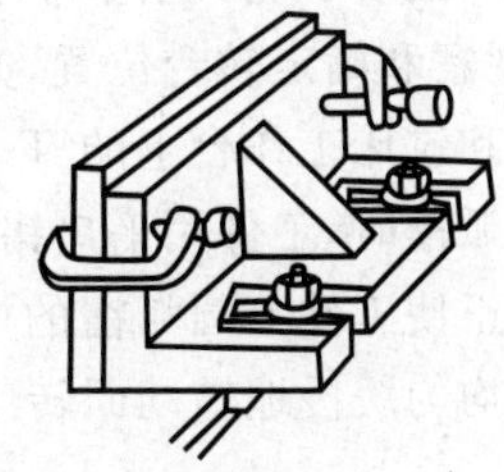

d）用角铁和C形夹安装零件

图 7-6　在工作台上安装零件

用压板螺栓在工作台安装零件时应注意以下几点:

(1)装夹时,应使零件的底面与工作台面贴实,以免压伤工作台面。如果零件底面是毛坯面,应使用铜皮、铁皮等使零件的底面与工作台面贴实。夹紧已加工表面时应在压板和零件表面间垫铜皮,以免压伤零件已加工表面。各压紧螺母应分几次交错拧紧。

(2)零件的夹紧位置和夹紧力要适当。压板不应歪斜和悬伸太长,必须压在垫铁处,压点要靠近切削面,压力大小要适当。

(3)在零件夹紧前后要检查零件的安装位置是否正确以及夹紧力是否得当,以免产生变形或位置移动。

(4)装夹空心薄壁零件时,应在其空心处用活动支撑件支撑以增加刚性,防止零件振动或变形。

3. 万能铣头

在卧式铣床上装上万能铣头,其主轴可以扳转成任意角度,能完成各种立铣的工作。万能铣头的外形如图 7-7 所示。

万能铣头的底座用螺栓固定在铣床的垂直导轨上。铣床主轴的运动通过铣头内的两对锥齿轮传到铣头主轴上。铣头的大本体可绕铣床主轴轴线偏转任意角度,如图 7-7b 所示。装有铣头主轴的小本体还能在大本体上偏转任意角度,如图 7-7c 所示。因此,万能铣头的主轴可在空间偏转成任意所需的角度。

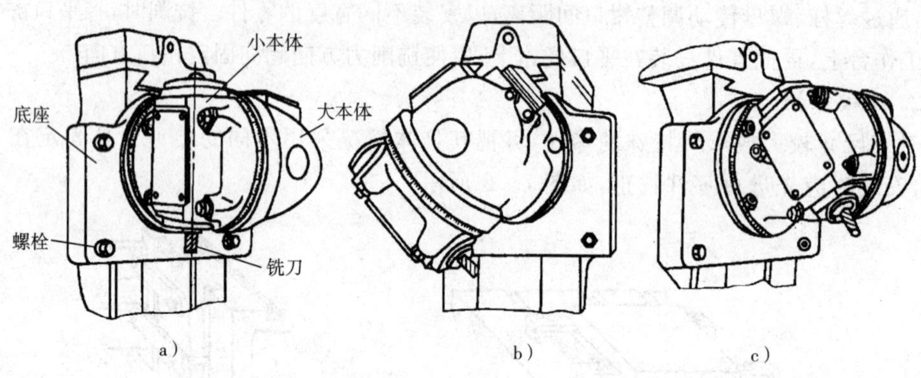

图 7-7 万能铣头

4. 回转工作台

回转工作台又称为圆形工作台、转盘和平分盘等,如图 7-8 所示。它的内部有一对蜗轮蜗杆。摇动手轮,通过蜗杆轴直接带动与转台相连接的蜗轮转动。转台周围有刻度,用于观察和确定转台位置,亦可进行分度工作。拧紧固定螺钉,可以固定转台。当底座上的槽和铣床工作台上的 T 形槽对齐后,即可用螺栓把回转工作台固定在铣床工作台上。铣圆弧槽时,工件用平口钳或三爪自定心卡盘安装在回转工作台上。安装工件时必须通过找正使工件上圆弧槽的中心与回转工作台的中心重合。铣削时,铣刀旋转,用手(或机动)均匀缓慢地转动回转工作台,即可在工件上铣出圆弧槽,如图 7-9 所示。

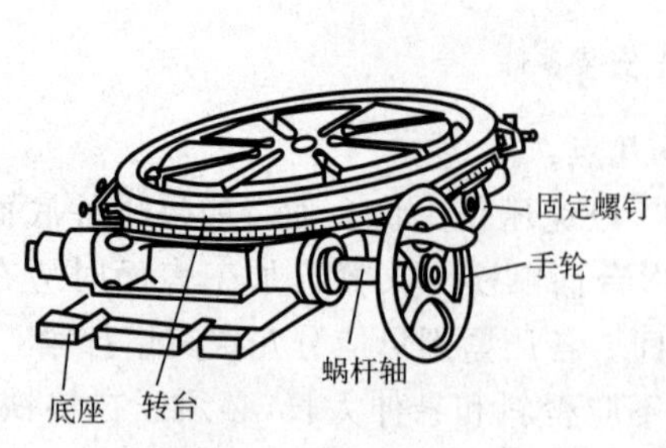

图 7-8 回转工作台

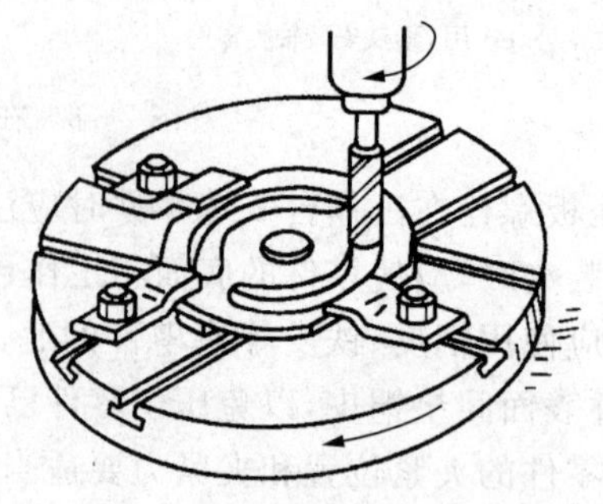

图 7-9 在回转工作台上铣圆弧槽

5. 分度头

在铣削加工中，常会遇到铣六方、齿轮、花键和刻线等工作。这时，工件每铣过一面或一个槽之后，需要转过一个角度，再铣削第二面或第二个槽，这种工作叫做分度。分度头是分度用的附件，其中万能分度头最为常见。

(1)万能分度头的构造

万能分度头的结构如图 7－10 所示。分度头的底座用 T 形槽螺栓固定在铣床工作台上，在回转体内装有主轴和传动机构。回转体能绕底座的环形导轨扳转一定角度：向下≤60°，向上≤90°，以便将主轴扳转到所需的加工位置。主轴的前端有锥孔，可安装前顶尖。前端的外面还有短锥面，可以安装三爪卡盘。主轴的后端也有锥孔，用来安装差动分度所需的挂轮轴。挂轮轴在差动分度和铣螺旋槽时用来安装配换齿轮。分度盘上有多圈同心圆的孔眼，以便分度时与定位销配合作定度用。工件装在分度头上可用双顶尖支承，也可用三爪卡盘和尾架顶尖支承。当工件较长时，可用千斤顶支撑以提高其刚性，如图 7－11 所示。

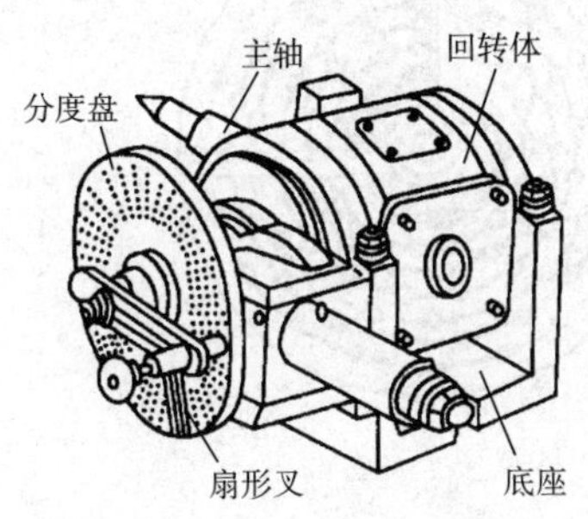

图 7－10　万能分度头构造

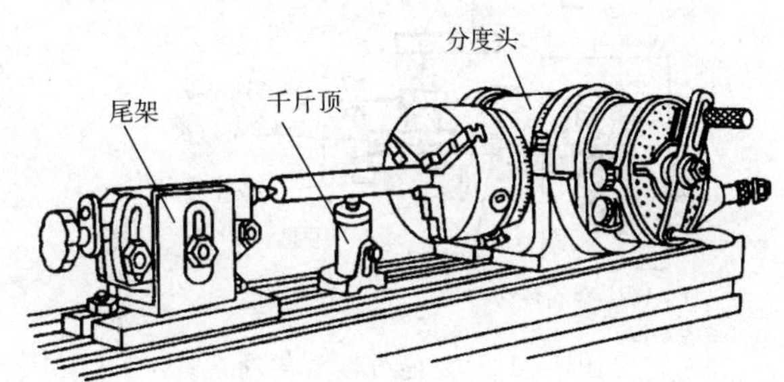

图 7－11　用分度头安装工件

(2)简单分度

万能分度头的传动系统如图 7－12 所示。在作简单分度时，用锁紧螺钉将分度盘的位置固定，拔出定位销，然后转动手柄，通过分度头中的传动机构，使主轴和工件一起转动。手柄转一圈，分度头主轴转 1/40 周，相当于工件作 40 等分。若要将工件作 z 等分，则手柄(定位销)的转数 n 为

$$n=\frac{40}{z}$$

例如铣齿数 $z=35$ 的齿轮，每次分齿时手柄转数为

$$n=\frac{40}{z}=\frac{40}{35}=1\frac{1}{7}$$

也就是说，每分一齿，手柄需转过一整圈再多摇过 1/7 圈。这 1/7 圈一般通过分度盘来控制，分度盘如图 7－13 所示。FW125 型万能分度头备有三块分度盘，每块分度盘有 8 圈孔，孔数分别为：

第一块：16、24、30、36、41、47、57、59；

第二块：23、25、28、33、39、43、51、61；

第三块:22、27、29、31、37、49、53、63。

如上例,$1\frac{1}{7}$圈要选一个是 7 的倍数的孔圈。现选 28 孔的孔圈。$1\frac{1}{7}$转圈是在转 1 圈后,再在 28 孔的孔圈上转过 4 个孔距,转 4 个孔距可用分度叉(图 7-13)来限定。调节两块分度叉 1、2 的夹角,使它俩之间包含 28 孔孔圈的 4 个孔距。分度时,拔出定位销,用手转动手柄,使定位销转过 1 圈又 4 个孔距后插入分度盘即可。作过一次分度后.必须顺着手柄转动方向拨动分度叉,以备下次分度时使用。

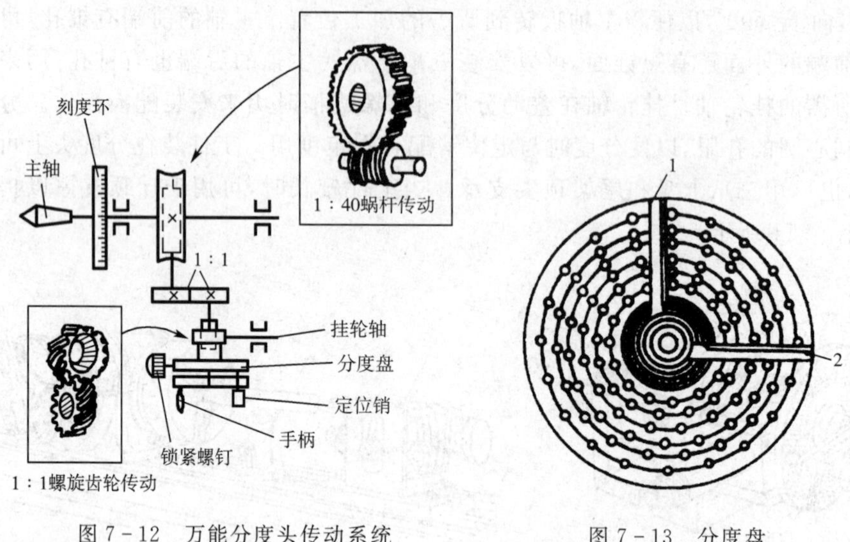

图 7-12　万能分度头传动系统　　　　图 7-13　分度盘

由于分度盘上的孔圈数目是有限的,当分度数大于 66,而个位数又是 1、3、7、9 时,由于找不到适合的孔圈,因此无法使用简单分度法,此时就需要使用差动分度法。

6. 用专用夹具安装

专用夹具是根据某一零件的某一工序的具体加工要求而专门设计和制造的夹具。常用的有车床类夹具、铣床类夹具、钻床类夹具等,这些夹具有专门的定位和夹紧装置,零件无须进行找正即可迅速、准确地安装,既提高了生产率,又可保证加工精度。但设计和制造专用夹具的费用较高,故其主要用于成批大量生产。

7.4　铣削的应用

7.4.1　铣削方式

铣削有周铣与端铣之分。端铣是用端铣刀的端面齿刃进行铣削;周铣是用铣刀的周边齿刃进行铣削。一般说来,端铣同时参与切削的刀齿数较多,切削比较平稳;且可用修光刀齿修光已加工表面;刚性较好,切削用量可较大。所以,端铣在生产率和表面质量上均优于周铣，在较大平面的铣削中多使用端铣。周铣常用于平面、台阶、沟槽及成型面的加工。

周铣又有顺铣与逆铣两种方式。在铣刀与工件已加工面的切点处，铣刀旋转切削刃的运动方向与工件进给运动方向相同的铣削称为顺铣；反之称为逆铣，如图 7-14 所示。

逆铣时，每个刀齿的切削厚度是从零增大到最大值，因此铣刀刀齿切入工件的初期，要在滑行一段距离后，才能切入工件。这样使后刀面磨损加重，同时还会影响已加工表面的质量。另外刀齿对工件作用一个向上的垂直分力。在顺铣时，没有上述缺点。但顺铣时忽大忽小的水平切削分力与工件进给运动是同方向的，工作台进给丝杠与固定螺母间，一般都有间隙，这会造成工作时的窜动和进给量的不均匀，以致引起啃刀或打刀，甚至损坏机床等事故。

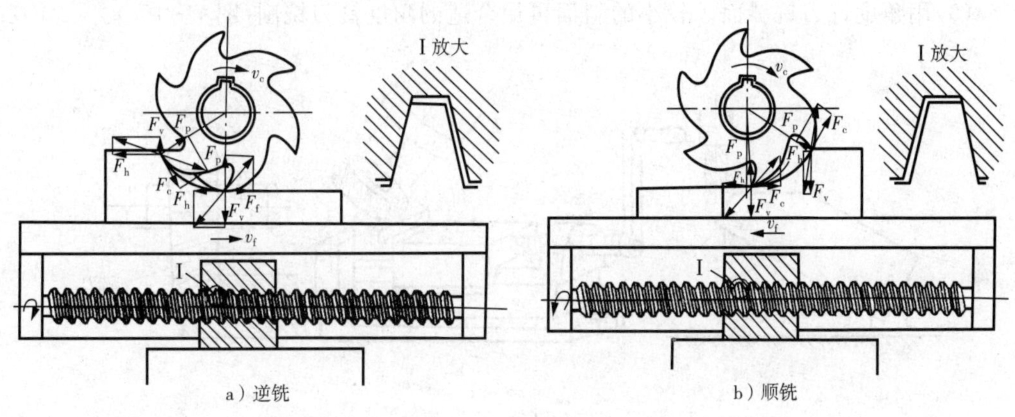

图 7-14　顺铣和逆铣

7.4.2　铣平面

在铣床上铣削平面可在卧式铣床上加工，也可在立式铣床上加工。在卧式铣床上多用圆柱铣刀铣水平面，立式铣床上常用面铣刀和立铣刀铣削平面。

铣削操作的方法和顺序是：开车→对刀调整铣削深度→试切→自动或手动进给→进给完毕后退刀→停车检验→合格后卸下工件。其中关键是对刀调整铣削深度，其具体方法是：使工件处于旋转的铣刀下→使铣刀刚划着工件表面→将工件退出，离开铣刀→调整铣削深度切削工件。

铣削时应注意：

◆ 铣削前应检查铣刀安装、工件装夹、机床调整等是否正确，特别要注意观察圆柱铣刀的旋向是否使刀刃从前面切入，当用斜齿圆柱铣刀时，刀具受到的轴向分力是否指向主轴等。如有问题，应及时调整。

◆ 测量工件尺寸时，务必使铣刀停止旋转，必要时，还需使工件退离铣刀，以免铣刀划伤量具。

◆ 铣削过程中不能停止工作台进给，而使铣刀在工件某处旋转，否则会发生“啃刀”现象。

◆ 铣削过程中，不使用的进给机构应及时锁紧，工作完毕后及时松开。

◆ 端铣时转速很高，要求刀具装夹牢固，并防止切屑飞出伤人。

7.4.3 铣斜面

有斜面的工件很常见，铣削斜面的方法很多，常用的几种方法如图 7－15 所示。

(1)使用倾斜垫铁铣斜面。在零件基准的下面垫一块倾斜的垫铁，则铣出的平面就与基准面倾斜。改变倾斜垫铁的角度，即可加工出不同角度的斜面(图 7－15a)。

(2)用万能铣头铣斜面。由于万能铣头可方便地改变刀轴的空间位置，通过扳转铣头使刀具相对工件倾斜一个角度便可铣出所需的斜面(图 7－15b)。

(3)用角度铣刀铣斜面。较小的斜面可用合适的角度铣刀铣削(图 7－15c)。

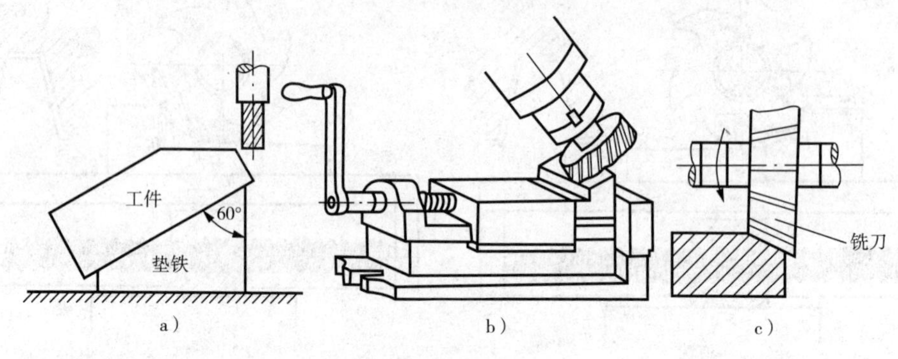

图 7－15 铣斜面

(4)利用分度头铣斜面。在一些圆柱形和特殊形状的零件上加工斜面时，可利用分度头将工件转成所需角度铣出斜面。

当加工零件批量较大时，常采用专用夹具铣斜面。

7.4.4 铣沟槽

槽类零件的加工是铣削工艺的主要内容之一。铣床上能加工的槽的种类很多，如键槽、花键槽、各类直角沟槽、角度槽、T 形槽、燕尾槽等。这些沟槽是利用不同的铣刀(如键槽铣刀、圆盘铣刀、T 形槽铣刀和角度铣刀等)加工的。

以铣键槽为例，轴上键槽有通槽、半通槽和封闭槽等。铣削轴上通槽和槽底一端为圆弧的半通槽时，一般用三面刃铣刀或盘形槽铣刀。铣刀的厚度应与槽的宽度相等或略小，对于要求严格的工件，应采用铣削试件的方法来确定铣刀的厚度。通槽也可以用键槽铣刀铣削，但其效率不及三面刃铣刀高。铣半通槽所选铣刀的半径应与图样上槽底圆弧半径一致。

铣削轴上的封闭槽和槽底一端为直角的半通槽时，应选用键槽铣刀，铣刀直径应与槽的宽度一致。当槽宽尺寸精度要求较高时，需经铣削试件检验后确定铣刀。

用立铣刀铣封闭键槽时，需先用钻头钻出落刀孔，然后再用立铣刀纵向进给工件铣全槽，落刀孔的钻头直径应略小于槽宽。

7.4.5　齿形加工

齿形加工是齿轮加工的核心和关键，齿轮齿形加工的方法主要有成形法和展成法两种。

1. 成形法

成形法是用于齿轮齿槽形状相符的成形刀具切出齿形的方法，如铣齿、拉齿等，其中铣齿应用最广。

铣齿是利用成形铣刀在铣床上加工齿轮齿形的方法，如图 7-16 所示。铣削时，铣刀作旋转运动（主运动），齿坯安装在心轴上，心轴装在分度头顶尖与尾架顶尖间。工件随工作台作纵向进给运动。每铣完一个齿槽，工件退回，按齿数进行分度，再铣下一个齿槽。

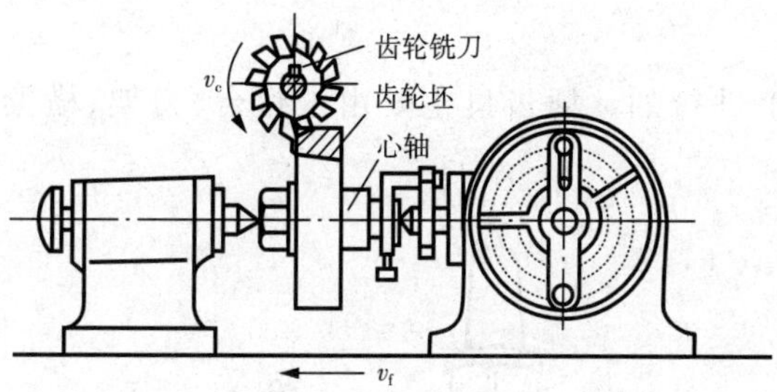

图 7-16　成形铣刀齿轮铣齿轮

铣齿所用的铣刀有盘状铣刀和指状铣刀。盘状铣刀用于铣模数 $m<8$ 的齿轮，在卧式铣床上铣削（图 7-17a）；指状铣刀用于铣削模数 $m>8$ 的齿轮，在立式铣床上铣削（图 7-17b）。

铣齿具有如下特点：

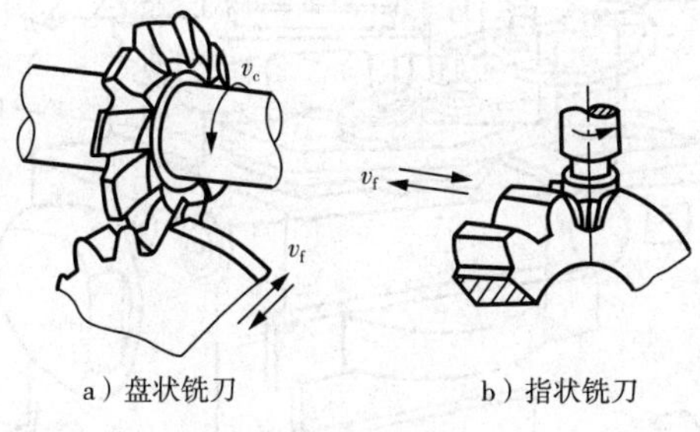

图 7-17　铣齿

◆ 成本低。铣齿可在普通铣床上进行，刀具简单。

◆ 生产率较低。铣刀每切一个齿槽，都要重复消耗切入、切出、退刀以及分度等辅助时间。

◆ 精度较低。因为铣削模数相同而齿数不同的齿轮所用的铣刀一般只有 8 把，每号铣刀有它规定的铣齿范围(见表 7-2)。每号铣刀的刀齿轮廓只与该号数范围内的最少齿数齿槽的理论轮廓相一致,而对其他齿数的齿轮只能获得近似齿形。因此,铣齿的齿轮精度只能达到 11～9 级。

表 7-2 齿轮铣齿齿数范围和刀号

刀号	1	2	3	4	5	6	7	8
齿数范围	12～13	14～16	17～20	21～25	26～34	35～54	55～134	≥135 及齿条

因此,铣齿一般用于加工直齿、斜齿和人字圆柱齿轮及齿条等,仅适用于单件或小批量生产,或是维修中加工低精度的低速齿轮。

2. 展成法

展成法也称包络法,它利用齿轮刀具与被切齿轮的啮合运动,在专门齿轮加工机床上切出齿形的一种方法,它比成形法应用广泛。插齿和滚齿是展成法中最常用的两种方法。

(1)插齿

插齿是在插齿机上进行的。插齿机主要由工作台、刀架、横梁和床身等组成,如图 7-18所示。

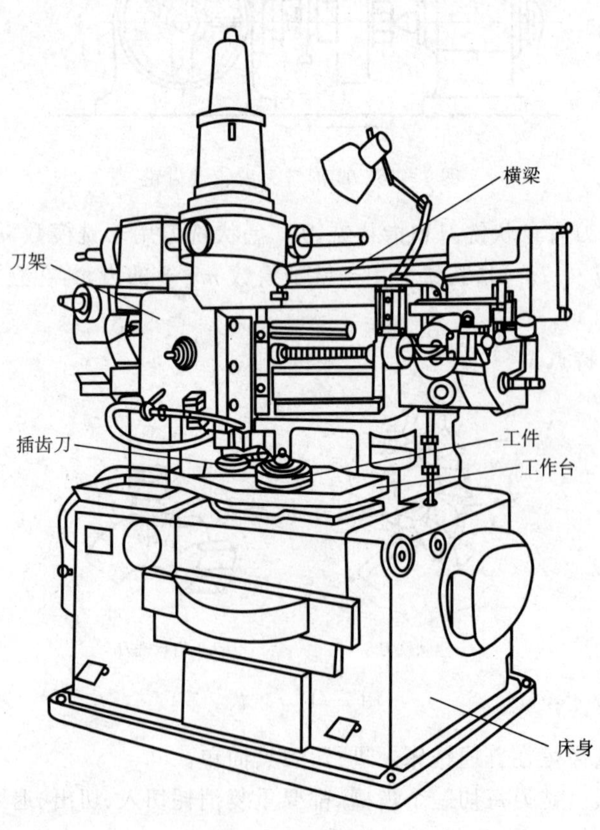

图 7-18 插齿机

① 插齿加工原理

插齿加工原理类似于一对轴线平行的圆柱齿轮啮合，其中一个是齿坯，另一个是在端面磨有前角，齿顶及齿侧均磨有后角的齿轮。在加工过程中，刀具每往复运动一次，仅切出齿槽很小一部分，工件齿槽的齿形曲线是由插齿刀刃多次切削的包络线形成的，如图 7－19 所示。

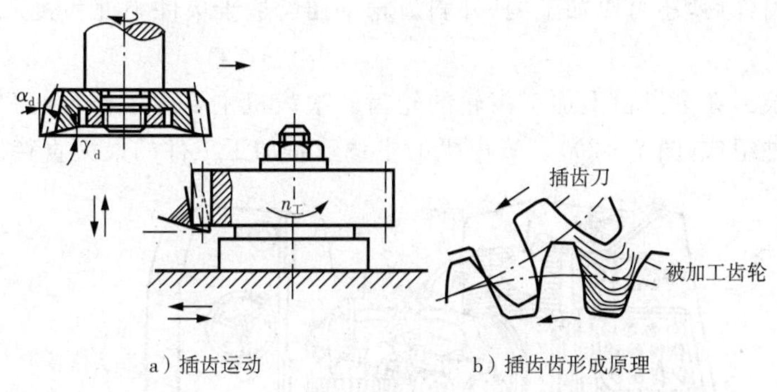

a）插齿运动　　b）插齿齿形成原理

图 7－19　插齿加工原理及运动

② 插齿运动

插齿时，机床必须具备以下几个运动：

◆ 主运动。插齿刀的上下往复直线运动。

◆ 分齿运动。插齿刀与齿坯间强制保持一对齿轮啮合速比关系的运动。在这一运动中，插齿刀刀齿的切削刃，包络形成齿轮的轮齿（图 7－19b），并连续地进行分度。如果插齿刀的齿数为 z_0，被切齿轮的齿数为 z_w，则插齿刀转速与被切齿轮转速 n_w 之间，应严格保证如下关系：

$$n_w / n_0 = z_0 / z_w$$

◆ 径向进给运动。在分齿运动的同时，为切至全齿深，插齿刀逐渐向齿坯中心移动的运动，用每往复行程一次径向移动的距离表示（mm/str）。刀齿切至全齿深后，齿坯再回转一周，即可完成加工。

◆ 圆周进给运动。插齿刀每往复一次，在分度圆周上所转过的弧长称为圆周进给量，它决定每次行程金属的切除量和形成包络线的切线数目，直接影响齿面的粗糙度。

◆ 让刀运动。为避免插齿刀在返回行程中擦伤已加工表面和加剧刀具的磨损，应使工作台沿径向让开一段距离；当切削行程开始前，工作台又恢复原位。工作台所作的这种短距离的往复运动，称为让刀运动。

③ 插齿的特点及应用

◆ 加工质量与滚齿相近。插齿的精度和表面粗糙度与滚齿相同。但由于插齿机运动链较复杂，故插齿的运动精度比滚齿低。另外，插齿刀制造和刃磨较为方便，齿形较精确，插齿时，插齿刀沿轮齿全长连续切削，包络齿形的切线数量较多，因而齿形精度比滚齿高，齿面粗糙度小。

◆ 加工齿轮齿数的范围较大。同一模数的插齿刀，可以加工模数相同而齿数不同的圆柱齿轮。

◆ 生产率较滚齿低，但比铣齿高。插齿刀作直线往复运动，速度提高受到冲击和惯性力的限制，且有空回程，所以一般情况下，生产率低于滚齿。但插齿的分齿运动是在切削过程中连续进行的省去了铣齿时的分度时间，所以生产率高于铣齿。

插齿可以加工内、外直齿圆柱齿轮以及相距很近的多联齿轮或带有台肩的齿轮。在插齿机上安装附件后，还可以加工内、外斜齿轮。插齿适于单件小批和大批大量生产。

(2)滚齿

滚齿是用滚刀在滚齿机上加工齿轮的轮齿。滚齿机主要由工作台、刀架、支撑架、立柱和床身等部件组成(图 7－20)。滚齿机的主参数是加工工件的最大直径。

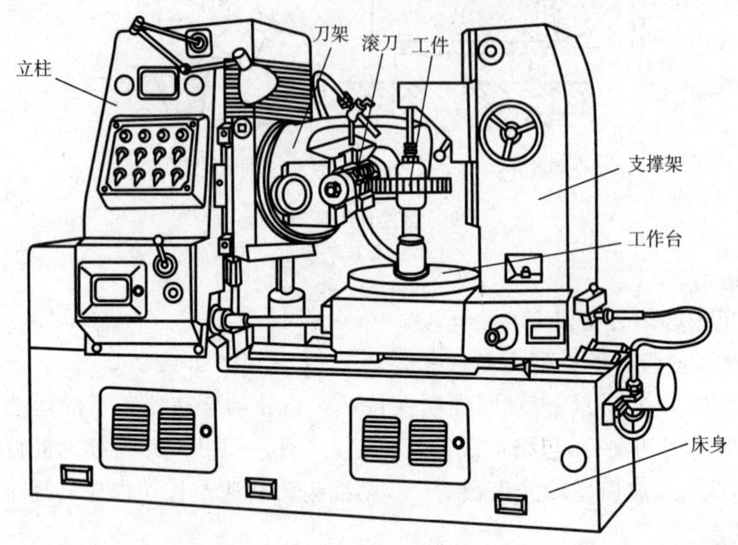

图 7－20　滚齿机

① 滚齿加工原理

滚齿加工原理相当于一对圆柱螺旋齿轮啮合。滚刀相当于一个齿数很少、螺旋角很大、齿面很长的螺旋齿轮。由于滚刀的齿面绕轴线几周，因而成为蜗杆状。

② 滚齿运动

滚齿加工需要以下三个运动：

◆ 主运动。滚刀的旋转运动。

◆ 分齿运动。滚刀与齿坯间强制保持一对螺旋齿轮啮合速比关系的运动。若滚刀的头数为 k，被切齿坯的齿数为 z_w，则滚刀转速 n_0 与齿坯转速 n_w 之间，应严格保证如下关系：

$$n_w / n_0 = k / z_w$$

◆ 轴向进给运动。为了切出全齿宽，滚刀需沿齿坯轴线向下运动，工件每转一转滚刀移动的距离，称为轴向进给量。当全部轮齿沿齿宽方向都滚切完毕后，轴向进给停止，加工完成。

③ 滚齿的特点及应用

◆ 加工精度与插齿基本相同。滚齿机分齿传动链比插齿机简单，传动误差小，故分齿精度比插齿高。但滚刀制造、刃磨和检验比插齿刀困难，不易制造得准确，所以滚切出的齿形精度比插齿稍低。因此，滚齿和插齿的精度基本相同。

◆ 粗糙度比插齿大。滚齿时，因形成齿形包络线的切线数受容屑槽数的限制，一般比插齿少。并且滚齿时，齿宽是由滚刀多次断续切削而成的。所以，滚齿齿面粗糙度值比插齿大。

◆ 加工齿轮齿数的范围较大。与插齿一样，同一模数的滚齿刀，可以加工模数相同而齿数不同的圆柱齿轮。

◆ 生产率比插齿、铣齿高。滚齿为连续切削，无空行程，且滚刀为旋转运动。所以滚齿生产率比插齿、铣齿高。

滚齿可以加工直齿、斜齿圆柱齿轮和蜗轮，但不能加工内齿轮和相距很近的多联齿轮。适于各种生产批量，在齿轮齿形的加工中，应用最广。

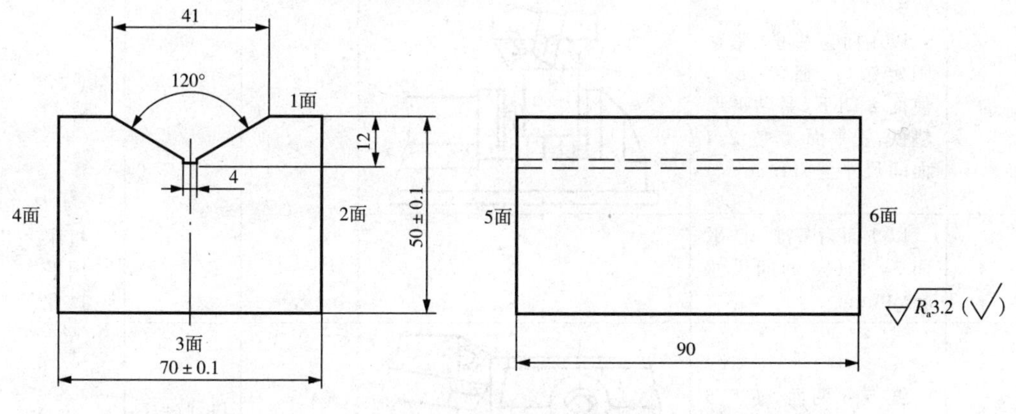

图 7 - 21　V 形块

7.5　铣削综合工艺举例

现以图 7 - 21 所示 V 形块为例，讨论其单件小批量生产时的操作步骤，见表 7 - 3。

表 7 - 3　V 形块的铣削步骤

序号	加工内容	加工简图	刀 具	设 备	装夹方法
1	将 3 面紧靠在平口虎钳导轨面上的平行垫铁上，即以 3 面为基准，零件在两钳口间被夹紧，铣平面 1，使 1、3 面间尺寸至 52mm		ϕ110mm 硬质合金镶齿端铣刀	立式铣床	机床用平口虎钳

（续表）

序号	加工内容	加工简图	刀具	设备	装夹方法
1	将3面紧靠在平口虎钳导轨面上的平行垫铁上，即以1面为基准，零件在两钳口间被夹紧，铣平面1，使1、3面间尺寸至52mm	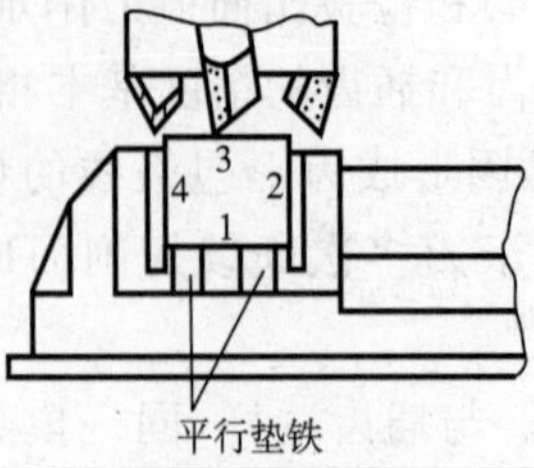 3 2 4 1 平行垫铁	φ110mm 硬质合金镶齿端铣刀	立式铣床	机床用平口虎钳
2	以1面为基准，紧贴固定钳口，在零件与活动钳口间垫圆棒，夹紧后铣平面2，使2、4面间尺寸至72mm	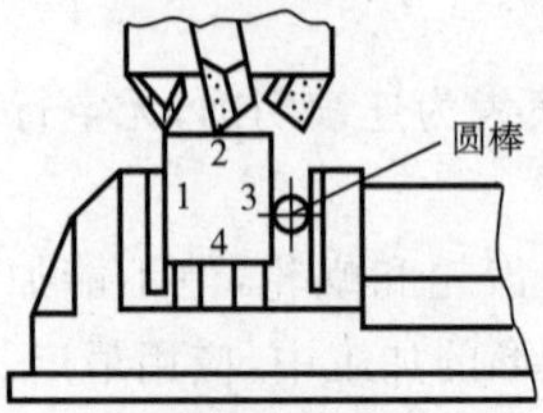 2 1 3 4 圆棒			
3	以1面为基准，紧贴固定钳口，翻转180°，使面2朝下，紧贴平形垫铁，铣平面4，使2、4面间尺寸至70mm	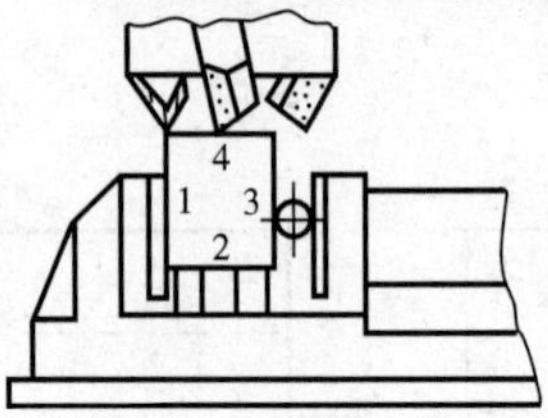 4 1 3 2			
4	以1面为基准，铣平面3，使1、3面间尺寸至50mm				
5	铣5、6两面，使5、6面间尺寸至90mm	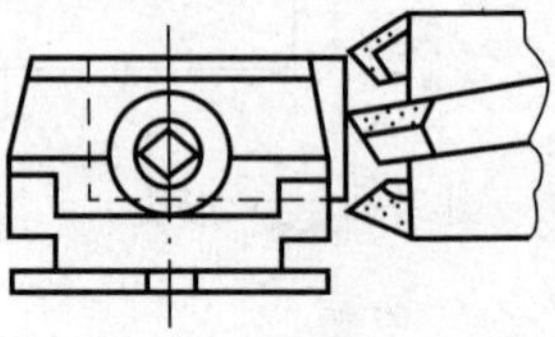		卧式铣床	
6	按划线找正，铣直槽，槽宽4，深为12mm	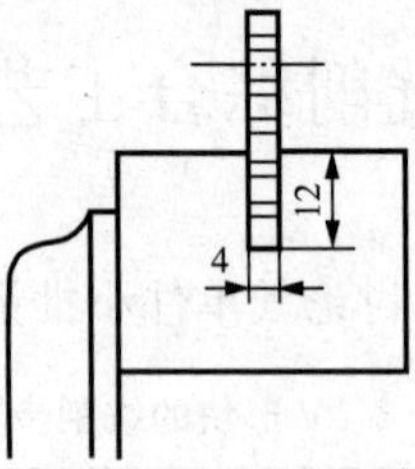 12 4	切槽刀	卧式铣床	
7	铣V形槽至尺寸41mm	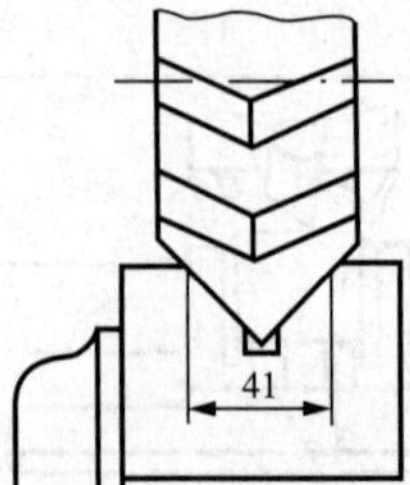 41	角度铣刀		

【实训安排】

时　间		内　容
第一天	1.5 小时	讲解及示范 (1)安全知识及实训要求； (2)铣床的组成、运动、型号及用途； (3)分度头的原理及使用； (4)示范铣削平面、六边形、键槽
	4.5 小时	学生独立操作
第二天	1 小时	讲解及示范 (1)齿形加工方法、特点及应用； (2)铣削正齿轮加工步骤； (3)示范铣削齿轮
	5 小时	学生独立操作

复习思考题

7－1　你在实习所用铣床的型号是：＿＿＿＿＿＿＿＿。铣床的主运动是＿＿＿＿＿＿＿＿，进给运动是＿＿＿＿＿＿＿＿。请在下图卧式铣床的示意图中，标出各部分名称。

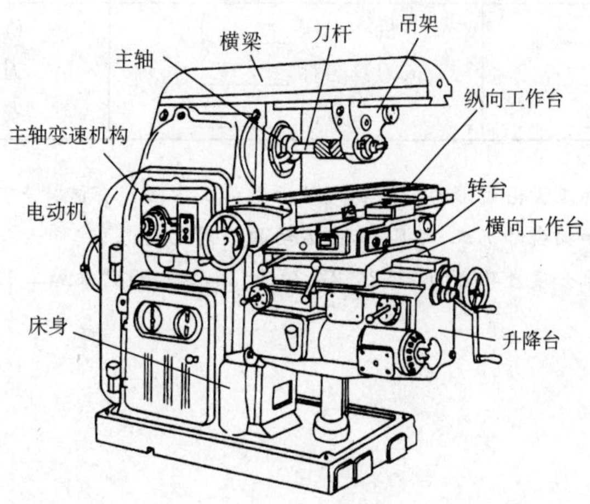

7－2　铣床的主轴和车床主轴都作旋转运动，请举出既能在车床上又能在铣床上加工的表面，并分析各自的主运动和进给运动。

7－3　利用卧式铣床和立式铣床都能加工平面，试比较其优缺点和各自适用场合。

7－4　铣床的主要附件有哪几种？各自适用场合如何？你在实习时工件如何安装？

7－5　选择铣削下面各零件表面所用的铣床、刀具和安装方法。

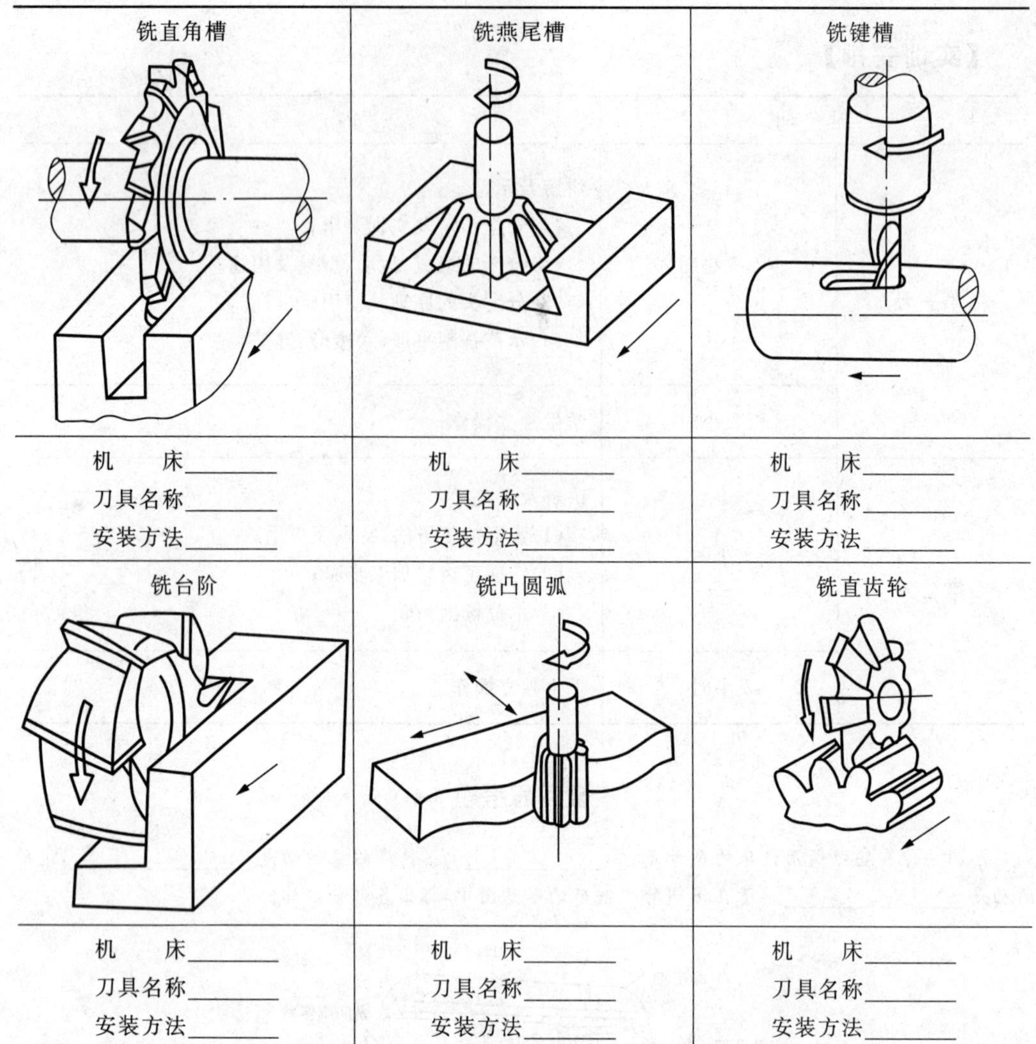

铣直角槽	铣燕尾槽	铣键槽
机　　床________ 刀具名称________ 安装方法________	机　　床________ 刀具名称________ 安装方法________	机　　床________ 刀具名称________ 安装方法________
铣台阶	铣凸圆弧	铣直齿轮
机　　床________ 刀具名称________ 安装方法________	机　　床________ 刀具名称________ 安装方法________	机　　床________ 刀具名称________ 安装方法________

7-6　用齿轮铣刀加工齿轮齿形的方法属哪种齿形加工方法？有何特点？

7-7　试分析滚齿和插齿时机床、刀具、工件运动的异同之处。

7-8　万能分度头上分度盘孔数为 21、24、27、30 和 32，欲利用它来加工 18 齿的齿轮，如何分度？

第 8 章　磨工及刨工

【实训要求】

(1)了解磨削加工的基本知识。

(2)了解外圆磨床、平面磨床的组成及功用。

(3)了解外圆磨削、平面磨削、内圆磨削的工作特点。

(4)了解刨削加工的基本知识。

(5)了解刨床的类别及应用。

【安全文明生产】

(1)要穿工作服,并戴安全帽,不能戴手套,不得穿凉鞋进入车间。

(2)应根据工件材料、硬度及磨削要求,合理选择砂轮。新砂轮要用木锤轻敲检查是否有裂纹,有裂纹的砂轮严禁使用。

(3)开机前应检查磨床的机械、砂轮罩壳等是否坚固;防护装置是否齐全。启动砂轮时人不应正对砂轮站立。

(4)砂轮应经过 2min 空运转试验,确定砂轮运转正常时才能开始磨削。

(5)干磨的磨床在修整砂轮时要戴口罩并开启吸尘器。

(6)外圆磨床纵向挡铁的位置要调整得当,要防止砂轮与顶尖、卡盘、轴肩等部位发生撞击。

(7)使用卡盘装夹工件时,要将工件夹紧,以防脱落。卡盘钥匙用后应立即取下。

(8)在头架和工作台上不得放置工、量具及其他杂物。

(9)在平面磨床上磨削高而窄的工件时,应在工件的两侧放置挡块。

(10)使用切削液的磨床,使用结束后应让砂轮空转 1min～2min 脱水。

(11)机床运转时,禁止装卸工作、调整刀具、测量检查工件和清除切屑。运行时,操作人员不得离开工作岗位。

(12)刨床运行前,应检查和清理遗留在刨床工作台面上的物品,不得随意放置工具或其他物品,以免刨床开动后发生意外伤人。并应检查所有手柄和开关及控制旋钮是否处于正确位置。暂时不使用的其他部分,应停留在适当位置,并使其操纵或控制系统处于空挡位置。

(13)注意安全用电,不得随意打开电气箱。操作时如发现电气故障应请电工维修。

(14)实习中应注意文明操作,要爱护工具、量具、夹具,保持其清洁和精度完好;要爱护图纸和工艺文件。

(15)要注意实习环境文明,做到实习现场清洁、整齐、安全、舒畅。还要做到现场无杂物、无垃圾、无切屑、无油迹、无痰迹、无烟头。

【讲课内容】

8.1 磨 削

在磨床上用砂轮对工件表面进行切削加工的方法称为磨削加工。它是零件精密加工的主要方法之一,尺寸公差等级一般可达 IT6~IT5,高精度磨削可超过 IT5,表面粗糙度 Ra 值一般为 0.8~0.2μm,低粗糙度的镜面磨削可使 R_a 值小于 0.01μm。

磨削与其他加工方法相比,可以获得较高的精度和较低的表面粗糙度、可以加工用其他刀具无法加工的硬材料,且砂轮有自锐作用,但径向分力较大、磨削温度高,因此,磨削加工主要用于零件的内外圆柱面、内外圆锥面、平面、成形表面(如齿轮、螺纹、花键)的精加工,如图 8-1 所示。

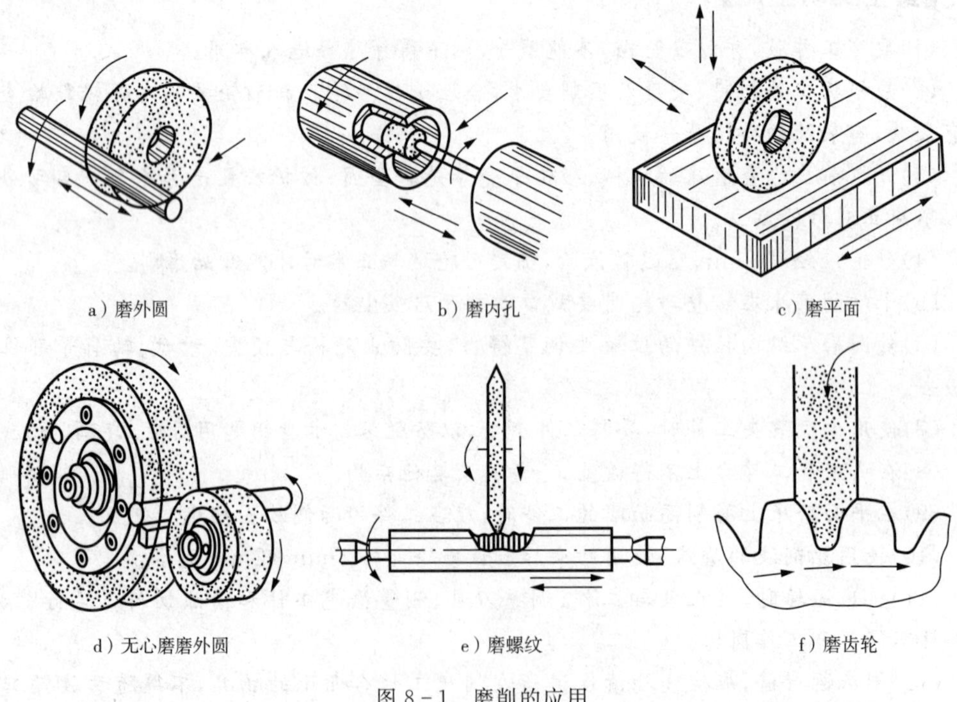

图 8-1 磨削的应用

8.1.1 磨床

磨床的种类很多,常用的有外圆磨床、内圆磨床和平面磨床等。

1. 外圆磨床

用于磨削外圆的磨床有普通外圆磨床、万能外圆磨床和无心外圆磨床等，其中万能外圆磨床是应用最广泛的磨床。

图 8－2 是 M1432A 型万能外圆磨床的外形图，其主要部件组成如下：

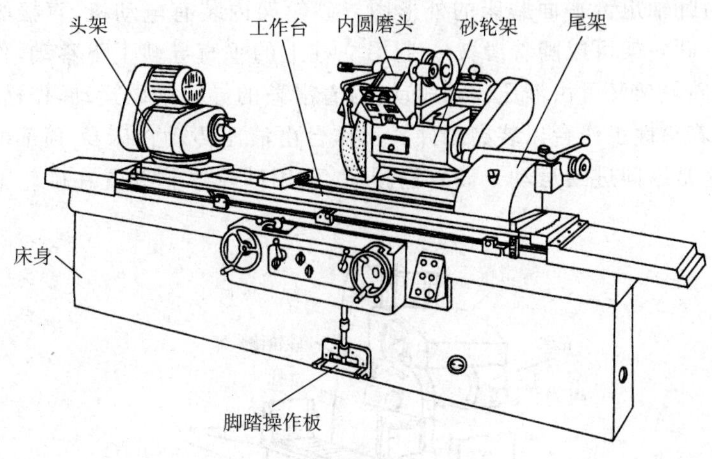

图 8－2　万能外圆磨床

(1)床身。床身是磨床的基础支撑件，它为 T 字形，在前部有纵向导轨，供工作台纵向进给用；在后部有横向导轨，供砂轮架横向进给用。床身内部装有液压传动系统。床身前侧安装着液压操纵箱。

(2)头架。头架安装在工作台顶面的左端，用于安装及夹持工件，并带动工件旋转。头架在水平面内可按逆时针方向转 90°，以适应卡盘夹持工件磨削锥体和端面的需要。

(3)尾架。尾架安装在工作台顶面的右端，用后顶尖和头架的前顶尖一起支承工件。为适应不同长度工件的需要，尾架在工作台上的位置可以左右移动进行调节。尾架套筒在装卸工件时的退回，可以手动，也可以液动。用脚踏操纵板就能液动。

(4)工作台。工作台由上下两层组成，上工作台可相对下工作台在水平面内扳转一定角度(≤±10°)，以便磨削锥度不大的长外圆锥面。下工作台下面固定着液压传动的液压缸和齿条，通过液压传动，使下工作台带动上工作台一起作机动纵向进给；通过手轮、齿轮和齿条，可手动纵向进给或作调节用。

(5)砂轮架。砂轮架用于支撑并传动高速旋转的砂轮主轴。砂轮架可作自动间歇的横向进给或手动横向进给，以及作快速趋近和离开工件的横向移动。当需磨削短圆锥面时，砂轮架可以在水平面内调整至一定角度位置(±10°)。

(6)内圆磨头。内圆磨头以铰链方式安装在砂轮架的前上方，需要磨孔时翻下来(图 8－3)，不用时翻向上方(图 8－2)。内圆磨头由单小型电动机驱动，转速为每分钟几千转到几万转。

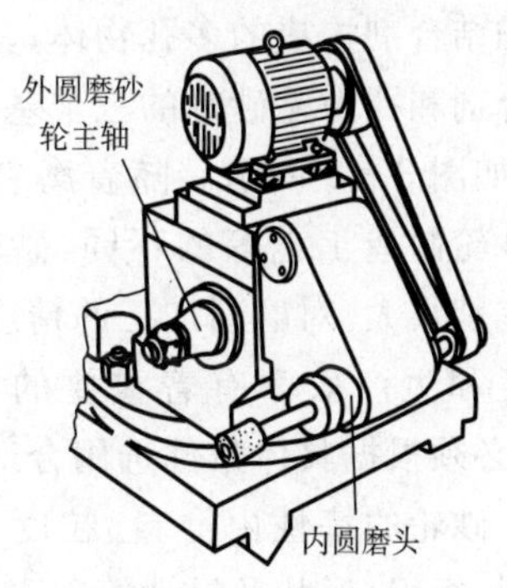

图 8－3　内圆磨头

万能外圆磨床可用于内外圆柱表面、内外圆锥表面的精加工，虽然生产率较低，但由于其通用性较好，被广泛用于单件小批生产车间、工具车间和机修车间。

2. 平面磨床

平面磨床主要用于磨削各种工件的平面。

图 8-4 为卧轴矩台平面磨床的外形图。砂轮架内装有电动机，直接驱动砂轮轴旋转，作主运动。砂轮架可以随着滑鞍一起沿立柱上的垂直导轨上下移动，作调节位置或切入运动用。砂轮架又可由液压传动驱动，沿着滑鞍的导轨间歇运动，作横向进给运动。工作台上安装着磁性工作台以装夹工件。工作台由液压传动在床身顶部的导轨上作直线往复运动，这是纵向进给运动。砂轮磨损后，可用砂轮修整装置在砂轮架横向往复运动中修整砂轮。

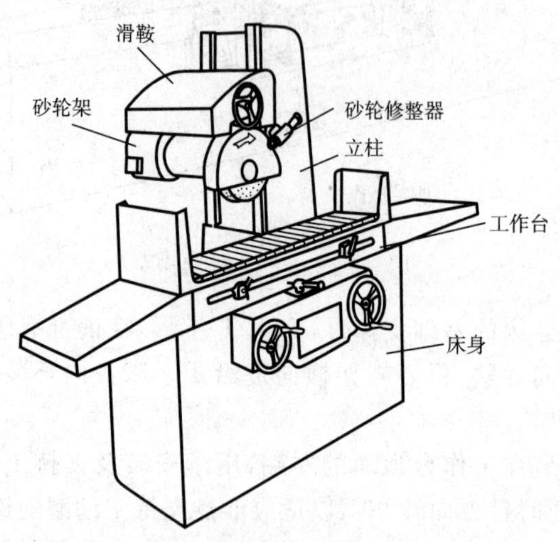

图 8-4　卧轴矩台平面磨床

8.1.2　砂轮

1. 砂轮的特性

砂轮是磨削的主要工具，它是由磨料和结合剂构成的多孔物体，其中磨料、结合剂和孔隙是砂轮的三个基本组成要素，如图 8-5 所示。随着磨料、结合剂及砂轮制造工艺等的不同，砂轮特性可能差别很大，对磨削加工的精度、表面粗糙度和生产效率有着重要的影响。因此，必须根据具体条件选用合适的砂轮。

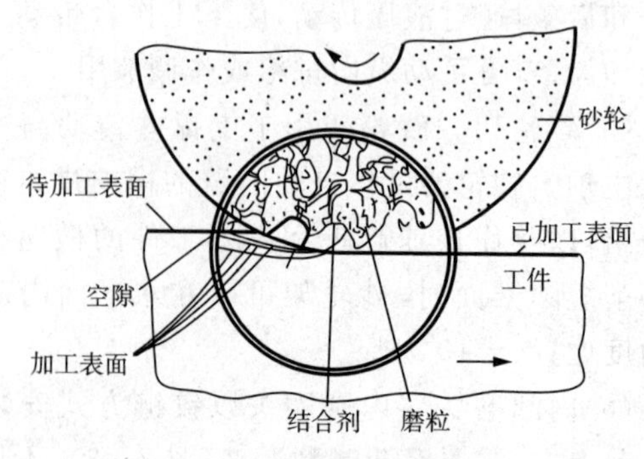

图 8-5　磨削示意图

砂轮的特性由磨料、粒度、硬度、结合剂、组织、形状及尺寸等因素来决定，现分别介绍如下。

(1)磨料及其选择

磨料是制造砂轮的主要原料,它担负着切削工作。因此,磨料必须锋利,并具备高的硬度、良好的耐热性和一定的韧性。

常用磨料的名称、代号、特性和用途见表8-1。

表8-1　常用磨料的名称、代号、特性和用途

类别	名　称	代号	特　性	适用范围
氧化物类	棕刚玉	A	含91%～96%氧化铝。棕色,硬度高,韧性好,价格便宜	磨削碳钢、合金钢、可锻铸铁、硬青铜等
	白刚玉	WA	含97%～99%氧化铝。白色,比棕刚玉硬度高,韧性低,自锐性好,磨削时发热少	精磨淬火钢、高碳钢、高速钢及薄壁零件
	铬刚玉	PA	玫瑰红色,韧性比白刚玉好	磨削高速钢、不锈钢、成形磨削、高表面质量磨削
碳化物类	黑碳化硅	C	含95%以上的碳化硅。呈黑色或深蓝色,有光泽。硬度比刚玉类高,但韧性差。导热性、导电性良好	磨削脆性材料,如铸铁、有色金属、耐火材料、非金属材料
	绿碳化硅	GC	含97%以上的碳化硅。呈绿色,硬度和脆性比C更高,导热性、导电性好	磨硬质合金、光学玻璃、宝石、玉石、陶瓷及珩磨发动机缸套等
高硬磨料类	人造金刚石	D	无色透明或淡黄色、黄绿色、黑色。硬度高。比天然金刚石性脆,价格比其他磨料贵好多倍	磨削硬质合金、宝石等高硬度材料
	立方碳化硼	CBN	硬度仅次于金刚石,韧性较金刚石好	磨削、研磨、珩磨各种既硬又韧的淬火钢和高钼、高矾、不锈钢

(2)粒度及其选择

粒度表示磨粒的粗细程度。粒度分磨粒与微粉两组。磨粒的粒度号是以筛网上一英寸长度内的孔眼数来表示。可见,粒度号越大,颗粒越细。微粉的粒度号以代号W及磨料的实际尺寸(单位:μm)来表示。

磨料粒度的选择主要与加工表面的粗糙度和生产率有关。

粗磨时,磨削余量大,要求表面粗糙度不很高,应选用粒度较粗的磨粒。因为磨粒粗,气孔大,磨削深度可较大,砂轮不易堵塞和发热。

精磨时,余量较小,要求表面粗糙度较低,可选取细的磨粒。一般来说,磨粒愈细,磨削表面愈光洁。

不同粒度砂轮的应用见表8-2。

表 8-2　不同粒度砂轮的使用范围

砂轮粒度	一般使用范围	砂轮粒度	一般使用范围
14# ～24#	磨钢锭、切断钢坯，打磨铸件毛刺等	120# ～W20	精磨、珩磨和螺纹磨
36# ～60#	一般磨平面、外圆、内圆以及无心磨等	W20 以下	镜面磨、精细珩磨
60# ～100#	精磨和刀具刃磨等		

(3)结合剂及其选择

结合剂是砂轮中粘结分散的磨粒使之成形的材料。砂轮能否耐腐蚀、能否承受冲击和经受高速旋转而不致破裂，主要取决于结合剂。常用结合剂的种类、性能及用途见表8-3。

表 8-3　常用结合剂

名　称	代号	性　能	用　途
陶瓷结合剂	V	耐水、耐油、耐酸碱，能保持正确的几何形状，气孔率大，磨削率高，强度较大，韧性、弹性、抗振性差，不能承受侧向力	$V_{砂}$ <35m/s 的磨削，这种结合剂应用最广，能制成各种磨具，适用于成形磨削和磨螺纹、齿轮、曲轴等
树脂结合剂	B	强度大，弹性好，耐冲击，能高速工作，有抛光作用，坚固性和耐热性比陶瓷结合剂差，不耐酸碱，气孔率小，易堵塞	$V_{砂}$ >50m/s 高速磨削，能制成薄片砂轮磨槽，刃磨刀具前刀面。高精度磨削湿磨时，切削液中含碱量应<1.5%
橡胶结合剂	R	强度和弹性比树脂结合剂更大，气孔率小，磨粒容易脱落，耐热性差，不耐油、不耐酸、而且还有臭味	制造磨削轴承沟道的砂轮和无心磨削砂轮，导轮以及各种开槽和切割用薄片砂轮，制成柔软抛光砂轮等
金属结合剂（青铜、电镀镍）	M	韧性、成型性好，强度大，自锐性能差	制造各种金刚石磨具，使用寿命长

(4)硬度及其选择

砂轮的硬度是指砂轮表面上的磨粒在外力作用下脱落的难易程度。砂轮的硬度软，表示砂轮的磨粒容易脱落，砂轮的硬度硬，表示磨粒较难脱落。由此可见，砂轮的硬度与磨料的硬度是两个完全不同的概念。硬度相同的磨料，可以制成硬度不同的砂轮。

砂轮的硬度主要取决于结合剂的粘结能力及含量。结合剂的粘结力强或含量多时，砂轮的硬度高。

根据规定，常用砂轮的硬度等级见表 8-4。

表 8-4　常用砂轮硬度等级

硬度等级	大级	超软	软			中软		中		中硬			硬		超硬
	小级	超软	软 1	软 2	软 3	中软 1	中软 2	中 1	中 2	中硬 1	中硬 2	中硬 3	硬 1	硬 2	超硬
代号		D、E、F	G	H	J	K	L	M	N	P	Q	R	S	T	Y

砂轮的硬度对磨削生产率和磨削表面质量都有很大的影响。如果砂轮太硬，磨粒磨钝后仍不能脱落，则磨削生产率很低，工件表面粗糙，并可能被烧伤。如果砂轮太软，磨粒未磨钝已从砂轮上脱落，则砂轮损耗大，形状不易保持，影响工件质量。砂轮的硬度合适，磨粒磨钝后因磨削力增大而自行脱落，使新的锋利的磨粒露出，砂轮具有自锐性，则磨削效率高，工件表面质量好，砂轮的损耗也小。

砂轮硬度选择的一般原则是：磨削软材料选较硬的砂轮，磨削硬材料选较软的砂轮。精磨时，为了保证磨削精度和表面粗糙度要求，应选用稍硬的砂轮。工件材料的导热性差，易产生烧伤和裂纹时（如磨硬质合金等），选用的砂轮应软些。

(5)组织及其选择

砂轮的组织表示砂轮结构的松紧程度。根据磨粒、结合剂和气孔三者体积的不同，将砂轮组织分为紧密、中等和疏松三大类，并进一步分为15级，见表 8-5。数字愈大，磨料所占体积愈小，表明砂轮结构也愈疏松，气孔数量也愈多。

表 8-5　砂轮组织

组织分类	紧密				中等				疏松						
组织号	0	1	2	3	4	5	6	7	8	9	10	11	12	13	14
磨粒率/%	62	60	58	56	54	52	50	48	46	44	42	40	38	36	34
用途	成形磨削、精密磨削				磨削淬火钢、刀具刃磨				磨削韧性大而硬度不高材料					磨削热敏性大材料	

组织疏松多孔，可容纳磨屑，还可将冷却液或空气带入磨削区域，以降低磨削温度，减少工件发热变形，避免产生烧伤和裂纹，但过分疏松的砂轮，其磨粒含量较少，容易磨钝，故常用中等组织。

(6)形状、尺寸及其选择

根据机床结构与磨削加工需要，砂轮可制成各种形状与尺寸。表 8-6 是常用的几种砂轮形状、尺寸、代号及用途。

表 8-6　常用砂轮的形状、代号及用途

代号	名 称	断面形状	形状尺寸标记	主要用途
1	平形砂轮	D　T　H	$1-D\times T\times H$	磨外圆、内孔，无心磨，圆周磨平面及刃磨刀具

（续表）

代号	名 称	断面形状	形状尺寸标记	主要用途
2	筒形砂轮	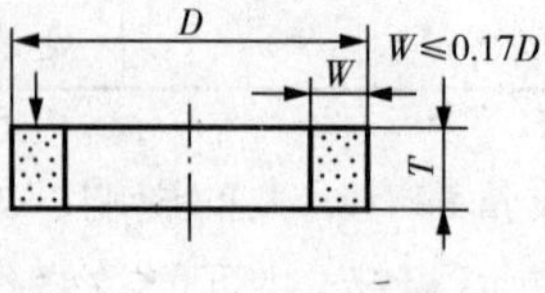 D W W≤0.17D T	2－ D×T－W	端磨平面
4	双斜边砂轮	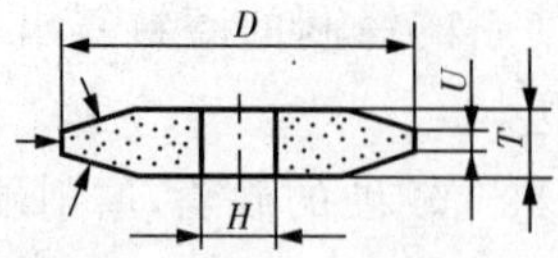 D U T H	4－ D×T/U×H	磨齿轮及螺纹
6	杯形砂轮	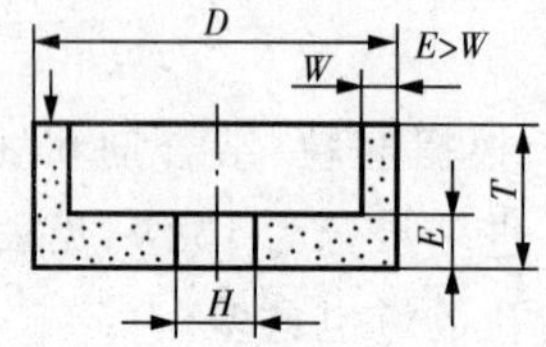 D W E>W T E H	6－ D×T×H－W,E	端磨平面 刃磨刀具后刀面
11	碗形砂轮	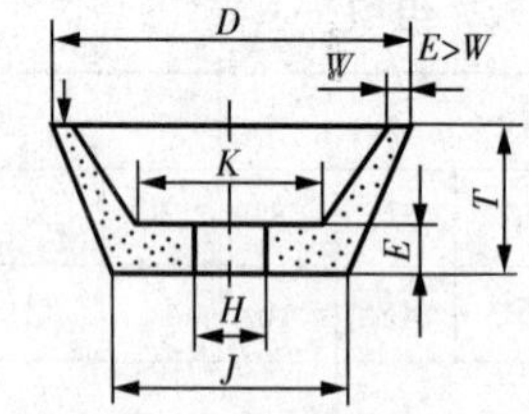 D W E>W K T E H J	11－D/J×T×H－W, E,K	端磨平面 刃磨刀具后刀面
12*a*	碟形一号砂轮	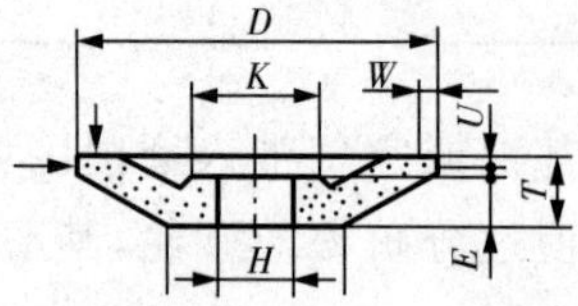 D K W U T E H	12*a*－ D/J×T/U× H－W,E,K	刃磨刀具前刀面
41	薄片砂轮	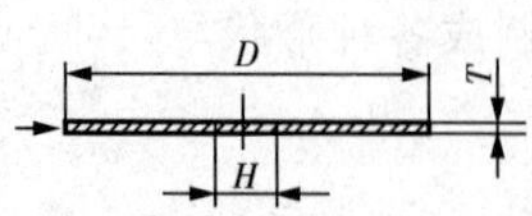 D T H	41－ D×T×H	切断及磨槽

注：↓所指表示基本工作面。

为了便于砂轮的选用及管理，砂轮的形状、尺寸及特性参数通常都标记在砂轮的端面上，一般顺序为：形状、尺寸、磨粒、粒度号、硬度、组织号、结合剂、最高线速度，其中尺寸的标记顺序为：外径×厚度×内径。如 300×30×75WA60L6V35，表示平形砂轮，外径

300mm，厚度 30mm，内径 75mm，白刚玉磨料，60 号粒度，硬度为中软，6 号组织，陶瓷结合剂，最高线速度 35m/s。

2. 砂轮的选用

选用砂轮时，应综合考虑工件的形状、材料性质及磨床结构等各种因素，具体可参照表 8－7 的推荐加以选择。在考虑尺寸大小时，砂轮的外径应尽可能选得大些，以提高砂轮的圆周速度，这样对提高磨削加工生产率与降低表面粗糙度值有利。此外，在机床刚度及功率许可的条件下，如选用宽度较大的砂轮，同样能收到提高生产率和降低粗糙度值的效果，但是在磨削热敏性高的材料时，为避免工件表面的烧伤和产生裂纹，砂轮宽度应适当减小。

表 8－7　砂轮的选用

磨削条件	粒度		硬度		组织		结合剂		
	粗	细	软	硬	松	紧	V	B	R
外圆磨削				●			●		
内圆磨削			●				●		
平面磨削			●				●		
磨削软金属	●			●		●			
磨韧性、塑性好的材料	●				●			●	
磨硬脆材料		●	●						
无心磨削				●			●		
荒磨、打磨毛刺	●		●					●	●
精密磨削		●		●		●	●	●	
高精密磨削		●		●		●	●	●	
超精密磨削		●		●		●	●	●	
镜面磨削		●	●			●		●	
高速磨削		●		●					
磨削薄壁工件	●		●		●			●	
干磨	●		●						
湿磨		●		●					
成形磨削		●		●		●	●		
磨热敏性材料	●				●				
刀具刃磨			●				●		
钢材切断			●					●	●

3. 砂轮的安装、平衡和修整

砂轮因在高速下工作，安装时应首先检查外观有没有裂纹，再用木锤轻敲，如果声音嘶哑，则禁止使用，否则砂轮破裂后会飞出伤人。砂轮的安装方法如图 8-6 所示。

为使砂轮工作平稳，一般直径大于 125mm 的砂轮都要进行平衡试验，如图 8-7 所示。将砂轮装在心轴上，再将心轴放在平衡架的平衡轨道的刃口上。若不平衡，较重部分总是转到下面。这时可移动法兰盘端面环槽内的平衡块进行调整。经反复平衡试验，直到砂轮可在刃口上任意位置都能静止，即说明砂轮各部分的质量分布均匀，这种方法称为静平衡。

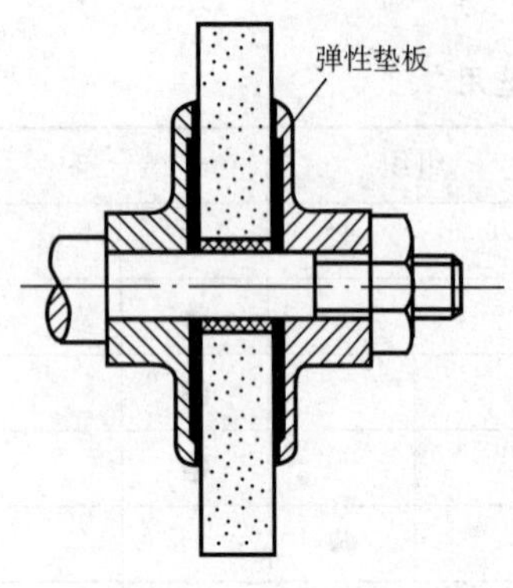

图 8-6 砂轮的安装

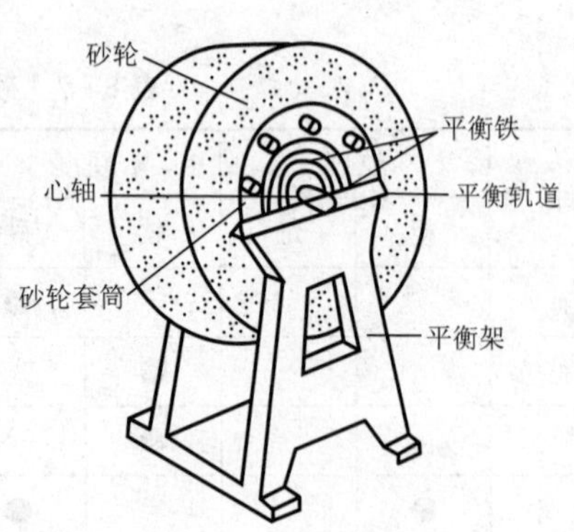

图 8-7 砂轮的静平衡

砂轮工作一定时间后，磨粒逐渐变钝，砂轮工作表面空隙被堵塞，使之丧失切削能力。同时，由于砂轮硬度不均匀及磨粒工作条件不同，使砂轮工作表面磨损不匀，形状被破坏，这时必须修整。修整时，将砂轮表面一层变钝的磨粒切去，使砂轮重新露出完整锋利的磨粒，以恢复砂轮的几何形状。砂轮常用金刚石笔进行修整，如图 8-8 所示。修整时要使用大量的冷却液，以免金刚石因温度急剧升高而破裂。

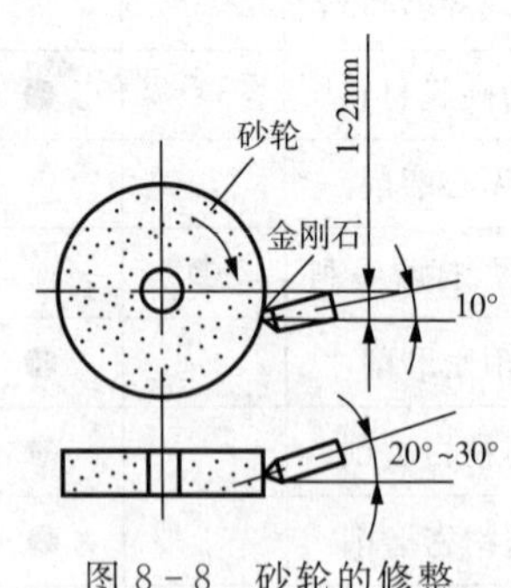

图 8-8 砂轮的修整

8.1.3 磨削工艺

1. 外圆磨削

外圆磨削是对工件圆柱、圆锥、台阶轴外表面和旋转体外曲面进行的磨削。磨削一般作为外圆车削后的精加工工序，尤其是能消除淬火等热处理后的氧化层和微小变形。外圆磨削可以在外圆磨床和无心外圆磨床上进行。

(1)工件的安装

安装方式有顶尖安装、卡盘安装和心轴安装等。顶尖安装是外圆磨削最常用的安装方法。磨床前、后顶尖均使用不随工件转动的死顶尖，以减小因顶尖轻微跳动引起的定位误差，提高加工精度。磨削前要对轴的中心孔进行修研，以消除中心孔的变形和氧化皮，提高加工精度。修研中心孔一般用油石顶尖，在车床、钻床上进行或本机床上进行，将中心孔研亮即可。

(2)磨削方法

在外圆磨床上磨削外圆常用的方法有纵磨法和横磨法两种，如图 8-9 所示。

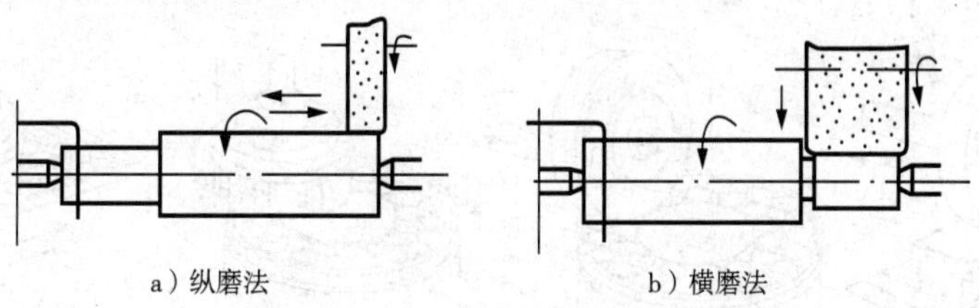

图 8-9　在外圆磨床上磨外圆

① 纵磨法(图 8-9a)。磨削时砂轮作高速旋转的主运动，工件旋转并和工作台一起做往复直线运动，完成圆周进给和纵向进给运动，每当工件一次往复行程终了时，砂轮做周期性的横向进给运动。每次磨削量很小，磨削余量是在多次往复行程中切除的。

由于每次磨削量小，所以磨削力小，磨削热少，散热条件较好，还可以利用最后几次无横向进给的光磨行程进行精密，因此加工精度和表面质量较高。此外，纵磨法具有较大的适应性，可以用一个砂轮加工不同长度的工件。但是，它的磨削效率较低，因为砂轮的宽度处于纵向进给方向，其前部的磨粒担负主要切削作用，而后部分的磨粒担负修光作用，故广泛用于单件、小批生产及精磨，特别适用于细长轴的磨削。

② 横磨法(图 8-9b)。又称切入磨法，磨削时，工件没有纵向进给运动，而砂轮以很慢的速度作连续的横向进给运动，直至磨去全部磨削余量。由于砂轮全宽上各处的磨粒的切削能力都能充分发挥，因此磨削效率高。但因为没有纵向进给运动，砂轮由于修整不好或磨损不均匀所产生的形状误差会复映到工件上；并且因砂轮与工件的接触长度大，磨削力大，发热量多，磨削温度高。因此，磨削精度比纵磨法的低，而且工件表面容易退火和烧伤。横磨法一般适于成批及大量生产中，磨削刚性较好，长度较短的工件外圆表面。或者两侧都有台阶的轴颈，如曲轴的曲拐颈等，尤其是工件上的成形表面，只要将砂轮修整成形，就可直接磨出，较为简便，生产率高。

2. 内圆磨削

内圆磨削可以在内圆磨床上进行，也可以在万能外圆磨床上进行。

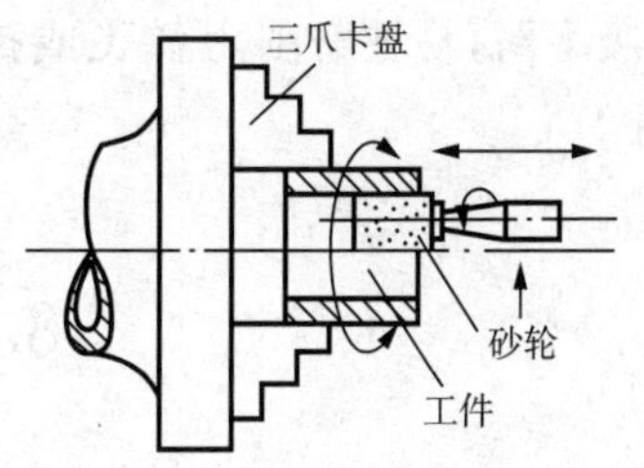

图 8-10　磨圆柱孔

与外圆磨削类似，内圆磨削也有纵磨法和横磨法之分。纵磨圆柱孔时，工件安装在卡盘上(图 8-10)，在其旋转的同时沿轴向作往复直线运动(即纵向进给运动)。装在砂轮架上的砂轮高速旋转作主运动，并在工件或砂轮往复行程终了时做周期性的横向进给运动。若磨圆锥孔，只需将磨床的头架在水平方向偏转一个斜度即可。而由于砂轮轴的钢性较差，横磨法仅适用于磨平削短孔及内成形面。所以，内圆磨削多数情况下是采用纵磨法。

3. 平面磨削

高精度平面及淬火零件的平面加工，大多数采用平面磨削方法。平面磨削主要在平面磨床上进行。按主轴布局及工作台形状的组合，普通平面磨床可分为以下四类(图 8-11)：

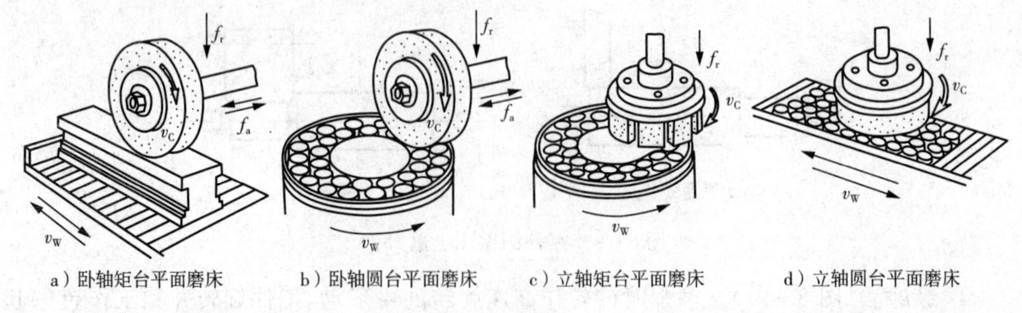

a）卧轴矩台平面磨床　b）卧轴圆台平面磨床　c）立轴矩台平面磨床　d）立轴圆台平面磨床

图 8-11　平面磨床的形式

(1)周磨(图 8-11a、b)。周磨是利用砂轮的圆周面进行的磨削。周磨时，砂轮与工件的接触面积小，磨削热少，排屑和冷却条件好，工件不易变形，砂轮磨损均匀。因此可获得较高的精度和较小的表面粗糙度 Ra 值，适用于批量生产中磨削精度较高的中小型零件，但生产率低。相同的小型零件可多件同时磨削，以提高生产率。周磨达到的尺寸公差等级为 IT6～IT7，表面粗糙度 Ra 值为 0.8～0.2μm。

(2)端磨(图 8-11c、d)。端磨是指利用砂轮的端面进行的磨削。端磨时，砂轮轴悬伸长度短，刚性好，可采用较大的磨削用量，生产率较高。但砂轮与工件接触面积较大，发热量多，冷却与散热条件差，工件热变形大，易烧伤，砂轮端面各点圆周速度不同，砂轮磨损不匀，所以磨削质量较低。一般用于磨削精度要求不高的平面，或代替铣削、刨削作为精加工前的预加工。

平面磨削一般利用电磁吸盘装夹工件，因为电磁吸盘装卸工件简单、方便、迅速，且能同时装夹多个工件，生产率高。还有利于保证工件的平行度。此外，使用具有磁导性夹具，可磨削垂直面和倾斜面。磨削铜、铝等非磁性材料，可用精密虎钳装夹，然后用电磁吸盘吸牢，或采用真空吸盘进行装夹。键、垫圈、薄壁套等小尺寸工件与吸盘接触面小，吸力弱，易被磨削力弹飞或挤碎砂轮，因此装夹时需在工件周围用面积较大的铁板围住。

8.2　刨削加工简介

在刨床上用刨刀加工工件的工艺过程称为刨削加工。刨削的主运动为往复直线运动，进给运动是间歇的，因此切削过程不连续。

由于刨削加工具有生产率低、加工质量中等、通用性好、成本低等特点，因此，刨削加工主要用于单件小批生产及修配工作中。

刨削主要用来加工平面(包括水平面、垂直面和斜面)，也广泛地用于加工直槽，如直角槽、燕尾槽和 T 型槽等。如果进行适当的调整和增加某些附件，还可用来加工齿条、齿轮、花键和母线为直线的成形面等，如图 8－12 所示。

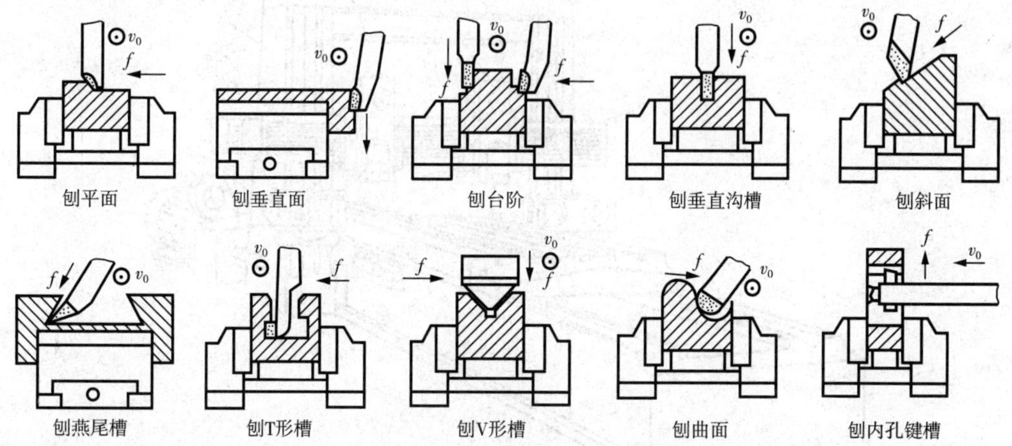

图 8－12　刨削的主要应用

刨床有牛头刨床和龙门刨床两类。如图 8－13 所示为牛头刨床的外形，工件装夹在工作台上的平口钳中或直接用螺栓压板安装在工作台上，刀具装在滑枕前端的刀架上。滑枕带动刀具的直线往复运动为主运动，工作台带动工件沿横梁作间歇横向移动为进给运动，刀架沿刀架座的导轨上下运动为吃刀运动。刀架座可绕水平轴扳转角度，以便加工斜面或斜槽。横梁能沿床身前端的垂直导轨上下移动，以适应不同高度工件的加工需要。牛头刨床用于加工中、小零件。而龙门刨床（图 8－14）主要用于加工大型零件，如机床的床身等，或同时加工几个中、小型工件上的平面。

在刨床上安装工件的方法有平口钳安装、压板螺栓安装和专用夹具安装等。平口钳主要用来安装小型工件，压板螺栓用来安装较大或形状特殊的工件，而专用夹具主要用于成批生产。

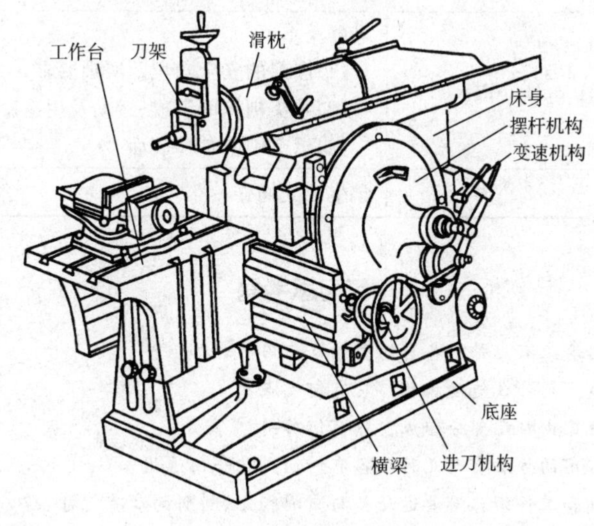

图 8－13　牛头刨床外形图

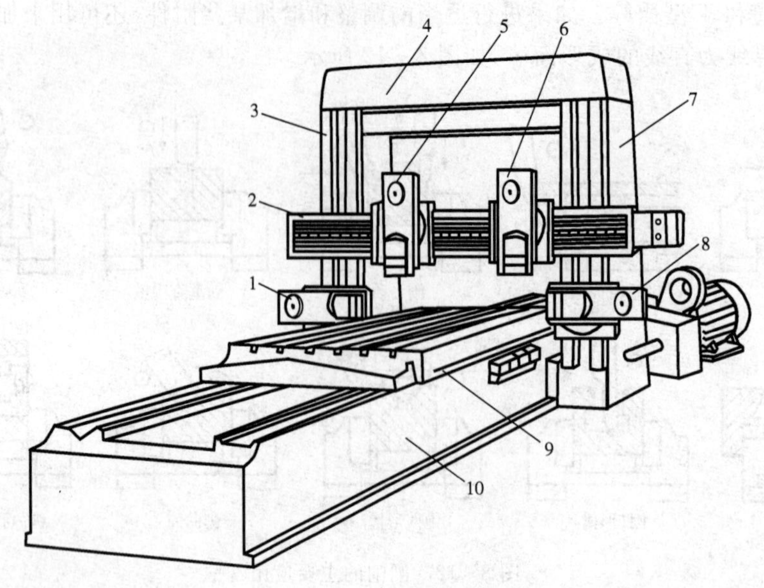

图 8-14　龙门刨床外形图

1,8—左、右侧刀架;2,横梁;3,7—左、右立柱;4—顶梁;5,6—左、右垂直刀架;9—工作台;10—床区

【实训安排】

<table>
<tr><th colspan="2">时　间</th><th>内　　容</th></tr>
<tr><td rowspan="4">第一天</td><td>1 小时</td><td>讲解及示范
(1)磨削的安全知识及实训要求;
(2)磨床的种类;
(3)平面磨床的组成、运动及用途;
(4)示范磨削平面</td></tr>
<tr><td>2 小时</td><td>学生独立操作</td></tr>
<tr><td>1 小时</td><td>讲解及示范
(1)刨削的安全知识及实训要求;
(2)牛头刨床的组成、运动及用途;
(3)示范刨削各种表面</td></tr>
<tr><td>2 小时</td><td>学生独立操作</td></tr>
</table>

复习思考题

8-1　你实习所用磨床有几种？各自的型号及应用场合如何？

8-2　磨床的一般采用什么传动机构？它有何优点？

8-3　万能外圆磨床由哪几部分组成？各有何功用？

8-4　平面磨削常用的方法有哪几种？各有何特点？如何选用？

8-5　刨削时刀具和工件须作哪些运动？与车削相比,刨削运动有何特点？

8-6　说明 T 形槽刨削加工的步骤。零件上的 T 形槽是不是只能在刨床上加工？

第 9 章　钳　工

【实训要求】

(1)了解钳工在机械制造和设备维修中的地位与重要性。

(2)熟悉并能独立的选用划线、锯割、锉削、钻孔、攻螺纹、装配与拆卸等加工的工具、量具、夹具和其他附件。

(3)掌握钳工的各项基本操作,根据零件图能独立的加工简单的零件;在加工方法的选择、工艺过程的安排等方面具有一定的实践能力。

(4)了解拆装的基本知识,能对简单机器进行拆装。

【安全文明生产】

(1)钳工设备的布局:钳台要放在便于工作和光线适宜的地方;钻床和砂轮一般应放在场地的边沿,以确保安全。

(2)机床、工具(如钻床、砂轮机、手电钻等)要经常检查,发现损坏及时上报,在未修复前不得使用。

(3)使用电动工具时,要有绝缘防护和安全接地措施。使用砂轮时,要戴好防护眼镜。在钳台上进行錾削时,要有防护网,清理切屑要用刷子,不要用棉纱或直接用嘴去吹,更不能用手直接去抹切屑,以免伤人。

(4)毛坯和加工零件应放置在规定位置,排列整齐平稳,要保证安全,便于取放、并避免碰伤已加工的表面。

(5)工量具的安放应按下列要求布置:

① 在钳台上工作时,为了取用方便,右手取用的工量具放在右边,左手取用的放在左边,各自要排列整齐,且不能伸出到钳台以外。

② 量具不能与工具或工件混放在一起,应放在量具盒内或专用格架上。

③ 常用的工量具要放在工作位置附近。

④ 工量具收藏时要整齐地放入工具箱内,不应任意堆放,以防损坏和取用不便。

【讲课内容】

钳工是利用手工工具和钻床对工件进行切削加工或对机器零件进行拆卸、装配和维修等操作的工种。钳工的基本操作有划线、錾削、锯削、孔加工、攻螺纹和套螺纹、拆卸和装配等。

钳工的应用范围很广，主要体现在以下几方面：

◆ 机械加工前的准备工作，如清理毛坯、在工件上划线等。

◆ 在单件小批生产中制造一般零件。

◆ 加工精密零件，如样板、模具的精加工，刮削或研磨机器和量具的配合表面等。

◆ 装配、调整和修理机器等。

钳工与机械加工相比，具有工具简单，操作灵活，可以完成用机械加工不方便或难以完成的工作，有些工作也是其他工种无法取代的。虽然钳工工人劳动强度大，生产效率低，对工人技术水平要求高，但在机械制造和修配工作中，钳工仍是必不可少的工种。

9.1 钳工常用设备

钳工常用的设备有台虎钳、钳台（钳桌）、砂轮机、钻床等。

1. 台虎钳

台虎钳是夹持工件的主要设备，其结构如图 9-1 所示。其规格大小是以钳口的宽度来表示的，常用有 100mm、125mm 和 150mm 等几种。

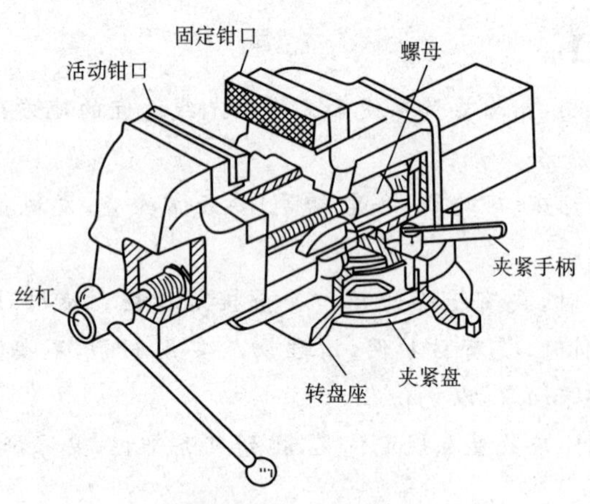

图 9-1 台虎钳

使用台虎钳应注意下列事项：

◆ 工件应夹在虎钳钳口中部，使钳口受力均匀。

◆ 当转动手柄夹紧工件时，手柄上不准套上增力套管或用锤敲击，以免损坏虎钳丝杠或螺母上的螺纹。

◆ 夹持工件的光洁表面时，应垫铜皮或铝皮加以保护。

2. 钳台

钳台是用来安装台虎钳、放置工量具和工件等，如图 9-2 所示。钳台一般用硬质木材制成,台面常用低碳钢板包封,安放要平稳,工作台台面高度为 800～900mm。为了安全,台面前方装有防护网。

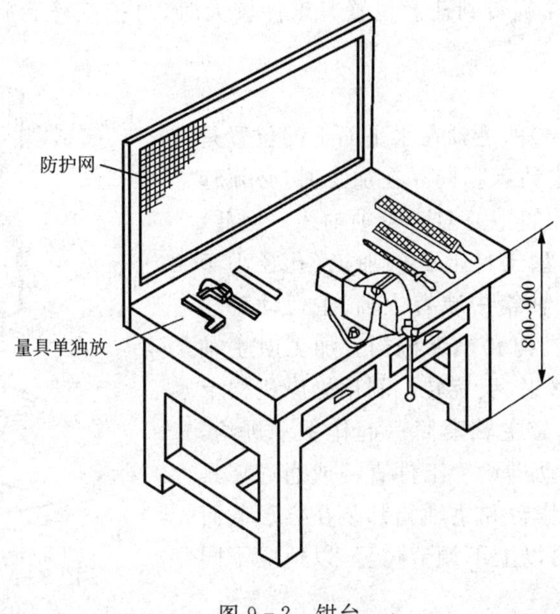

图 9-2　钳台

3. 钻床

常用的钻床有台式钻床、立式钻床和摇臂钻床三种。它们共同的特点是:工件固定在工作台上不动,刀具安装在钻床主轴上,主轴一方面旋转作主运动,一方面沿着轴线方向移动作进给运动。

(1)台式钻床

台式钻床(图 9-3)是一种放在钳工桌上使用的小型钻床,适合于在小型工件上加工孔径在 12mm 以下的小孔。主轴靠塔形带轮变速。主轴的进给为手动。为了适应

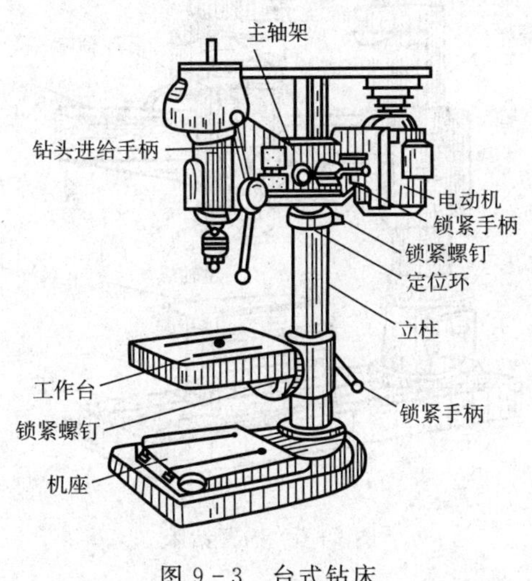

图 9-3　台式钻床

不同高度工件的加工需要，主轴架可沿立柱上下调整其位置。调整前先移动定位环并锁紧，以防调节主轴架时主轴架坠落。小工件放在工作台上加工。工作台也可在立柱上上下移动，并绕立柱旋转到任意位置。工件较大时，可把工作台转开，直接放在机座上加工。

(2)立式钻床

立式钻床(图 9-4)的主轴在水平面上的位置是固定的，这一点与台式钻床相同。在加工时，必须移动工件，使要加工的孔的中心对准主轴轴线。因此，立式钻床适用于中小型工件上孔的加工(孔径小于50mm)。立式钻床主轴箱中装有主轴、主运动变速机构、进给运动变速机构和操纵机构。加工时主轴箱固定不动，主轴能够正、反旋转。利用操纵机构上的进给手柄使主轴沿着主轴套筒一起作手动进给，以及接通或者断开机动进给。工件直接或通过夹具安装在工作台上。工作台和主轴箱都装在方形截面的立柱垂直导轨上，可以上下调节位置，以适应不同高度的工件。

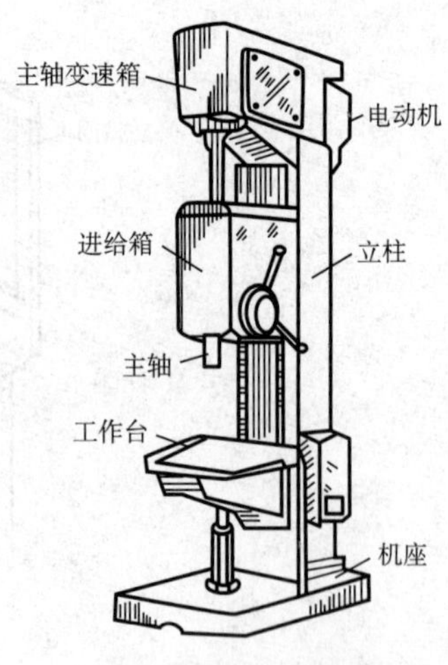

图 9-4　立式钻床

(3)摇臂钻床

摇臂钻床(图 9-5)有一个能绕立柱旋转的摇臂，摇臂带着主轴箱可沿立柱垂直移动，同时主轴箱还能在摇臂上作横向移动，主轴可沿自身轴线垂向移动或进给。由于摇臂钻床的这些特点，操作时能很方便地调整刀具的位置，以对准被加工孔的中心，而不需移动工件来进行加工，比起在立钻上加工要方便得多。因此，它适宜加工一些笨重的大型工件及多孔工件上的大、中、小孔，广泛应用于单件和成批生产中。

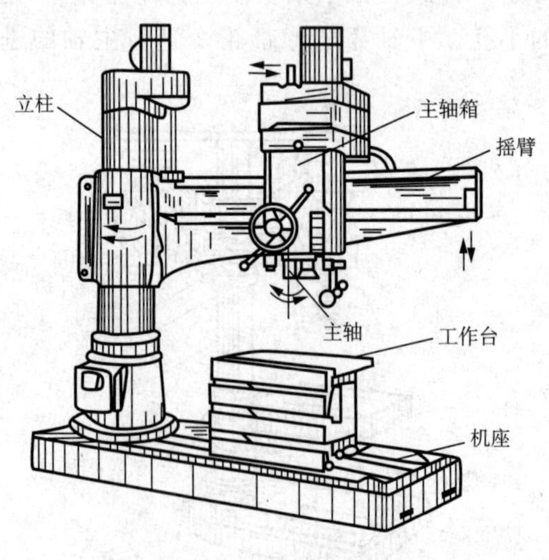

图 9-5　摇臂钻床

9.2　钳工的基本操作

9.2.1　划线

划线是在某些工件的毛坯或半成品上按零件图样要求的尺寸划出加工界线或找正线的一种操作。

划线的作用是：

◆ 借划线来检查毛坯的形状和尺寸，避免把不合格的毛坯投入机械加工而造成浪费；

◆ 表示出加工余量、加工位置或工件安装时的找正线，作为工件加工或安装的依据；

◆ 合理分配各加工表面的余量；

◆ 在板料上按划线下料，可做到正确排列，合理使用材料。

划线可分为平面划线和立体划线两种。平面划线是在工件的一个表面上划线，如图 9-6a 所示。立体划线是在工件的几个表面上划线，即在长、宽、高三个方向上划线，如图 9-6b 所示。

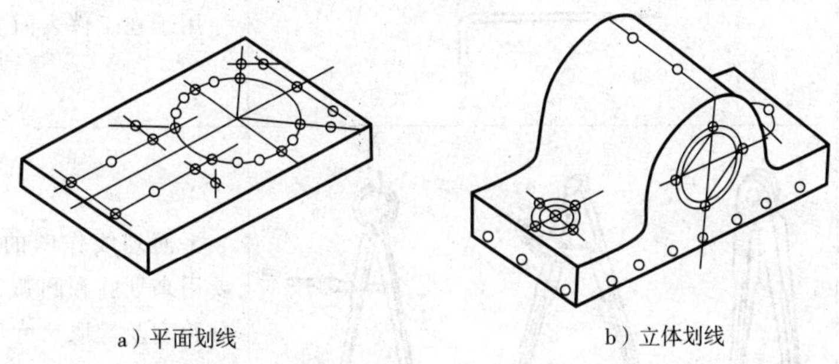

a）平面划线　　b）立体划线

图 9-6　划线种类

1. 划线工具（表 9-1）

表 9-1　划线工具的种类及作用

划线工具	图 例	作 用
划线平板		划线的基准工具，由铸铁制成。长期不用时，应涂防锈油并用木板护盖

（续表）

划线工具	图 例	作 用
千斤顶	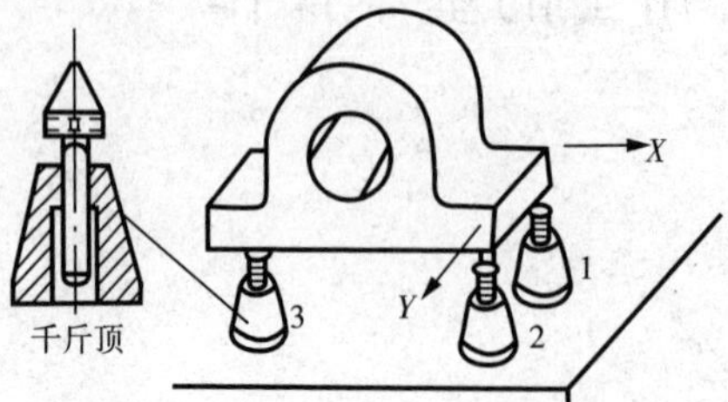	用于平板上支承较大及不规则的工件
钢直尺		主要用来量取尺寸和测量工件，也可作划直线时的导向工具
方箱	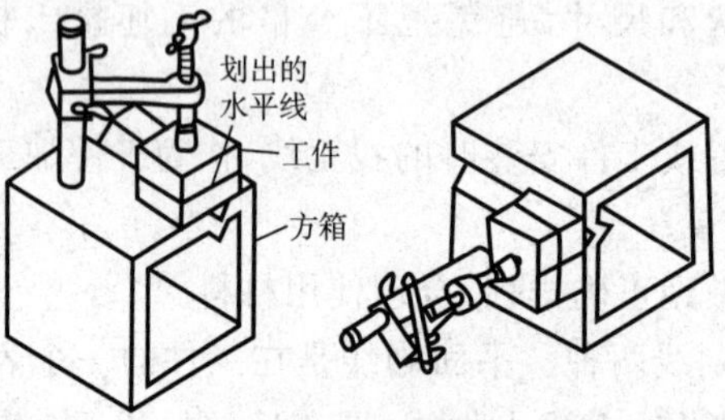	用于夹持尺寸较小而加工面较多的工件。通过翻转方箱，便可在工件表面上划出互相垂直的线来
划针	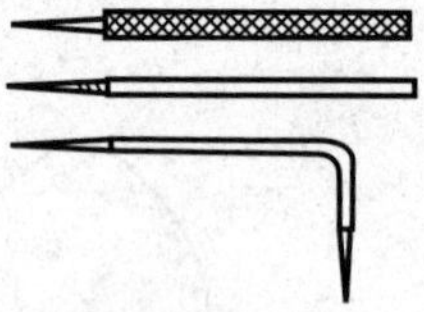	用于在工件表面上划线
划规	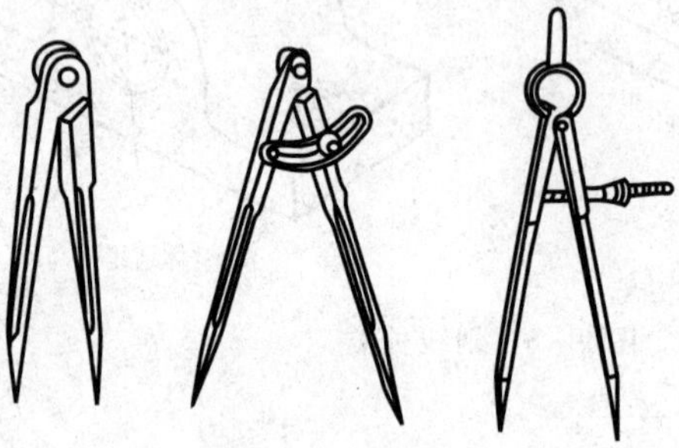	平面划线作图的主要工具，主要用来划圆和圆弧、等分线段、等分角度及量取尺寸等。其用法与制图中圆规的用法相同
划线盘	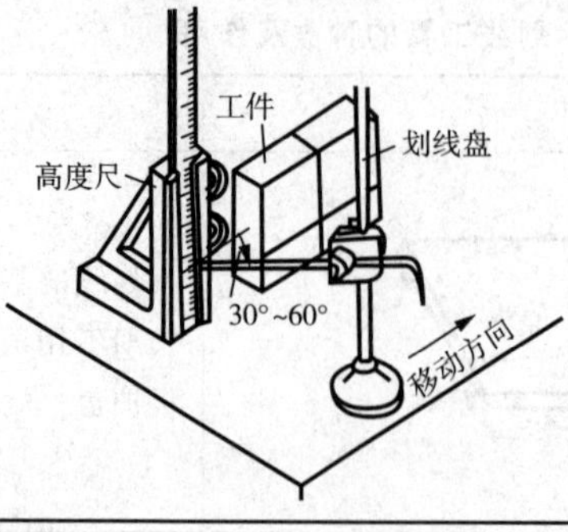	用于在工件上划出与平板平行的线，也可用划线盘对工件进行找平

（续表）

划线工具	图 例	作 用
高度尺		由钢直尺和底座组成，用以给划线盘量取高度尺寸。它是精密工具，用于半成品的划线，不允许用它在毛坯上划线
样冲	2 1 45°~60°	用于划线时在线上或线的交点上冲眼的工具。冲眼的目的是使划出的线具有永久性的位置标记，也可为划圆、划圆弧时打定心脚点

2. 划线基准选择

在工件上划线时，必须选择工件上某个点、线、面作为依据，并以此来调节每次划线的高度，划出其他点、线、面的位置。这些作为依据的点、线、面称为划线基准。在零件图上用来确定零件各部分尺寸、几何形状和相互位置的点、线或面称为设计基准。

划线前，应首先选择和确定划线基准，然后根据它来划出其余的尺寸线。划线基准的选择原则是：

◆ 原则上应尽量与图样上的设计基准一致，以便能直接量取划线尺寸，避免因尺寸间的换算而增加划线误差。

◆ 若工件上有重要孔需加工，一般选择该孔中心线为划线基准。

◆ 若工件上个别平面已加工，则应选该平面为划线基准。

◆ 若工件上所有平面都需加工，则应以精度高的和加工余量少的表面作为划线基准，以保证主要表面的精度要求。

9.2.2　锯削

锯削是指用锯将工件或材料进行切断或切槽的一种加工方法。它可分为手工锯削和机械锯削两种，手工锯削是钳工的一项重要操作技能。

1. 锯削工具

手工锯削的主要工具是手锯，它由锯弓和锯条组成。

(1)锯弓

锯弓是用来安装锯条的，它有可调式和固定式两种。固定式锯弓是整体的，只能安装固定长度的锯条，如图 9-7 所示。可调式锯弓由锯柄、锯弓、方形导管、夹头和翼形螺母等部分组成，夹头上安有装锯条的销钉。夹头的另一端带有螺栓，并配有翼型螺母，以便拉紧锯条，安装不同长度规格的锯条，如图 9-8 所示。

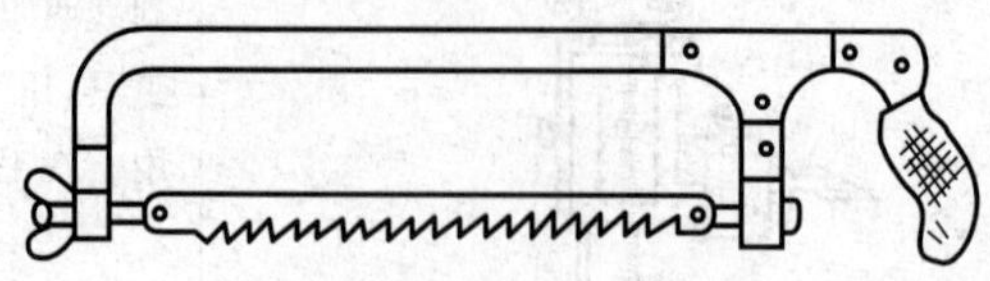

图 9-7　固定式锯弓

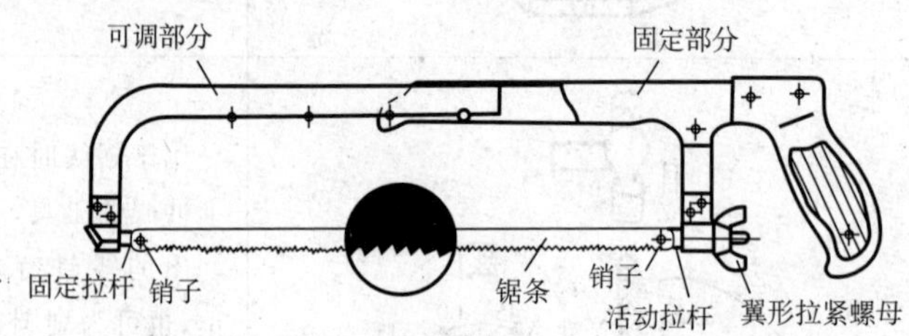

图 9-8　可调式锯弓

(2)锯条

锯条一般用碳素工具钢或高速钢制造，经淬火和低温回火处理，具有一定的硬度。其规格以锯条两端小孔中心距的大小来表示。常用的手工锯条约长 300mm，宽 12mm，厚 0.8mm。锯齿按齿距 t 的大小可分为粗齿($t=1.8$mm)、中齿($t=1.4$mm)、细齿($t=1.1$mm)三种。

2. 锯削步骤

(1)选择锯条

通常根据工件材料的硬度及其厚度来选定。锯软钢、铝、紫铜、成层材、人造胶质材料时，因锯屑较多，要求有较大的容屑空间，应选择粗齿锯条；锯板材、薄壁管子等时，锯齿不易切入，锯削量小，不需要大的容屑空间，另外对于薄壁工件，在锯削时锯齿易被工件勾住而崩刃，需同时工作的齿数多，应选择细齿锯条；中等硬性钢、硬性轻合金、黄铜、厚壁管子锯削时，应选择中齿锯条。

(2)安装锯条

手锯在往前推时才起切削作用，因此锯条安装应使齿尖的方向朝前(如图 9-9a 所示)，如果装反了(如图 9-9b 所示)，则锯齿前角为负值，就不能正常锯削了。在调节锯条松紧时，翼形螺母不宜旋得太紧或太松，太紧时锯条受力太大，在锯削中用力稍有不当，就会折断；太松则锯削时锯条容易扭曲，也易折断，而且锯出的锯缝容易歪斜。其松紧程度以用手扳动锯条，感觉硬实即可。锯条安装后，要保证锯条平面与锯弓中心平面平行，不得倾斜和扭曲，否则，锯削时锯缝极易歪斜。锯条易折断。

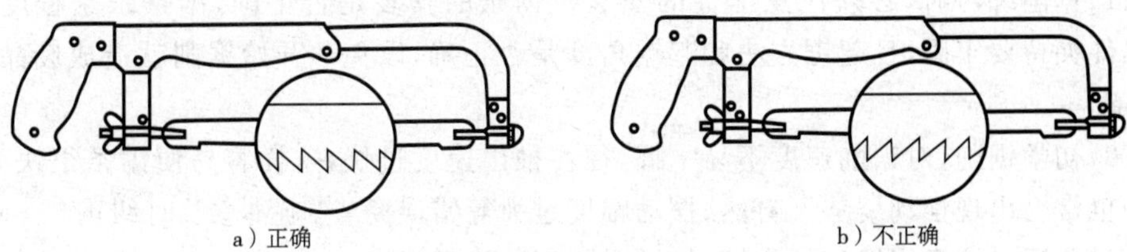

a）正确　　b）不正确

图 9－9　锯条的安装

(3)安装工件

工件一般应夹在台虎钳的左面，以便操作；工件伸出钳口不应过长(应使锯缝离开钳口侧面约 20mm 左右)，防止工件在锯削时产生振动；锯缝线要与钳口侧面保持平行(使锯缝与铅垂线方向一致)，便于控制锯缝不偏离划线线条；工件夹持要稳当、牢固，不可抖动，同时要避免将工件夹变形和夹坏已加工面。

(4)起锯

① 手锯的握法及锯削姿势。锯削时手锯的握法如图 9－10 所示。握锯时，应以右手满握锯柄，左手轻扶锯弓前端，推力和压力的大小主要由右手掌握，左手主要配合右手扶正锯弓，不可用力过大。

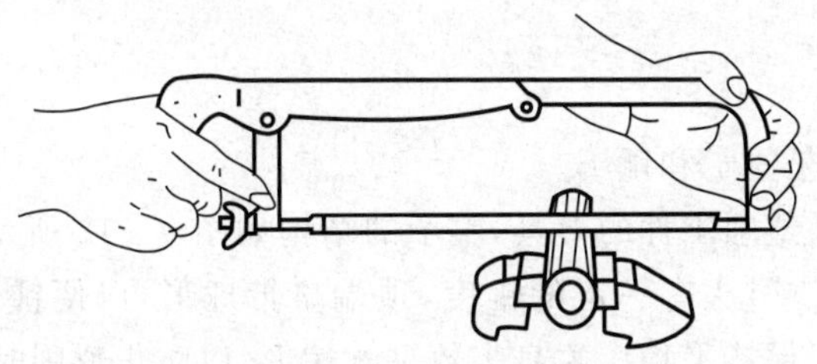

图 9－10　手锯的握法

② 起锯方法。起锯是锯削工作的开始，起锯质量的好坏，直接影响锯削质量。如果起锯不当，一是常出现锯条跳出锯缝将工件拉毛或者引起锯齿崩裂，二是起锯后的锯缝与划线位置不一致，将使锯削尺寸出现较大的偏差。起锯方法有远起锯(如图 9－11a 所示)和近起锯(如图 9－11b 所示)两种。

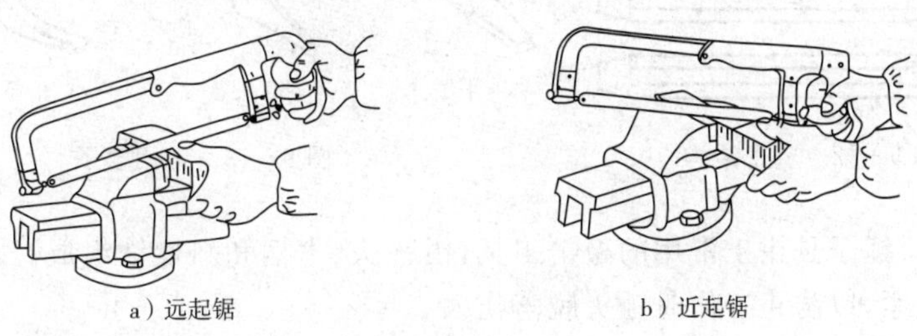

a）远起锯　　b）近起锯

图 9－11　起锯方法

3. 注意事项

(1)锯削练习时,必须注意工件的安装及锯条的安装是否正确,锯条张紧程度要适当,工件夹持要牢固,且起锯方法和起锯角度是否正确,以免一开始锯削就造成废品和损坏锯条。

(2)初学锯削,对锯削速度不易掌握,往往推出速度过快,这样容易便锯条很快磨钝;同时,也常会出现摆动姿势不自然、摆动幅度过大等错误姿势,应注意及时纠正。

(3)要适时注意锯缝的平直情况,及时纠正,保证质量。

(4)在锯削钢件时,可加些机油,以减少锯条与锯削断面的摩擦,并能冷却锯条,可以提高锯条的使用寿命。

(5)锯削完毕,应将锯条上的张紧螺母适当放松,但不要拆下锯条,防止锯弓上的零件失散,并将其妥善放好。

(6)工件将锯断时,压力要小,避免压力过大使工件突然断开,手向前冲造成事故。一般工件将锯断时,要用左手扶住工件断开部分,避免掉下砸伤脚。

9.2.3 錾削

錾削是用锤子锤击錾子对金属进行切削加工的一种方法。主要用于不便于机械加工的零件和部件的粗加工,如錾切平面、开沟槽、板料切割及清理铸、锻件上的毛刺、飞边等。

1. 錾削工具

錾削的主要工具是錾子和锤子。

(1)錾子。錾子是錾削工件的刀具,錾子的结构如图 9-12 所示。它由切削部分、錾身及錾头三部分组成。錾头有一定的锥度,顶端略带球形,以便锤击时作用力容易通过錾子的中心线,使錾子保持平稳。錾身多数呈八棱形,以防止錾削时錾子转动。

钳工常用的錾子主要有平錾、尖錾和油槽錾三种,如图 9-13 所示。平錾适用于錾切平面、分割薄金属板或切断小直径棒料及去毛刺等;尖錾适用于錾槽或沿曲线分割板料;油槽錾适用于錾切润滑油槽。

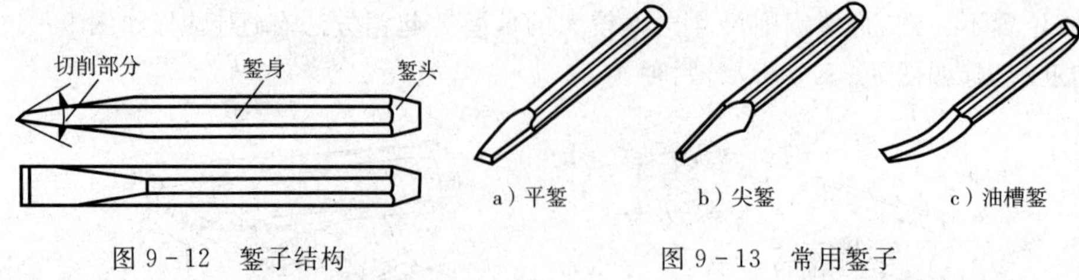

图 9-12 錾子结构　　图 9-13 常用錾子

(2)锤子。锤子是钳工常用的敲击工具,由锤头、木柄和斜楔铁组成。木柄装入锤孔后应用楔铁楔紧,以防止工作时锤头脱落伤人。

2. 錾削过程

錾削操作过程一般分为起錾、錾削和錾出三个步骤,如图 9-14 所示。

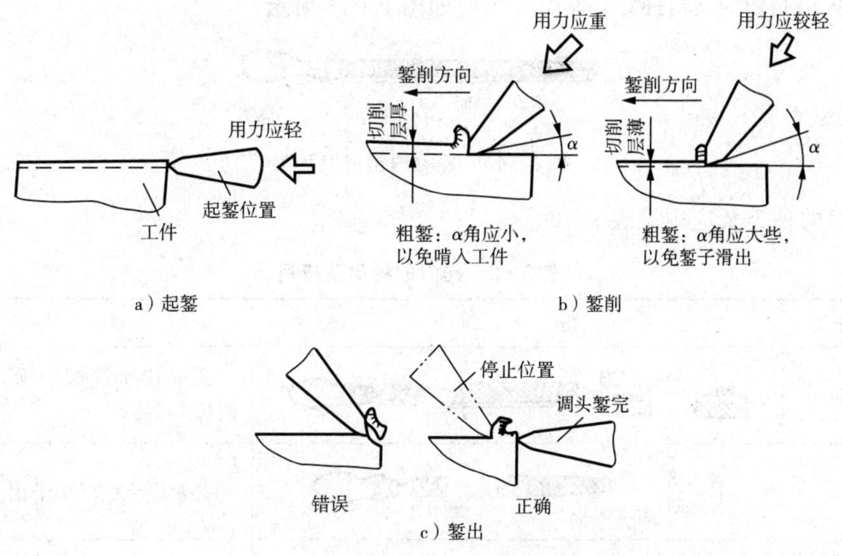

a）起錾　　b）錾削

c）錾出

图 9-14　錾削步骤

(1)起錾。起錾时，錾子要握平或使錾头略向下倾斜，以便錾刃切入工件。

(2)錾削。錾削可分为粗錾和细錾两种。錾削时，要保持錾子的正确位置和錾削方向。粗錾时，后角应取小些，用力应重；细錾时，后角应取大些，用力应较轻。錾削厚度要合适，厚度太厚，不仅消耗体力，錾不动，而且易使工件报废。錾削厚度一般取 1～2mm 左右，细錾时取 0.5mm 左右。

(3)錾出。当錾削至平面尽头约 10mm 左右时，必须调头錾去余下的部分，以免损坏工件棱角或边缘。

3. 注意事项

(1)及时修复打毛的錾子头部和松动的锤头，以免头部毛刺碎裂弹出伤人，锤头飞脱伤人。

(2)錾削大型工件和去毛刺时，操作者需要戴防护眼镜，以防铁屑崩入眼中。

(3)錾子头部、手锤头部长锤柄握持部分不能沾油，以免滑脱打手和伤人。

(4)錾削工作区前应有铁丝网，錾削者前方不许站人。

(5)提锤时应注意背后是否有人。

(6)操作者不准戴手套。

9.2.4　锉削

用锉刀从零件表面锉掉多余的金属，使零件达到图样要求的尺寸、形状和表面粗糙度的操作叫锉削。锉削加工范围包括平面、台阶面、角度面、曲面、沟槽和各种形状的孔等。

1. 锉刀

锉刀是锉削的主要工具，锉刀用高碳钢(T12、T13)制成，并经淬火＋低温回火热处理淬硬至 62HRC～67HRC。锉刀的组成如图 9－15 所示。

图 9－15　锉刀的组成及种类

锉刀的种类及应用见表 9－2。

表 9－2　锉刀的种类及应用

锉刀种类	图　　例	应　　用
平锉	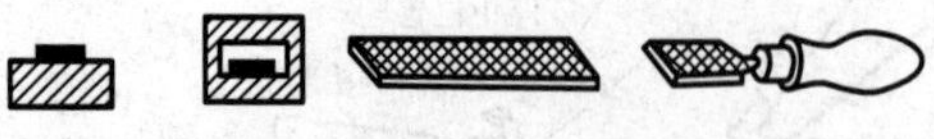	主要用于锉削平面、外圆弧面等
半圆锉		主要用于锉削小平面、内圆弧
方锉	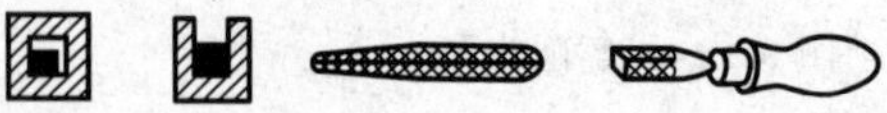	主要用于锉削平面、外圆弧面、内角(大于 60°)等
三角锉		主要用于锉削平面、外圆弧面、内凹圆弧面、圆孔等
圆锉		主要用于锉削圆孔及凹下去的弧面

另外，由多把各种形状的特种锉刀所组成的“什锦”锉刀，用于修锉小型零件及模具上难以机械加工的部位。

2. 锉削操作要领

(1)握锉

锉刀的种类较多，规格、大小不一，使用场合也不同，故锉刀握法也应随之改变。如图 9－16a 所示为大锉刀的握法，如图 9－16b 所示为中、小锉刀的握法。

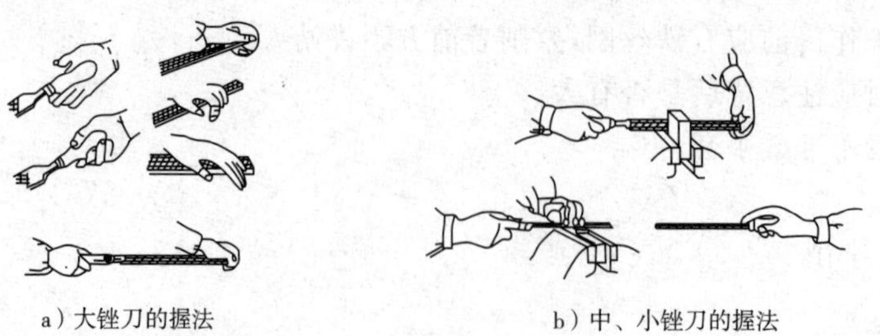

a）大锉刀的握法　　b）中、小锉刀的握法

图 9－16　握锉

(2)锉削姿势

锉削时人的站立位置与锯削相似，锉削操作姿势如图 9－17 所示，身体重量放在左脚，右膝要伸直，双脚始终站稳不移动，靠左膝的屈伸而作往复运动。开始时，身体向前

倾斜 10°左右，右肘尽可能向后收缩如图 9－17a 所示。在最初三分之一行程时，身体逐渐前倾至 15°左右，左膝稍弯曲如图 9－17b 所示。其次三分之一行程，右肘向前推进，同时身体也逐渐前倾到 18°左右，如图 9－17c 所示。最后三分之一行程，用右手腕将锉刀推进，身体随锉刀向前推的同时自然后退到 15°左右的位置上，如图 9－17d 所示，锉削行程结束后，把锉刀略提起一些，身体姿势恢复到起始位置。

锉削过程中，两手用力也时刻在变化。开始时，左手压力大推力小，右手压力小推力大。随着推锉过程，左手压力逐渐减小，右手压力逐渐增大。锉刀回程时不加压力，以减少锉齿的磨损。锉刀往复运动速度一般为 30 次/min～40 次/min，推出时慢，回程时可快些。

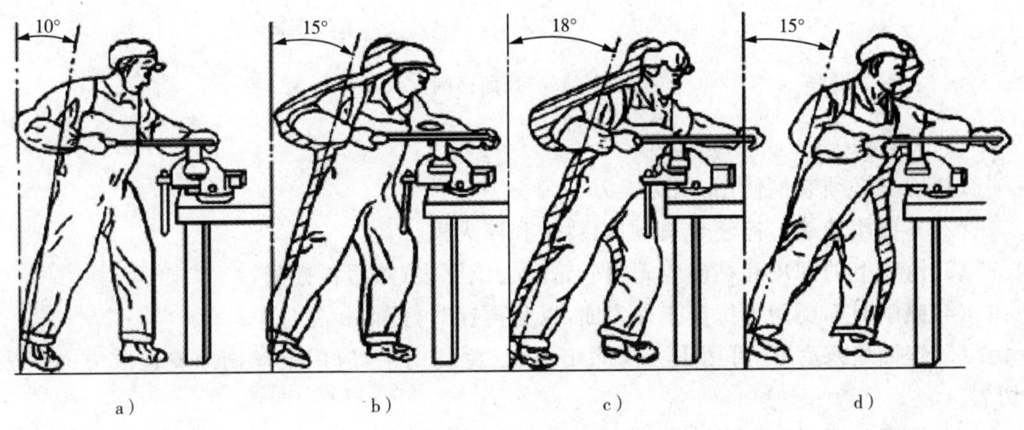

图 9－17　锉削姿势

3. 锉削方法

(1)平面锉削

锉削方法有交叉锉法、顺向锉法和推锉法等。粗锉时一般用交叉锉法、如图 9－18b 所示。这样不仅锉得快，而且由于锉刀与工件的接触面大，锉刀容易掌握平稳。同时，从锉痕上可以判断出锉削面的高低情况，便于不断地修正锉削部位。平面基本锉平后，可用顺向锉法(图 9－18a)进行锉削，以降低工件表面粗糙度，并获得整齐一致的锉纹。最后可用细锉刀或油光锉刀以推锉法(图 9－18c)修光。

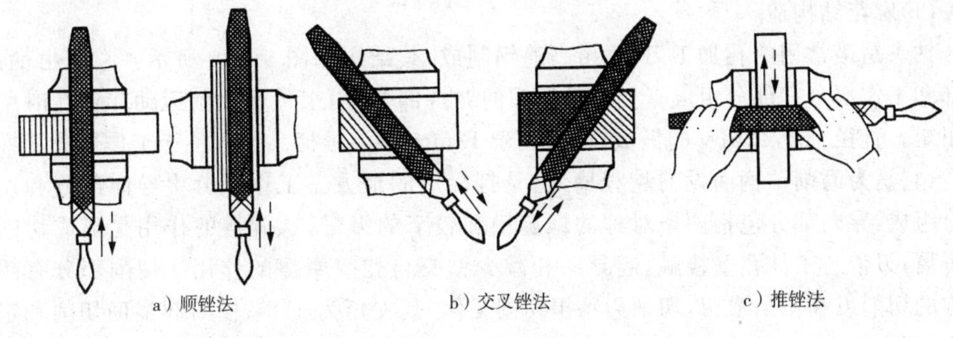

图 9－18　锉削方法

(2)弧面锉削

外圆弧面一般可采用平锉进行锉削,常用的锉削方法有两种。顺锉法如图 9-19a 所示,是横着圆弧方向锉,可锉成接近圆弧的多棱形(适用于曲面的粗加工)。滚锉法如图 9-19b所示,锉刀向前锉削时右手下压,左手随着上提,使锉刀在零件圆弧上作转动。

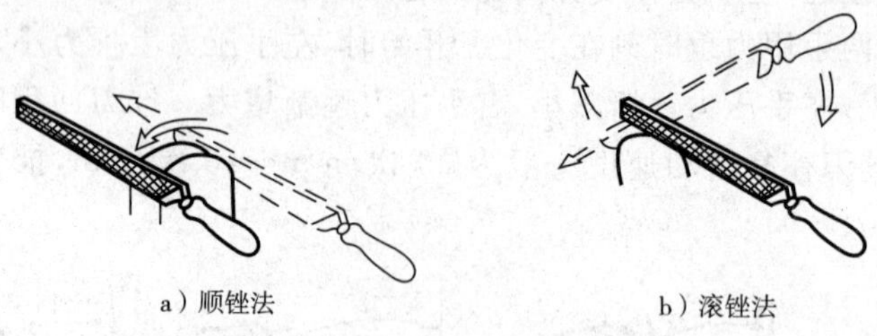

a)顺锉法　　b)滚锉法

图 9-19　弧面锉削方法

4. 注意事项

(1)锉刀必须装柄使用,以免锉刀舌刺伤手心。

(2)不要用新锉刀锉硬金属、白口铸铁和淬火钢。

(3)铸铁上的硬皮和粘砂应先用砂轮磨去或錾去,然后再锉削。

(4)锉削时不要用手抚摸工件表面,以免再锉时打滑。

(5)锉面堵塞后,不可用手去清除切屑,以免刺伤手,应用钢丝刷顺着锉纹方向刷去切屑。

(6)锉刀放置时,不应伸出钳工桌台面以外,以免碰落摔断或砸伤脚。

9.2.5　孔加工

钳工中常用的孔加工方法有钻孔、扩孔、铰孔等。钻孔、扩孔和铰孔分别属于孔的粗加工、半精加工和精加工。

1. 钻孔

用钻头在实体材料上加工孔称为钻孔。在钻床上钻孔时,工件固定不动,钻头旋转作主运动,又同时向下作轴向移动完成进给运动。

(1)麻花钻构造

钻头是最常用的孔加工刀具,由高速钢制成,其结构如图 9-20 所示。它是由柄部、颈部和工作部分三部分组成。柄部是钻头的夹持部分,用来传递钻削运动和钻孔时所需的扭矩。直径小于 12mm 的做成直柄;大于 12mm 的为锥柄。颈部位于工作部分和柄部之间,它是为磨削钻柄而设的越程槽,也是打标记的地方。工作部分由导向部分和切削部分组成,导向部分包括两条对称的螺旋槽和较窄的刃带,螺旋槽的作用是形成切削刃和排屑;刃带与工件孔壁接触,起导向和减少钻头与孔壁摩擦的作用。切削部分有两个对称的切削刃和一个横刃,切削刃承担切削工作,其夹角为 118°;横刃起辅助切削和定心作用,但会大大增加钻削时的轴向力。

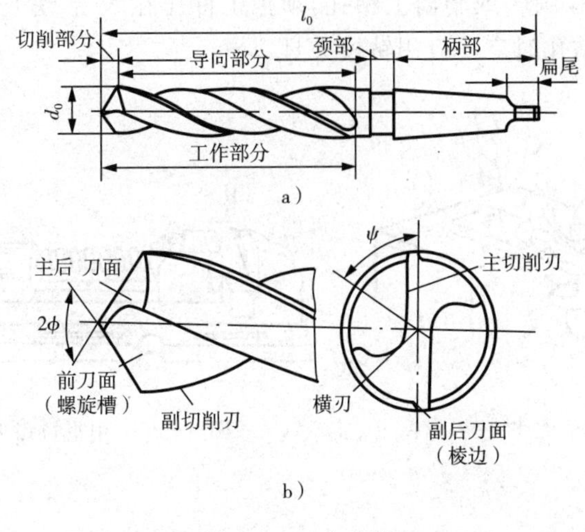

图 9-20　麻花钻

(2)钻头的装夹

钻头的装夹方法,按其柄部的形状不同而异。锥柄钻头可以直接装入钻床主轴孔内,较小的钻头可用过渡套筒安装,如图 9-21 所示;直柄钻头一般用钻夹头安装,如图 9-22所示。

钻夹头(或过渡套筒)的拆卸方法是将楔铁带圆弧的边向上插入钻床主轴侧边的锥形孔内,左手握住钻夹头,右手用锤子敲击楔铁卸下钻夹头,如图 9-23 所示。

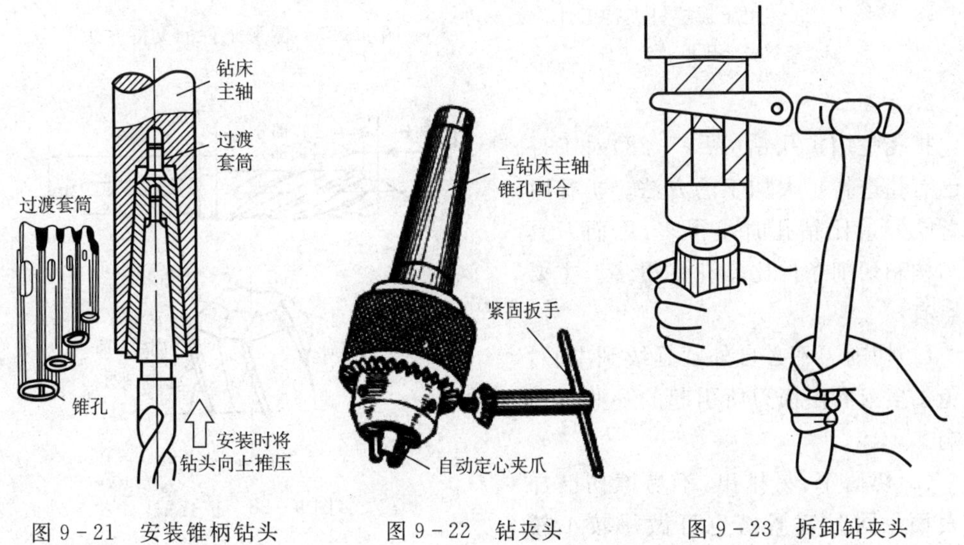

图 9-21　安装锥柄钻头　　图 9-22　钻夹头　　图 9-23　拆卸钻夹头

(3)工件的夹持

钻孔中的安全事故,大都是由于工件的夹持方法不对造成的。因此,应注意工件的夹持。小件和薄壁零件钻孔,要用手虎钳夹持工件(图 9-24)。中等零件,可用平口钳夹紧(图 9-25)。大型和其他不适合用虎钳夹紧的工件,可直接用压板螺钉固定在钻床工作台上(图 9－26)。在圆轴或套筒上钻孔,须把工件压在 V 形铁上钻孔(图 9－27)。在成批和大量生产中,钻孔时广泛应用钻模夹具。

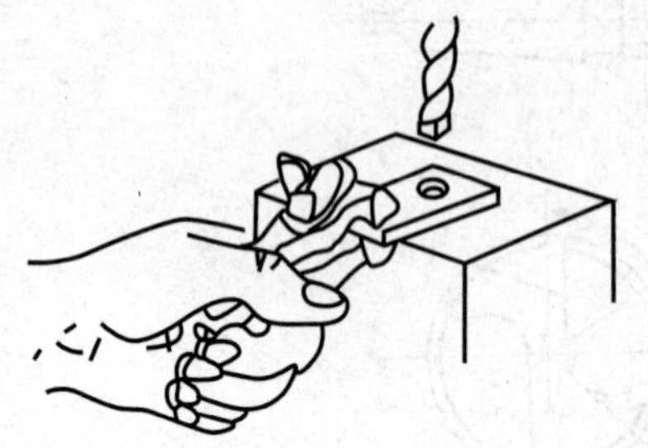

图 9－24 用手虎钳夹持工件

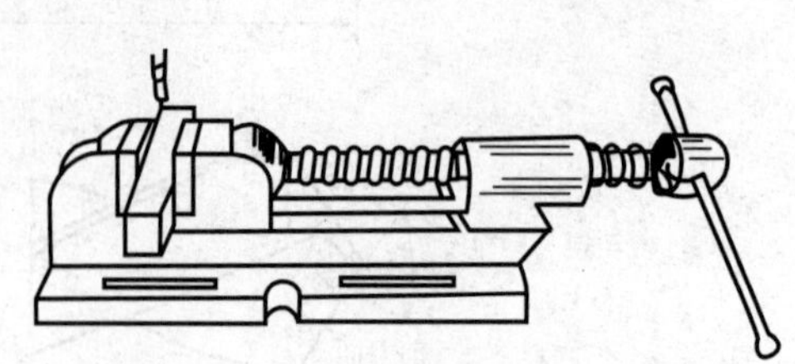

图 9－25 用平口钳夹持工作

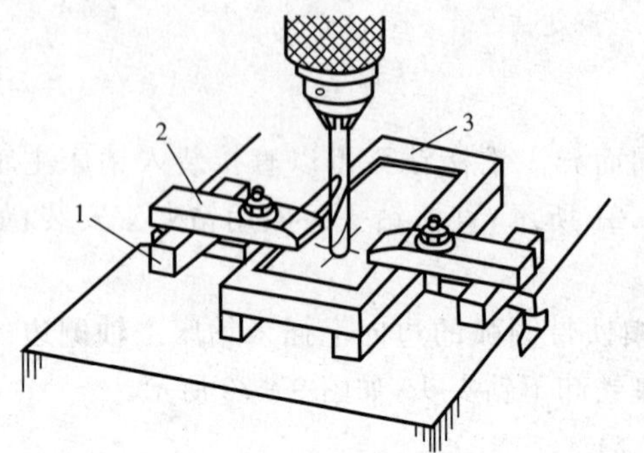

图 9－26 用压板螺钉夹持工件

1—垫铁;2—压板;3—工件

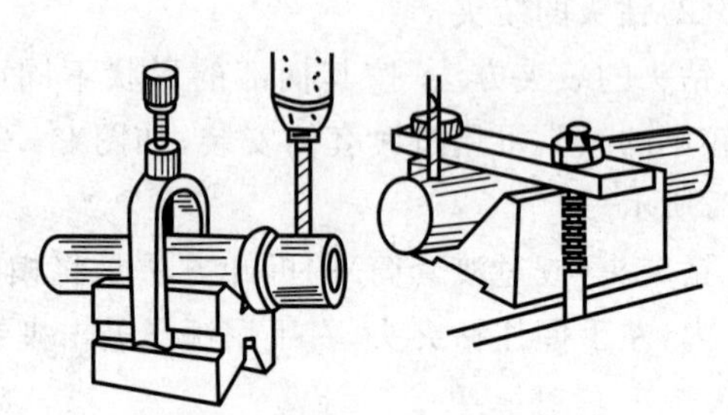

图 9－27 圆形工件的夹持方法

2. 扩孔

扩孔是用扩孔钻(图 9－28)对工件上已有孔进行扩大加工的方法。扩孔时的背吃刀量比钻孔时小得多,因而刀具的结构和切削条件比钻孔好得多。主要特点有:

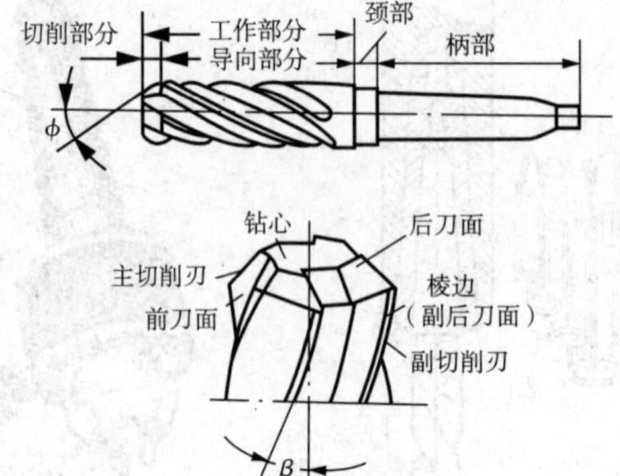

图 9－28 扩孔钻

(1)切削刃不必自外圆延续到中心,避免了横刃和由横刃所引起的一些不良影响。

(2)切屑窄,易排出,不易擦伤已加工表面。同时容屑槽也可做得较小较浅,从而可以加粗钻心,大大提高扩孔钻的刚度,有利于加大切削用量和改善加工质量。

(3)刀齿多(3～4 个),导向作用好,切削平稳,生产率高。

由于上述原因,扩孔加工质量比钻孔高,一般精度可达 IT10～IT9,表面粗糙度 R_a 值为 3.2～6.3μm。

3. 铰孔

铰孔是应用较为普遍的孔的精加工方法之一，一般加工精度可达 IT9～IT7，表面粗糙度 R_a 值为 0.4～1.6μm。

(1)铰刀。铰刀是孔的精加工刀具。铰刀分为机铰刀和手铰刀两种，机铰刀为锥柄，手铰刀为直柄。如图 9-29 所示为手铰刀。铰刀一般是制成两支一套的，其中一支为粗铰刀(它的刃上开有螺旋形分布的分屑槽)，一支为精铰刀。

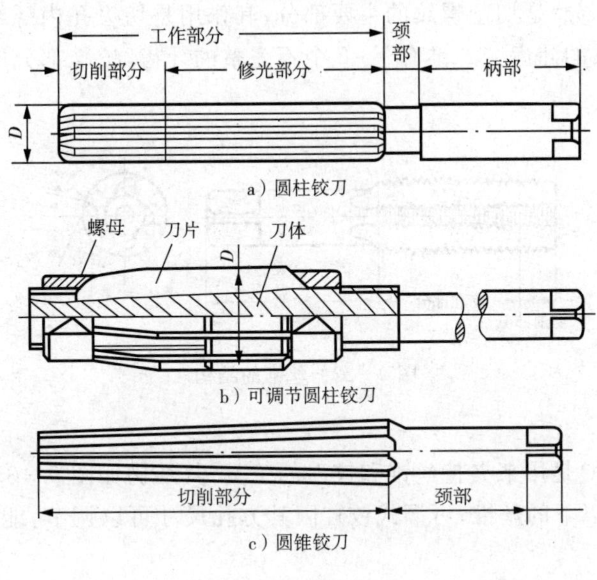

图 9-29　手铰刀

(2)手铰孔方法。将铰刀插入孔内，两手握铰杠手柄，顺时针转动并稍加压力，使铰刀慢慢向孔内进给，注意两手用力要平衡，使铰刀铰削时始终保持与零件垂直。铰刀退出时，也应边顺时针转动边向外拔出。

9.2.6　攻螺纹和套螺纹

攻螺纹是指用丝锥加工工件内螺纹的操作，套螺纹是指用板牙加工工件外螺纹的操作。

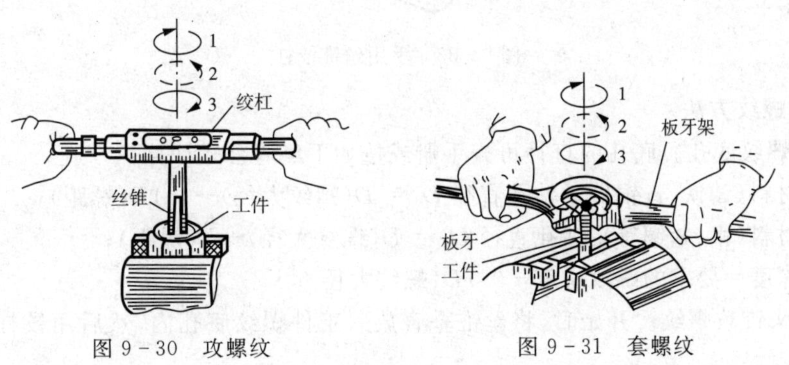

图 9-30　攻螺纹　　　图 9-31　套螺纹

攻螺纹和套螺纹一般用于加工普通螺纹。攻螺纹和套螺纹所用工具简单，操作方便，但生产率低，精度不高，主要用于单件或小批量的小直径螺纹加工。

1. 攻螺纹

(1)丝锥

丝锥是专门用于攻螺纹的刀具，其结构如图 9-32 所示。M3～M20 手用丝锥多为二支一组，称头锥、二锥。每个丝锥的工作部分由切削部分和校准部分组成，切削部分(即不完整的牙齿部分)是切削螺纹的主要部分，其作用是切去孔内螺纹牙间的金属。头锥有 5～7 个不完整的牙齿。二锥有 1～2 个不完整的牙齿，校准部分的作用是修光螺纹和引导丝锥。

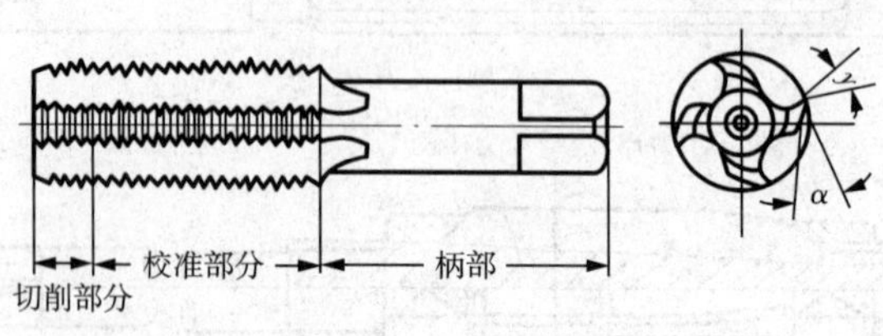

图 9-32　丝锥的结构

(2)铰杠

铰杠(又称扳手)是用来夹持丝锥和铰刀的工具，其结构如图 9-33 所示。其中固定式铰杠常用于 M5 以下的丝锥；可调式铰杠因其方孔尺寸可以调节，能与多种丝锥配用，故应用广泛。

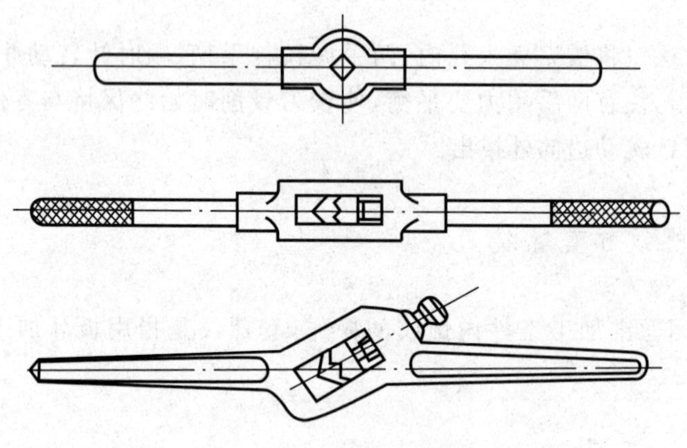

图 9-33　手用丝锥铰杠

(3)攻螺纹方法

① 钻螺纹底孔。底孔的直径可查手册或按如下经验公式计算：

脆性材料(铸铁、青铜等)：钻孔直径 $D_0= D$(螺纹大径)$-1.1P$(螺距)；

韧性材料(钢、紫铜等)：钻孔直径 $D_0= D$(螺纹大径)$-P$(螺距)；

钻孔深度＝要求的螺纹长度$+0.7D$(螺纹大径)。

② 用头锥攻螺纹。开始时，将丝锥垂直放入工件螺纹底孔内，然后用铰杠轻压旋入

1～2 周，用目测或直角尺在两个互相垂直的方向上检查，并及时纠正丝锥，使其与端面保持垂直。当丝锥切入 3～4 周，可以只转动，不加压，每转 1～2 周应反转 1/4 周，以使切屑断落。攻钢件螺纹时应加机油润滑，攻铸铁件可加煤油。攻通孔螺纹，只用头锥攻穿即可。

③ 用二锥攻螺纹。先将丝锥放入孔内，用手旋入几周后，再用铰杠转动。旋转铰杠时不需加压。攻盲孔螺纹时，需依次使用头锥、二锥才能攻到所需要的深度。

2. 套螺纹

(1)板牙

套螺纹用的主要工具是板牙和板牙架。板牙是加工小直径外螺纹的成形刀具，其结构如图 9－34 所示。板牙的形状和圆螺母相似，只是在靠近螺纹处钻了几个排屑孔，以形成切削刃。板牙两端是切削部分，当一端磨损后，可换另一端使用；中间部分是校准部分，主要起修光螺纹和导向作用。

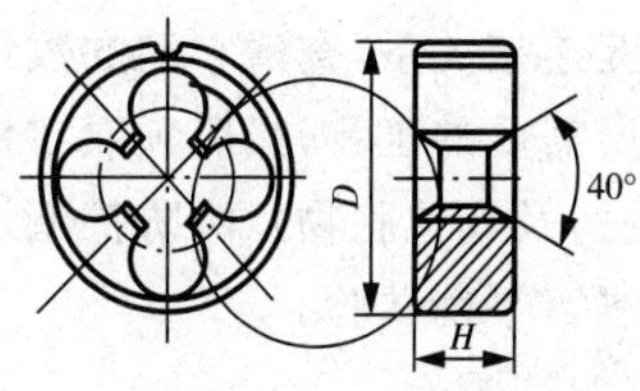

图 9－34　板牙

板牙的外圆柱面上有四个锥坑和一个 V 形槽。其中两个锥坑，其轴线与板牙直径方向一致，它的作用是通过板牙架上两个紧固螺钉将板牙紧固在板牙架内，以便传递扭矩。另外两个偏心锥坑是当板牙磨损后，将板牙沿 V 形槽锯开，拧紧板牙架上的调整螺钉，螺钉顶在这两个锥坑上，使板牙孔做微量缩小以补偿板牙的磨损。

(2)板牙架

板牙架是用来夹持板牙传递扭矩的专用工具，其结构如图 9－35 所示。板牙架与板牙配套使用。为了减少板牙架的规格，一定直径范围内的板牙的外径是相等的，当板牙外径与板牙架不配套时，可以加过渡套或使用大一号的板牙架。

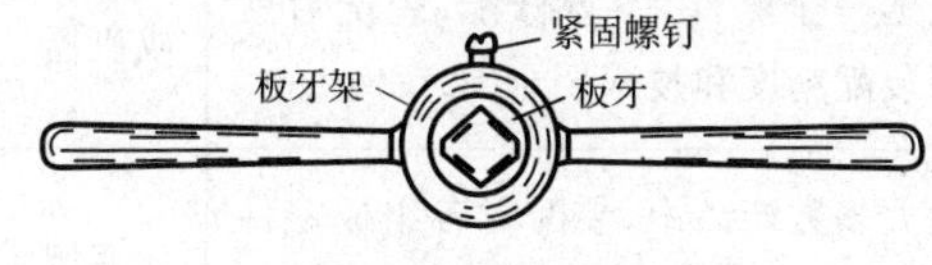

图 9－35　板牙架

(3)套螺纹方法

① 套螺纹前必须对工件倒角，以利板牙顺利套入。

② 装夹工件时，工件伸出钳口的长度应稍大于螺纹长度。

③ 套螺纹的过程与攻螺纹相似。操作时用力要均匀，开始转动板牙时，要稍加压力，套入 3～4 圈后，可只转动不加压，并经常反转以便断屑。

9.2.6　装配

任何一台机器都是由许多零件组合而成的。将零件、组件和部件按装配图及装配工艺过程组装起来，并经过调整，试车使之成为合格产品的过程，称为装配。它是机械产品在制造过程中的最终工序。产品质量的好坏往往由装配质量来决定的，所以装配过程必须严格按照装配工艺规程进行操作、严格检测，使产品达到设计时规定的技术要求。

装配包括组装、部装和总装等。将零件、合件装配成组件称为组装。将零件、合件和组件装配成部件称为部装。将零件、合件、组件和部件最终装配成机器成为总装。

1. 装配的工艺过程

(1)装配前的准备

研究和熟悉产品装配图及技术要求；熟悉产品结构、每个零件、部件的作用及它们之间相互连接关系，查清它们的数量、重量及其装拆空间如何。确定装配方法、装配顺序及装配所需要的工具，然后领取零件并对零件进行清理、清洗(去掉零件上的毛刺、锈蚀切屑、油污及其他脏物)，涂防护润滑油。对个别零件进行某些修配工作、对有特殊要求的零件进行平衡试验。

(2)装配

装配按组件装配→部件装配→总装配的次序进行，并经调整、试验、检验、喷漆、装箱等步骤。

2. 装配方法

为了便于装配产品达到设计规定的技术指标，对不同精度的零件装配、不同的装配技术水平和机械设备，应选择不同的装配方法。常用装配方法及其应用见表 9-3。

表 9-3 常用装配方法及其应用

装配方法		定 义	特点及应用
互换装配法	完全互换装配法	组成部件或机器的各种零件按图纸规定的公差加工合格后，装配时在各种零件中各任选一个零件，不需修配，装配后就能达到装配精度和技术要求	适用于大批大量生产装配精度不特别高、组成件不特别多的部件或机器
	大数互换装配法	在绝大多数产品中，装配时各组成零件不需挑选或改变其大小或位置，装配后即能达到装配精度的要求，但少数产品有出现废品的可能性	适用于大批大量生产装配精度要求较高而组成零件较多($n\geqslant5$)的部件或机器
分组装配法		把各组成件的公差放大，按经济精度制造；装配前将零件按尺寸大小分成若干组并打上组别标记；装配时将对应组零件连接在一起	适用于大批大量生产装配精度很高、组成件只有 2～3 个的场合
修配装配法		各组成件均按经济精度制造，而在其中一个组成件上预留一定的修配量，在装配时靠钳工或机械加工方法将修配量去除，使部件或机器达到设计所要求的装配精度	用于产品结构比较复杂、产品精度要求高、单件和小批生产的场合

（续表）

装配方法		定　　义	特点及应用
调整装配法	可动调整法	采取改变调整件的位置来保证装配精度的方法	装配方便，可获得较高的装配精度，且可通过调整件来补偿由于磨损、热变形所引起的误差，使设备恢复原有的精度，应用较广
	固定调整法	在装配尺寸链中选某一个零件为调整件，根据各组成环形成累积误差的大小来更换不同尺寸的调整件，以保证装配精度要求	适用于装配精要求较高、组成零件数较多的场合。在使用过程中，通过更换备用件还可补偿磨损
	误差抵消调整法	在装配中调整组成件的相对位置，使各件加工误差相互抵消一部分以提高装配精度的方法	适于装配精度较高、生产批量较小的场合

3. 典型联接件的装配

装配的形式很多，下面着重介绍螺纹联接、滚动轴承等几种典型联接件的装配方法。

(1)螺纹联接

如图 9－36 所示，螺纹连接常用零件有螺钉、螺母、双头螺栓及各种专用螺纹等。螺纹连接是现代机械制造中用得最广泛的一种连接形式。它具有紧固可靠、装拆简便、调整和更换方便、宜于多次拆装等优点。

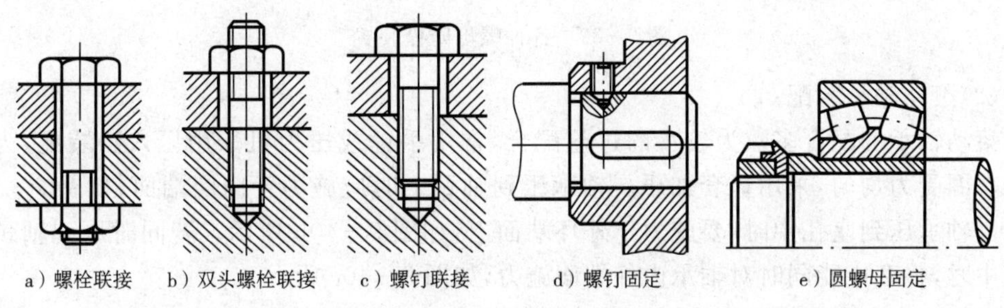

a）螺栓联接　b）双头螺栓联接　c）螺钉联接　d）螺钉固定　e）圆螺母固定

图 9－36　常见螺纹的连接类型

对于一般的螺纹联接可用普通扳手拧紧。而对于有规定预紧力要求的螺纹联接，为了保证规定的预紧力，常用测力扳手或其他限力扳手以控制扭矩，如图 9－37 所示。

在紧固成组螺钉、螺母时，为使紧固件的配合面上受力均匀，应按一定的顺序来拧紧。如图 9－38 所示为两种拧紧顺序的实例。按图中数字顺序拧紧，可避免被联接件的偏斜、翘曲和受力不均。而且每个螺钉或螺母不能一次就完全拧紧，应按顺序分 2～3 次才全部拧紧。

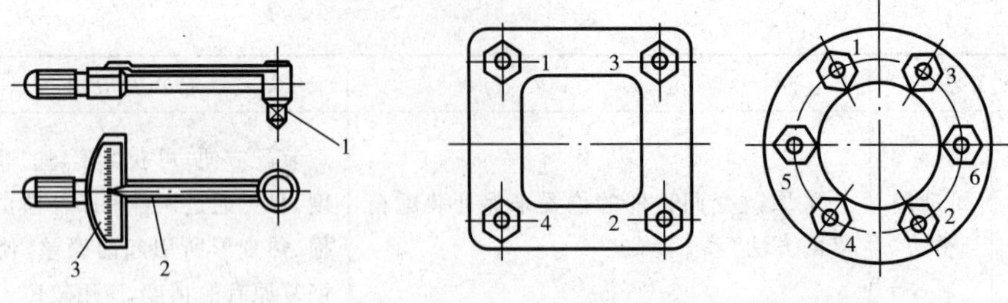

图 9-37　测力扳手　　　图 9-38　拧成组螺母顺序

零件与螺母的贴合面应平整光洁，否则螺纹容易松动。为提高贴合面质量，可加垫圈在交变载荷和振动条件下工作的螺纹联接，有逐渐自动松开的可能，为防止螺纹联接的松动，可用弹簧垫圈、止退垫圈、开口销和止动螺钉等防松装置，如图 9-39 所示。

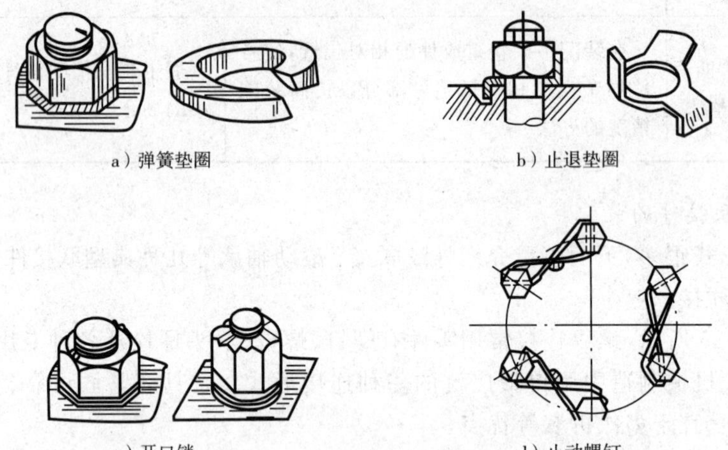

a）弹簧垫圈　b）止退垫圈　c）开口销　d）止动螺钉

图 9-39　各种螺母防松装置

(2)滚动轴承装配

滚动轴承的配合多数为较小的过盈配合，常用手锤或压力机采用压入法装配，为了使轴承圈受力均匀，采用垫套加压。轴承压到轴颈上时应施力于内圈端面，如图 9-40a 所示。轴承压到座孔中时，要施力于外环端面上，如图 9-40b 所示。若同时压到轴颈和座孔中时，整套应能同时对轴承内外端面施力，如图 9-40c 所示。

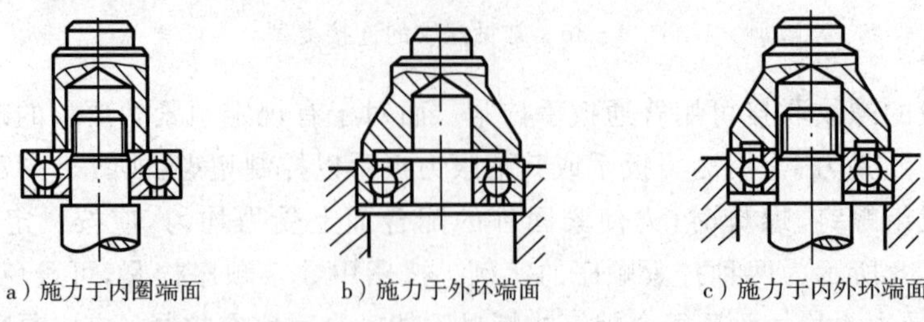

a）施力于内圈端面　b）施力于外环端面　c）施力于内外环端面

图 9-40　滚动轴承的装配

当轴承的装配是较大的过盈配合时，应采用加热装配，即将轴承吊在 80℃～90℃的热油中加热，使轴承膨胀，然后趁热装入。注意轴承不能与油槽底接触，以防过热。如果是装入座孔的轴承，需将轴承冷却后装入。

轴承安装后要检查滚珠是否被咬住，是否有合理的间隙。

4. 对拆卸工作的要求

(1)机器拆卸工作按其结构的不同，应预先考虑操作程序，以免先后倒置。切勿贪图省事猛拆猛敲，从而造成零件的变形或损伤。

(2)拆卸的顺序，应与装配的顺序相反，一般应先拆外部附件，然后按总成、部件进行拆卸。在拆卸部件或组件时，应按从外部到内部、从上部到下部的顺序依次拆卸组件或零件。

(3)拆卸时，使用的工具必须保证零件不受损伤(尽可能使用专用工具，如各种拉出器、固定扳手等)。严禁用硬手锤直接在零件的工作表面上敲击。

(4)拆卸时，零件的回松方向(左右螺纹)必须辨别清楚。

(5)拆下的部件和零件，必须有次序、有规则地放好，并按原来的结构套在一起，配合件作上记号，以免搞乱。对丝杠、长轴类零件必须用绳索将其竖直吊起，并且用布包好，以防弯曲变形和碰伤。

【实训安排】

时　间		内　容
第一天	1 小时	讲课及示范： (1)钳工概述； (2)介绍小榔头加工工艺； (3)安全知识及实训要求； (4)锯削示范讲解
	1 小时	学生锯割、下料操作
	0.5 小时	讲课及示范： (1)小榔头图纸尺寸精度及形位公差介绍； (2)检测方法及检测工具； (3)锉削示范讲解
	1.5 小时	学生锉削操作
	0.5 小时	示范讲解划线
	1.5 小时	学生对照图纸划线后锯锉斜面
第二天	0.5 小时	钻孔示范讲解
	1 小时	学生钻孔操作
	0.5 小时	攻丝示范讲解
	1 小时	学生攻丝操作
	3 小时	实训产品精加工，达到图纸要求

（续表）

时间		内容
第三天	0.5 小时	讲课及示范： (1)拆装的安全知识及实训要求； (2)摩托车结构、传动路线、四冲程发动机工作原理； (3)拆装工具介绍、发动机拆卸步骤及注意事项
	1 小时	学生分组进行拆卸操作
	1 小时	(1)示范讲解变速器、曲轴连杆构件装配步骤及注意事项； (2)示范讲解发动机、摩擦离合器、超越离合器、磁电机、配气系统工作原理，相互工作关系装配步骤及注意事项
	3.5 小时	学生分组进行装配操作

复习思考题

9-1　钳工在机械制造中起何作用？试举例说明。

9-2　划线的作用是什么？常用的划线工具有哪些？

9-3　什么叫划线基准？如何选择划线基准？

9-4　如何选锯条？安装锯条时应注意什么？

9-5　锉平面为什么会锉成鼓形？如何克服？

9-6　有一工件需加工 M16×2，螺纹有效长度为 30mm，材料 HT200，需选用多大的钻头钻孔？应钻多深？

9-7　你在钳工实习时的产品是什么？请画出产品图，并写出其制造工艺过程。

9-8　什么是装配？装配的步骤如何？

第10章 数控加工

【实训要求】

(1)了解数控机床的分类、组成及其特点。

(2)熟悉数控编程的基础知识,如数控机床的坐标系统、数控加工程序结构等。

(3)了解数控车床、数控铣床的编程特点,能对比较复杂的零件进行编程及加工。

【安全文明生产】

(1)机床通电后,检查各开关、按钮和键是否正常、灵活,机床是否有异常情况,发现异常情况应立即报告指导教师。

(2)操作前检查所有压力表、操作面板上的开关、指示灯以及安全装置是否正常,需要手工润滑的地方应添加润滑油。

(3)在手动进给时,一定要注意正负方向,认准按键方可操作。

(4)自动换刀前,首先应检查显示器显示的主轴上的刀位号,刀库对应的刀座上不能有刀,其次应检查刀库上的标号与控制器内的刀号是否对应,避免主轴与刀柄相撞。

(5)所有要运行的程序要在计算机上模拟运行确认无误后,并由指导教师检查后方可输入机床。

(6)在运行任何程序前,皆应对刀,使工件零点、编程零点重合,设置好刀补,并使刀具在工件的上表面以上。

(7)进行加工前,确认工件、刀具等已稳固锁紧。操作机床前,应确认防护罩已锁紧。

(8)禁止将任何工具、量具等放在机床移动部位或控制面板上。

(9)加工中,须自始至终监控机床的运行,发现异常情况应及时按下“急停开关”,并报告指导教师,排除故障后方可重新运行。

(10)机床在自动运转过程中,严禁打开机床的防护罩,以免发生危险。

(11)测量工件、清除切屑、调整工件、装卸刀具等必须在停机状态下进行,以免发生事故。

(12)加工完成后应切断系统电源、清洁机床。关闭机床主电源前必须先关闭控制系统,非紧急状态不得使用急停开关。

【讲课内容】

随着科学技术的不断发展,对机械产品的质量和生产率提出了越来越高的要求。机械加工工艺过程的自动化是实现上述要求的重要举措之一,因此新型的数字程序控制机床——数控机床应运而生。

数控机床(Numerical Control,NC)是利用数字化信息实现机床控制的机电一体化产品,它利用数控技术,准确地按事先编制的工艺流程,实现规定加工动作的金属切削机床。由于数控机床现在都采用计算机控制,所以数控又称为计算机数控(Computerized Numerical Control,CNC)。

10.1 数控加工基础知识

10.1.1 数控机床分类

数控机床经数年发展,规格、型号繁多,其品种已达数千种,结构和功能也各具特色。从不同的技术和经济指标出发,可以对数控机床进行不同的分类。由于国内外尚无统一的分类方法,以下仅介绍国内最常见的几种数控机床分类方法。

1. 按工艺用途分

(1)普通数控机床。普通数控机床指在加工工艺过程中的一个工序上实现数字控制的自动化机床,如数控车床、数控铣床、数控钻床、数控磨床、数控镗铣床、数控齿轮加工机床、数控冲床、数控液压机等。普通数控机床在自动化程度上还不够完善。

(2)加工中心。数控加工中心机床简称加工中心,是指带有刀库和自动换刀装置的数控机床。它将数控铣床、数控镗床、数控钻床的功能组合在一起,零件在一次装夹后,可以将其大部分加工面进行铣、钻、镗、扩、铰及攻螺纹等多工序加工。加工中心的类型很多,一般分为立式加工中心、卧式加工中心等。由于加工中心能有效地避免由于多次安装造成的定位误差,所以它适用于产品更换频繁、零件形状复杂、精度要求高、生产批量不大而生产周期短的产品。

(3)特种数控机床。特种数控机床是通过特殊的数控装置并自动进行特种加工的机床,其特种加工的含义主要是指加工手段特殊,零件的加工部位特殊,加工的工艺性能要求特殊等。常见的特种数控机床有:数控线切割机床、数控激光加工机床、数控火焰切割机床及数控弯管机床等。

2. 按运动方式分

(1)点位控制数控机床。数控系统只控制刀具从一点到另一点的准确位置,而不控制运动轨迹,各坐标轴之间的运动是互不相关的,在移动过程中不对工件进行加工。这类机床主要有数控钻床、数控坐标镗床、数控冲床等。

(2)直线控制数控机床。数控系统除了控制点与点之间的准确位置外，还要保证两点间的移动轨迹为一直线，并且对移动速度也要进行控制，也称点位直线控制。这类数控机床主要有数控车床等。

(3)轮廓控制数控机床。轮廓控制的特点是能够对两个或两个以上运动坐标的位移和速度同时进行连续相关的控制，它不仅要控制机床移动部件的起点与终点坐标，而且要控制整个加工过程的每一点的速度、方向和位移量，也称为连续数控机床。这类数控机床主要有数控铣床、数控线切割等。

3. 按控制方式分

(1)开环控制数控机床。这类机床不带位置检测反馈装置，通常用步进电机作为执行机构。输入数据经过数控系统的运算，发出脉冲指令，使步进电机转过一个步距角，再通过机械传动机构转换为工作台的直线移动。移动部件的移动速度和位移量由输入脉冲的频率和脉冲数所决定。在我国，经济型数控机床一般都采用这种控制方式。如图 10－1所示为开环控制系统的框图。

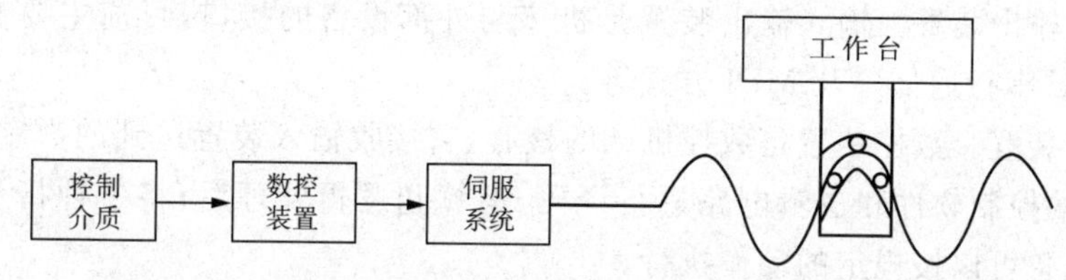

图 10－1　开环控制系统框图

(2)半闭环控制数控机床。这类机床在电机的端头或丝杠的端头安装检测元件(如感应同步器或光电编码器等)，通过检测其转角来间接检测移动部件的位移，然后反馈到数控系统中。由于大部分机械传动环节未包括在系统闭环环路内，因此可获得较稳定的控制特性。其控制精度虽不如闭环控制数控机床，但调试比较方便，因而被广泛应用。如图 10－2 所示为半闭环控制系统的框图。

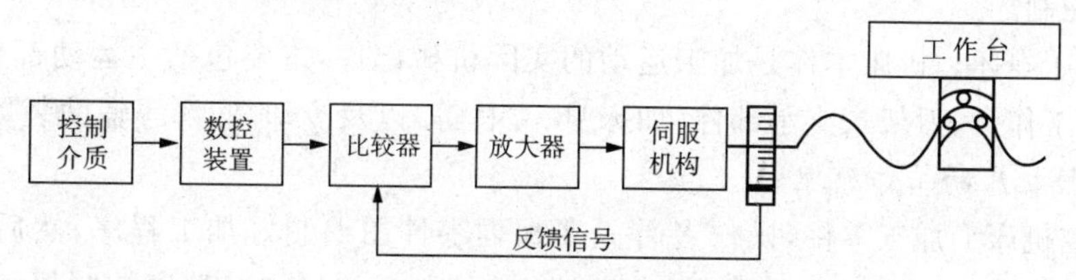

图 10－2　半闭环控制系统框图

(3)闭环控制数控机床。这类数控机床带有位置检测反馈装置，其位置检测反馈装置采用直线位移检测元件，直接安装在机床的移动部件上，将测量结果直接反馈到数控装置中，通过反馈可消除从电动机到机床移动部件整个机械传动链中的传动误差，最终实现精确定位。闭环控制系统对机床的结构以及传动链提出了比较严格的要求，传动系统的刚性不足及间隙的存在、导轨的爬行等各种因素将增加调试的困难，甚至会使数控机床的伺服系统工作时产生振荡，因此，这类控制系统调试维修比较困难。如图 10－3 所示为闭环控制系统的框图。

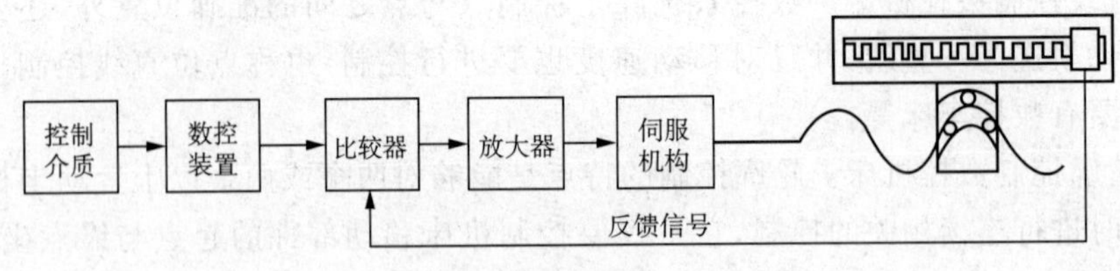

图 10-3　闭环控制系统框图

10.1.2　数控机床的组成和工作原理

1. 数控机床的组成

数控机床一般由输入输出装置、数控装置、伺服系统、检测反馈系统及机床本体组成。

(1)输入输出装置。输入输出装置是机床与外部设备的接口,目前主要有软盘驱动器、RS-232C 串行通信口及 MDI 方式等。

(2)数控装置。数控装置是数控机床的核心,它接收输入装置送到的数字化信息,经过数控装置的控制软件和逻辑电路进行译码、运算和逻辑处理后,将各种指令输出给伺服系统,使设备可以按规定的动作执行。

(3)伺服系统。伺服系统包括伺服驱动电机、各种伺服驱动元件和执行机构等,它是数控系统的执行部分。它的作用是把来自数控装置的脉冲信号转换成机床移动部件的运动。整个机床的性能主要取决于伺服系统。常用的伺服驱动元件有步进电机、直流伺服电机、交流伺服电机及电液伺服电机等。

(4)检测反馈系统。检测反馈系统由检测元件和相应的电路组成,其作用是检测机床的实际位置、速度等信息,并将其反馈给数控装置与指令信息进行比较和校正,构成系统的闭环控制。

(5)机床本体。机床本体是加工运动的实际机械部件,主要包括主运动部件、进给运动部件(如工作台、刀架)、支承部件(如床身、立柱等)以及冷却、润滑等辅助装置。

2. 数控机床的工作原理

在数控机床上加工零件,操作者首先要根据零件图编制好加工程序,然后将加工程序通过输入输出装置输入数控机床中,机床上的控制系统按加工程序控制执行机构的各种动作或运动轨迹,完成零件的自动加工。如图 10-4 为数控机床工作原理图。

10.1.3　数控加工的特点

数控机床与普通机床加工零件的区别在于数控机床是按照程序自动加工零件,而普通机床要由工人手工操作来加工零件。在数控机床上加工零件只要改变控制机床动作的程序,就可以达到加工不同零件的目的。因此,数控机床特别适合用于加工小批量且形状复杂、要求精度高的零件。

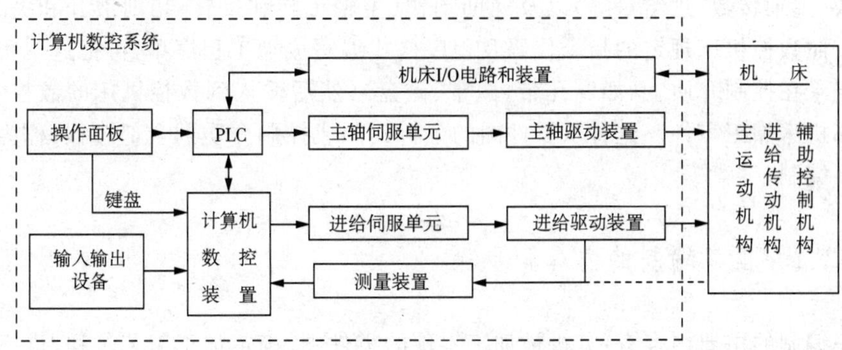

图 10-4　数控机床工作原理图

由于数控加工是一种程序控制过程，使其具有以下特点：

(1)自动化程度高，可大大减轻工人的劳动强度。数控机床对零件的加工是按事先编好的程序自动完成的，操作者除了操作键盘、装卸零件、安装刀具、完成关键工序的中间测量以及观察机床运行外，不需要进行繁重的重复性手工操作，劳动强度与紧张程度均可大为减轻，劳动条件也得到相应改善。

(2)加工精度高、加工质量稳定可靠。数控机床进给传动链的反向间隙与丝杠螺距误差等均可由数控装置补偿，因此数控机床能达到比较高的加工精度。此外数控机床的传动系统与机床结构都具有很高的刚度和热稳定性，而且提高了它的制造精度，特别是数控机床的自动加工方式，避免了生产者的人为操作误差，同一批加工零件的尺寸一致性好，产品合格率高，加工质量十分稳定。

(3)加工生产率高。数控加工能进行重复性的相同操作，可减少准备时间及检验时间等，故采用数控机床比普通机床可提高生产率 2～3 倍。尤其对某些复杂零件的加工，生产率可提高十几倍甚至几十倍。

(4)对零件加工的适应性强、灵活性好，能加工形状复杂的零件。

(5)有利于生产管理的现代化。用数控机床加工零件，能准确地计算零件的加工工时，并有效地简化了检验和工夹具、半成品的管理工作。这些特点都有利于使生产管理现代化，便于实现计算机辅助制造。数控机床及其加工技术是计算机辅助制造系统的基础。

目前，在机械行业中，随着市场经济的发展，产品更新周期越来越短，中小批量的生产所占有的比例越来越大，对机械产品的精度和质量要求也在不断地提高。所以，普通机床越来越难以满足加工的要求。同时，由于技术水平的提高，数控机床的价格在不断下降，因此，数控机床在机械行业中的使用将越来越普遍。

10.2　数控编程的基础知识

在数控机床上加工零件，首先要编制零件的加工程序，然后才能进行自动加工。

通过对零件图的分析，把零件的加工工艺路线、工艺参数、刀具的运动轨迹、位移量、切削参数(主轴转数、进给量等)以及辅助动作(主轴正转和反转、切削液开和关、自动换刀等),按照数控机床规定的指令代码及程序格式编写成加工程序单,再把这一程序单中的内容记录在控制介质上(如穿孔带、磁带、磁盘),然后输入到数控机床的数控装置中,从而指挥机床加工零件。这种从零件图的分析到制成控制介质的全部过程,称为数控加工的程序编制。

10.2.1 程序编制的内容和步骤

程序编制的主要内容有:分析被加工零件的零件图、确定加工工艺过程、进行刀具运动轨迹的坐标计算、编写零件加工的程序、制作控制介质、校验控制介质、校验程序、首件试切及校验修整。编制程序的步骤如图 10-5 所示。

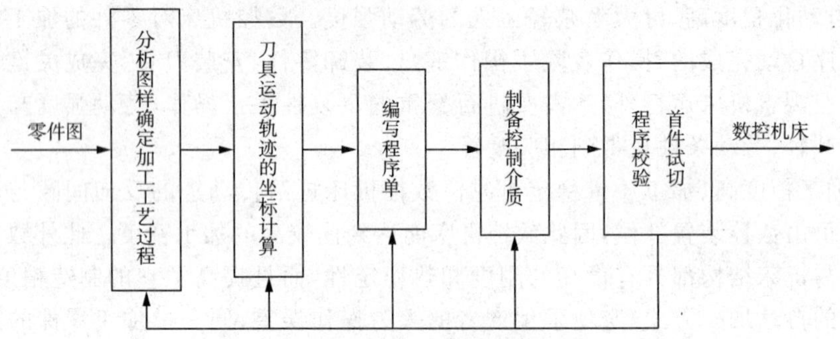

图 10-5 编制程序的步骤

(1)分析图样、确定加工工艺过程。在确定加工工艺过程时,编程人员要根据图样对工件的形状、尺寸、技术要求进行分析,然后选择加工方案、确定加工顺序、加工路线、装夹方式、刀具及切削参数,同时还要考虑所用数控机床的指令功能,充分发挥机床的效能,加工路线要短,要正确选择对刀点、换刀点,减少换刀次数。

(2)运动轨迹计算。根据零件图的几何尺寸、确定的工艺路线及设定的坐标系,计算零件粗、精加工各运动轨迹,得到刀位数据。数值计算的复杂程度,取决于零件的复杂程度和数控系统的功能。对于点位控制的数控机床(如数控冲床),一般不需要计算。只是当零件图样坐标系与编程坐标系不一致时,才需要对坐标进行换算。对于形状比较简单的零件(如直线和圆弧组成的零件)的轮廓加工,需要计算出几何元素的起点、终点、圆弧的圆心、两几何元素的交点或切点的坐标值,有的还要计算刀具中心的运动轨迹坐标值。对于形状比较复杂的零件(如非圆弧曲线、曲面组成的零件),需要用直线段或圆弧段逼近,根据要求的精度计算出其结点坐标值,这种情况一般要用计算机来完成数值计算的工作。

(3)编写零件加工程序单。加工路线、工艺参数及刀位数据确定后,编程人员可以根据数控系统规定的功能指令代码及程序段格式,逐段编写加工程序单。此外,还应填写有关的工艺文件,如数控加工工艺卡片、数控刀具卡片、数控刀具明细表、工件安装和零点设定卡片、数控加工程序单等。

(4)制备控制介质。制备控制介质,即把编制好的程序单上的内容记录在控制介质上作为数控装置的输入信息。

(5)程序校验与首件试切。程序单和制备好的控制介质必须经过校验和试切才能正式使用。校验的方法是直接将控制介质上的内容输入数控装置中，让机床空运转，即以笔代刀，以坐标纸代替工件，画出加工路线，以检查机床的运动轨迹是否正确。在有 CRT 图形显示屏的数控机床上，用模拟刀具与工件切削过程的方法进行检验更方便，但这些方法只能检验出运动是否正确，不能查出被加工零件的加工精度。因此有必要进行零件的首件试切。当发现有加工误差时，应分析误差产生的原因，找出问题所在，加以修正。

从以上内容可以看出，作为一名编程人员，不但要熟悉数控机床的结构、数控系统的功能及标准，而且还必须是一名好的工艺员，要熟悉零件的加工工艺、装夹方法、刀具、切削用量的选择等方面的知识。

10.2.2　程序编制的方法

数控机床零件加工程序的编制方法一般分为手工编程和自动编程两种。

1. 手工编程

如图 10－5 所示的编程过程全部或主要由人工完成，这种编程方法称为手工编程。

手工编程至今仍广泛应用于简单的点位加工及直线与圆弧组成的轮廓加工中。因为这些加工工件的坐标计算较简单，加工程序不长，出错的概率小，采用手工编程既经济又及时。但对于几何形状复杂的零件，特别是具有非圆曲线及曲面的零件(如叶片、复杂模具)，或者表面的几何元素并不复杂而程序量很大的零件(如复杂的箱体)，或者工步复杂的零件，手工编程就难以胜任，因此必须用自动编程的方法编制程序。

2. 自动编程

当加工工件形状复杂，特别是涉及三维立体形状时，刀具运动轨迹的计算非常繁琐，通常采用计算机自动编制加工程序，这种编程方式称为自动编程。当今，产品设计和制造领域广泛应用 CAD/CAM 软件，建立零件模型、进行加工工艺分析、设置加工参数、生成刀具轨迹、自动生成数控程序、驱动数控机床加工。

10.2.3　数控机床的坐标系

1. 坐标系的规定

按照 JB3051—1982 标准(与 ISO－841 标准等效)规定，数控机床的坐标系采用右手直角笛卡儿坐标系，如(图 10－6)。图中大拇指、食指和中指互相正交，大拇指的指向作为 X 轴的正方向，食指的指向作为 Y 轴的正方向，中指的指向作为 Z 轴的正方向。

图 10－6 中的 A、B、C 分别为绕 X、Y、Z 轴转动的旋转轴，其方向根据右手螺旋法则来确定。

在数控编程时，不论在机床加工过程中是刀具移动还是被加工工件移动，都一律假定被加工工件是相对静止的，刀具是移动的。所以，图 10－6 中的 X、Y、Z、A、B、C 的方向是指刀具相对移动的方向。

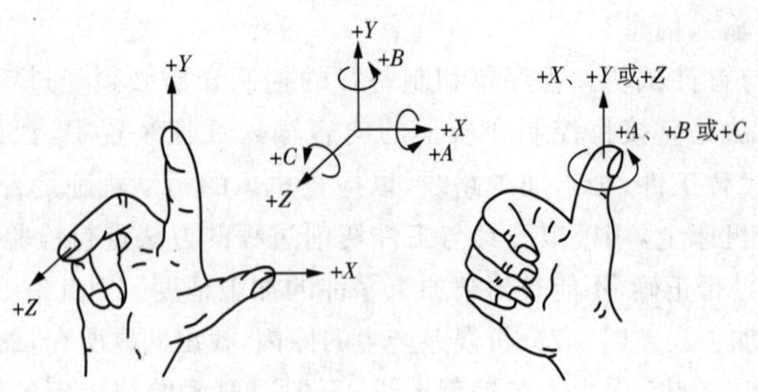

图 10-6　右手笛卡儿坐标系

2. 机床坐标轴的确定方法

在确定坐标轴时，一般先确定 Z 轴，然后确定 X 轴，最后确定 Y 轴。如图 10-7 所示的卧式加工中心及图 10-8 卧式车床。

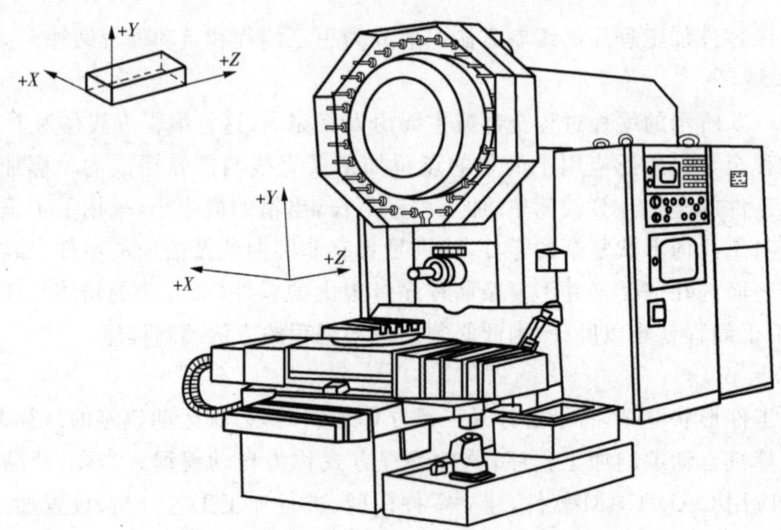

图 10-7　卧式加工中心

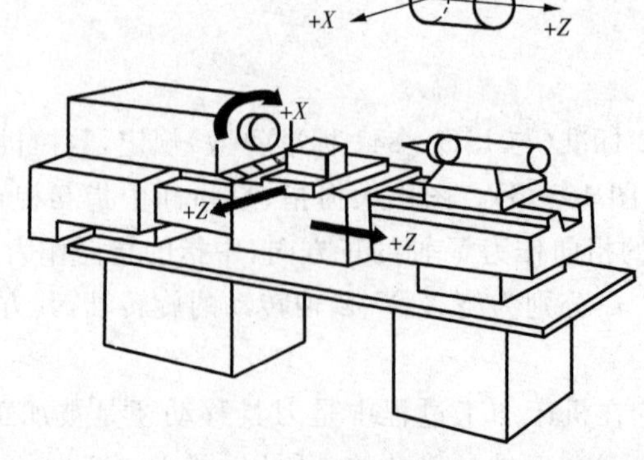

图 10-8　卧式车床

(1)Z 轴。一般是选取产生切削力的轴线方向作为 Z 轴方向。例如，数控车床、数控铣床、加工中心等都是以机床主轴轴线方向作为 Z 轴方向。同时规定刀具远离工件的方向作为 Z 轴的正方向。

(2)X 轴。X 轴一般位于与工件安装面相平行的平面内。对于机床主轴带动工件旋转的机床，例如数控车床，则在水平面内选定垂直于工件旋转轴的方向为 X 轴，且刀具远离主轴轴线方向为 X 轴的正方向。

(3)Y 轴。确定了 Z 轴和 X 轴后，根据右手定律，食指所指的方向即为 Y 轴的方向。

3. 机床坐标系

数控机床的坐标系分为机床坐标系和工件坐标系两种。机床坐标系是机床固有的坐标系，其坐标轴的方向、零点是设计和调试机床时确定下来的，是不可变的，该零点称为机床零点。

4. 工件坐标系

工件坐标系是编程人员根据具体情况在工件上指定的坐标系，其坐标轴的方向与机床坐标系一致。工件坐标系的零点应根据具体情况确定，通常应遵循以下原则：

(1)尽可能与设计、工艺和检验基准重合；

(2)便于数学计算和简化程序编制；

(3)便于对刀；

(4)便于观察。

5. 机床参考点

机床参考点是为了建立机床坐标系而在数控机床上专门设置的基准点，其位置由机械挡块或行程开关来确定。在任何情况下，通过进行“回参考点”(亦称“回零”)运动，都可以使机床各坐标轴运动到参考点并定位，系统自动以参考点为基准自动建立机床坐标原点。机床坐标原点可以和参考点重合，也可以是相对于参考点固定距离的点。机床坐标系一旦建立，只要机床不断电就保持不变，而且不能通过编程指令(如工件坐标系设置等)改变。对于无“回参考点”功能的数控机床，不能建立机床坐标系，它只能设置工件坐标系。

10.2.4　数控加工程序结构

1. 程序的组成

由于每种数控机床的控制系统不同，生产厂家会结合机床本身的特点及编程的需要，规定一定的程序格式。因此，编程人员必须严格按照机床说明书的规定格式进行编程。

一个完整的程序，一般由程序号、程序内容和程序结束三部分组成。

例如：

O2008　　　　　　…………………………程序号

```
N05  T0101 M03 S300 ;              ┐
N10  G00 X18.5 Z2.0 ;              │
N15  G01 X18.5 Z-30.0 F0.1 ;       │
N20  G01 X25.0 Z-30.0 ;            │
N20  G00 X25.0 Z2.0 ;              ├ 程序内容
N25  G00 X13.0 Z2.0 ;              │
……                                 │
N110 G00 X100.0 Z100.0 ;           │
N115 M05 ;                         ┘
N120 M02 ;            ……………………… 程序结束
```

(1)程序号。程序号必须位于程序的开头,它一般由字母O后缀若干数字组成。根据采用的标准和数控系统的不同,有时也可以由字符%或字母P后缀若干位数字组成。程序号是程序的开始部分,每个独立的程序都要有一个自己的程序编号。在编写程序号时应注意以下几点:

① 程序号必须写在程序的最前面,并占一单独的程序段。

② 在同一数控机床中,程序号不可以重复使用。

③ FANUC系列数控系统中,程序号用英文字母"O"后加4位数字表示。原则上只要不与存储在存储器中的程序号相重,编程员可自主任意确定,但系统具体规定如下:

- 0000:不准使用;
- 0001~8999:用于自由存储、删除和编辑的程序;
- 9000~9999:如果参数不设定,不能用于存储、删除和编辑的程序。

在实际选用时,通常0001~8999常用作零件程序号,而9000~9999,为机床制造者或机床使用者用作自己开发的特殊功能程序的程序号。在用户宏程序中,常用到9000~9999范围内的程序号。因为若参数不设定,不能对9000~9999程序进行存储、删除和编辑,也不能显示,但可以调用和执行。如为零件加工的关键性程序,为防止不慎误清除,也可以用9000~9999范围内的程序号。

④ 在某些系统(如SIEMENS 802C系统)中,可以直接用多字符程序名(如SONG168)代替程序号。

(2)程序内容。程序内容是整个程序的核心,由许多程序段组成,它包括加工前机床状态要求和刀具加工零件时的运动轨迹。

(3)程序结束。程序结束可以用M02和M30表示,它们代表零件加工主程序的结束。此外,M99、M17(SIEMENS常用)也可以用做程序结束标记,但它们代表的是子程序的结束。

2. 程序段格式

在上例中,每一行程序即为一个程序段。程序段中包含:机床状态指令、刀具指令及刀具运动轨迹指令等各种信息代码。不同的数控系统往往有不同的程序段格式。如果格式不符合规定,数控系统就会报警、不运行。常见的程序段格式见表10-1。

表 10-1　数控机床程序段格式

1	2	3	4	5	6	7	8	9	10	11
N_	G_	X_ U_ Q_	Y_ V_ P_	Z_ W_ R_	I_ J_ K_ R_	F_	S_	T_	M_	EOB
顺序号	准备功能	坐标字				进给功能	主轴功能	刀具功能	辅助功能	结束符号

(1)程序段序号

程序段序号简称顺序号,通常由字母 N 后缀若干数字组成,例如 N05。

在绝大多数系统中,程序段序号的作用仅仅是作为“跳转”或“程序检索”的目标位置指示,因此,它的大小次序可颠倒,也可以省略,在不同的程序内还可以重复使用。但是,在同一程序内,程序段序号不可以重复使用。当程序段序号省略时,该程序段将不能作为“跳转”或“程序检索”的目标程序段。

程序段序号也可以由数控系统自动生成,程序段序号的递增量可以通过“机床参数”进行设置。在由操作者自定义时,可以任意选择程序段序号,且在程序段间可以采用不同的增量值。

在实际加工程序中,程序段序号 N 前面可以加“/”符号,这样的程序段称为“可跳过程序段”。例如:

```
/N10 G00 X10.0 Z20.0 ;
```

可跳过程序段的特点是可以由操作者对程序段的执行情况进行控制。当操作机床,使系统的“选择程序段跳读”机能有效时,程序执行时将跳过这些程序段;当“选择程序段跳读”机能无效时,程序段照常执行(相当于无“/”)。

(2)准备功能

准备功能简称 G 功能,是使数控机床作好某种操作准备的指令,用地址 G 后缀两位数字表示,从 G00～G99 共 100 种。目前,有的数控系统也用到了 00～99 之外的数字,如 SIEMENS 802C 系统中的 G500(表示取消可设定零点偏置)。

G 代码分为模态代码(又称续效代码)和非模态代码。同时,G 代码按其功能的不同分为若干组,标有相同字母(或数字)的为一组。

所谓模态代码是指该代码一经指定一直有效,直到被同组的其他代码所取代。

例如:

```
N30  G00 X25.0 Z2.0 ;
N35  X13.0 Z2.0;(G00 有效)
N40  G01 X13.0 Z-17.0 F0.1 ;(G01 有效)
```

上面程序中,G00 和 G01 为同组的模态 G 代码,N35 程序段中 G00 可省略不写,保持有效。N40 程序段中 G01 取代了 G00。

所谓非模态代码是指仅在编入的程序段生效的代码，亦称单段有效代码。

一般来说，绝大多数常用的G代码、全部S、F、T代码均为模态代码，M代码的情况决定于机床生产厂家的设计。

值得注意的是，G代码虽然已标准化，但不同的数控系统中同一G代码的含义并不完全相同。如FANUC 0i Mate-TB系统中G70表示精加工循环，SIEMENS 802C系统中G70表示英制尺寸。因此，编程时必须按照机床说明书规定的G代码进行编程。

(3)坐标字

坐标字由坐标地址符和数字组成，按一定的顺序进行排列，各组数字必须具有作为地址代码的字母(如X，Y等)开头。各坐标轴的地址按下列顺序排列：

X, Y, Z, U, V, W, Q, R, A, B, C, D, E

(4)进给功能F

进给功能由地址符F和数字组成，数字表示所选定的刀具进给速度，其单位一般为mm/min或mm/r。这个单位取决于每个系统所采用的进给速度的指定方法，具体内容要见所用机床的编程说明书。例如，FANUC 0i Mate-TB系统中，用G98指令时单位为mm/min，用G99指令时单位为mm/r。在编写F指令时应注意以下几点：

① F指令为模态指令，即模态代码。

② 编程的F指令值可以根据实际加工需要，通过机床操作面板上的“进给修调倍率”按钮进行修调，修调范围一般为F值的0～120%。

③ F不允许使用负值，通常也不允许通过指令F0控制进给的停止，在数控系统中，进给暂停动作由专用的指令(G04)实现。但是通过“进给修调倍率”按钮可以控制进给速度为零。

(5)主轴转速功能S

主轴转速功能由地址符S和若干数字组成，常用单位是r/min。

例如：S500表示主轴转速为500r/min。在编写S指令时应注意以下几点：

① S指令为模态指令，对于一把刀具通常只需要指令一次。

② 编程的S指令值可以根据实际加工需要，通过机床操作面板上的“主轴倍率”按钮进行修调，修调范围一般为S值的50%～150%。

③ S不允许使用负值，主轴的正、反转由辅助功能指令M03(正转)和M04(反转)进行控制。

④ 在数控车床上，可以通过恒线速度控制功能，利用S指令直接指定刀具的切削速度，详见数控车床编程部分。

(6)刀具功能T

在数控机床上，把选择或指定刀具的功能称为刀具功能(即T功能)。T功能由地址T及后缀数字组成。有T××(T2位数)和T××××(T4位数)两种格式。采用T2位数格式，通常只能用于指定刀具，绝大多数数控加工中心都使用T2位数格式；采用T4位数格式，可以同时指定刀具和刀补，绝大多数数控车床都使用T4位数格式；在编写T指令时应注意以下几点：

① 采用T2位数格式，可以直接指定刀具，如T08表示8号刀具，但刀具补偿号(或

称刀补号)由其他代码(如:D 或 H 代码)进行选择。如:T05D04 表示 5 号刀具,4 号刀补。

② 采用 T4 位数格式,可以直接指定刀具和刀补号。T××××中前两位数表示刀具号,后两位数表示刀补号,如:T0608 表示 6 号刀,8 号刀补;T0200 表示 2 号刀,取消刀具补偿。

③ T 指令为模态指令。

(7)辅助功能 M

在数控机床上,把控制机床辅助动作的功能称为辅助功能,简称 M 功能。M 功能由地址 M 及后缀数字组成,常用的有 M00～M99。其中,部分 M 代码为 ISO 国际标准规定的通用代码,其余 M 代码一般由机床生产厂家定义。因此,编程时应按照机床说明书的规定编写 M 指令。表 10-2 为常用的 M 代码。

表 10-2　常用的 M 代码

序　号	代　码	功　能	备　注
1	M00	程序暂停	在执行完编有 M00 代码的程序段中的其他指令后,主轴停止、进给停止、冷却液关掉、程序停止
2	M01	程序选择暂停	该代码的作用与 M00 相似。所不同的是,必须在操作面板上预先按下“选择停止”按钮
3	M02	程序结束标记	用于程序全部结束,切断机床所有动作。对于 SIEMENS 系统,也可作子程序结束标记
4	M03	主轴正转	
5	M04	主轴反转	
6	M05	主轴停止	
7	M06	自动换刀	
8	M07	内冷却开	
9	M08	外冷却开	
10	M09	冷却关	
11	M17	子程序结束标记	M17 为 SIEMENS 系统用
12	M30	程序结束、系统复位	在程序的最后编入该代码,使程序返回到开头,机床运行全部停止
13	M98	子程序调用	将主程序转至子程序
14	M99	子程序结束标记	使子程序返回到主程序

(8)程序段结束 EOB(End Of Block)

EOB 写在每一程序段之后,表示该段程序结束。当用“EIA”标准代码时,结束符为

“CR”;用“ISO”标准代码时,结束符为“LF”或“NL”;除上述外,有的用符号“;”或“ * ”表示;有的直接按回车键即可。FANUC 系统中常用“;”作为结束符;SIEMENS 系统中常用“LF”作为结束符。

10.3 数控车床

数控车床(NC Lathe)是采用数控技术进行控制的车床,是目前国内使用量最大的一种数控机床。它是将编制好的加工程序输入数控系统中,由数控系统通过 X、Z 坐标轴伺服电机去控制车床进给运动部件的动作顺序、移动量和进给速度,再配以主轴的转速和转向,便能加工出各种形状不同的轴类或盘类回转体零件。普通卧式车床是靠手工操作机床来完成各种切削加工,数控车床从成形原理上讲与普通车床基本相同,但由于它增加了数字控制功能,加工过程中自动化程度高,与普通车床相比具有更好的通用性和灵活性以及更高的加工效率和加工精度。

10.3.1 数控车床的分类

随着数控车床制造技术的不断发展,数控车床的品种日渐繁多,数控车床的分类方法也多种多样,以下是常见的几种分类方法。

1. 按机床的功能分类

(1)经济型数控车床。经济型数控车床(或称简易型数控车床)是低档次数控车床,是在卧式普通车床基础上改进设计而成的,一般采用步进电动机驱动的开环伺服系统,其控制部分通常用单片机或单板机实现。此类数控车床结构简单,价格低,无刀尖圆弧半径自动补偿和恒线速度切削等功能。

(2)全功能型数控车床。全功能型数控车床由专门的数控系统控制,进给多采用半闭环直流或交流伺服系统,机床精度也相对较高,多采用 CRT 显示,不但有字符,而且有图形、人机对话、自诊断等功能。具有高刚度、高精度和高效率等优点。

(3)车削中心(Turning Center)。车削中心是在全功能型数控车床的基础上增加了动力刀座或机械手,可实现多工序的复合加工。在工件一次装夹后,可完成回转体零件的车、铣、钻、铰、攻螺纹等多种加工工序,功能全面,但价格较高。

(4)FMC 车床。FMC(Flexible Manufacturing Cell)车床是一种由数控车床、机器人等构成的柔性加工单元,它能实现工件搬运、装卸的自动化和加工、调整、准备的自动化。

2. 按主轴的配置形式分类

(1)卧式数控车床。其主轴轴线处于水平位置,可分为水平导轨卧式数控车床和倾斜导轨卧式数控车床。

(2)立式数控车床。其主轴轴线处于垂直位置,并有一个直径较大的工作台,用以装夹工件。这类数控车床主要用于加工大直径的盘类零件。

10.3.2　数控车床的编程

1. 数控车床的编程基础

(1)数控车床坐标系

数控车床的坐标系是以车床主轴轴线方向为 Z 轴方向，刀具远离工件的方向为 Z 轴的正方向。X 轴位于与工件安装面相平行的水平面内，垂直于工件旋转轴线的方向，且刀具远离主轴轴线的方向为 X 轴的正方向。图 10－9 为常见的数控车床坐标系。

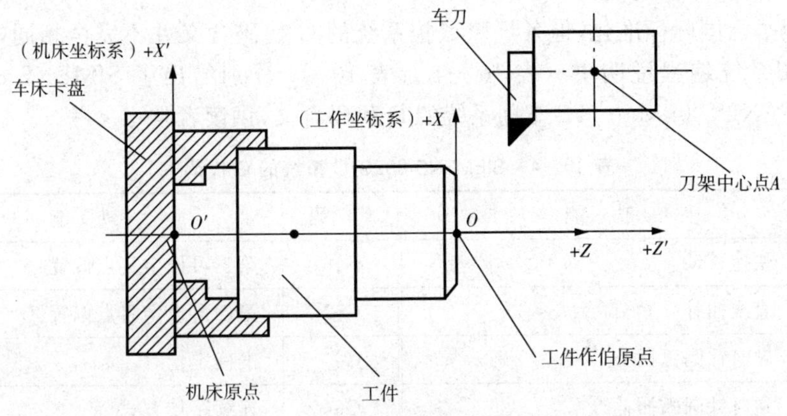

图 10－9　数控车床坐标系

图中 $X'O'Z'$ 坐标系为机床坐标系，其坐标值是刀架中心点 A 相对于机床原点 O' 的距离；XOZ 坐标系为工件坐标系，其坐标值是车刀刀尖相对于工件原点 O 的距离。

(2)程序段格式

由于数控车床的坐标系只有 X 轴和 Z 轴，所以数控车床的程序段格式相对于数控铣来说要简单一些，见表 10－3。

表 10－3　数控车床程序段格式式

1	2	3	4	5	6	7	8	9	10
N_	G_	X_ U_	Z_ W_	I_ J_ K_ R_	F_	S_	T_	M_	EOB
顺序号	准备功能	坐标字			进给功能	主轴功能	刀具功能	辅助功能	结束符号

表中各字符含义与表 10－1 数控机床程序段格式完全相同，这里不再重复解释。但需要补充一下主轴功能 S 指令。

当数控车床的主轴为伺服主轴时,可以通过指令 G96 来设定恒线速度控制。系统执行 G96 指令后,便认为用 S 指定的数值表示切削速度。例如 G96 S168,表示切削速度为 168m/min。

当采用 G96 编程时,必须要对主轴转速限速。FANUC 系统常用 G50 来设定主轴转速上限;而 SIEMENS 系统常用 G26 来设定主轴转速上限。例如 G50 S1963 表示把主轴最高转速设定为 1963r/min。

当采用 G97 编程时,S 指定的数值表示主轴每分钟的转速。例如 G97 S1990 表示主轴转速为 1990r/min。

(3)典型数控车削系统的 G 代码

G 代码虽已国际标准化,但各厂家数控系统的 G 代码含义并不完全相同,在编写程序前应参阅系统编程说明书。表 10-4 及表 10-5 分别给出了 SIMENS 802S/C 及 BEIJING-FANUC 0i Mate-TB 车削系统的 G 代码含义,供读者学习参考。

表 10-4 SIEMENS 802S/C 系统的 G 代码

代 码	功 能	代 码	功 能
G00	快速移动	G56	第三可设定零点偏置
G01	直线插补	G57	第四可设定零点偏置
G02	顺时针圆弧插补	G60	准确定位
G03	逆时针圆弧插补	G64	连续路径方式
G04	暂停时间	G70	英制尺寸
G05	中间点圆弧插补	G71	公制尺寸
G09	准确定位,单程序段有效	G74	回参考点
G17	(在加工中心孔时要求)	G75	回固定点
G18	Z/X 平面	G90	绝对尺寸
G22	半径尺寸	G91	增量尺寸
G23	直径尺寸	G94	进给率 F,单位毫米/分
G25	主轴转速下限	G95	主轴进给率 F,单位毫米/转
G26	主轴转速上限	G96	恒定切削速度
G33	恒螺距的螺纹切削	G97	取消恒定切削速度
G40	取消刀尖半径补偿	G158	可编程的偏置
G41	左手刀尖半径补偿	G450	圆弧过渡
G42	右手刀尖半径补偿	G451	等距线的交点
G53	程序段方式取消可设定零点偏置	G500	取消可设定零点偏置
G54	第一可设定零点偏置	G601	在 G60、G09 方式下精准确定位
G55	第二可设定零点偏置	G602	在 G60、G09 方式下粗准确定位

表 10－5　BEIJING-FANUC 0i Mate-TB 系统的 G 代码

G代码			组	功能
A	B	C		
G00	G00	G00	01	定位(快速)
G01	G01	G01		直线插补(切削进给)
G02	G02	G02		顺时针圆弧插补
G03	G03	G03		逆时针圆弧插补
G04	G04	G04		暂停
G10	G10	G10		可编程数据输入
G11	G11	G11		可编程数据输入方式取消
G18	G18	G18	16	Z/X 平面选择
G20	G20	G70	06	英吋输入
G21	G21	G71		毫米输入
G22	G22	G22	09	存储行程检查接通
G23	G23	G23		存储行程检查断开
G27	G27	G27	00	返回参考点检查
G28	G28	G28		返回参考位置
G30	G30	G30		返回第 2、第 3 和第 4 参考点
G31	G31	G31		跳转功能
G32	G33	G33	01	螺纹切削
G34	G34	G34		变螺距螺纹切削
G40	G40	G40	07	刀尖半径补偿取消
G41	G41	G41		刀尖半径补偿左
G42	G42	G42		刀尖半径补偿右
G50	G92	G92	00	坐标系设定或最大主轴速度设定
G50.3	G92.1	G92.1		工件坐标系预置
G52	G52	G52	00	局部坐标系设定
G53	G53	G53		机床坐标系设定
G54	G54	G54	14	选择工件坐标系 1
G55	G55	G55		选择工件坐标系 2
G56	G56	G56		选择工件坐标系 3
G57	G57	G57		选择工件坐标系 4
G58	G58	G58		选择工件坐标系 5
G59	G59	G59		选择工件坐标系 6
G65	G65	G65	00	宏程序调用

（续表）

G代码			组	功 能
A	B	C		
G66	G66	G66	12	宏程序模态调用
G67	G67	G67		宏程序模态调用取消
G70	G70	G72	00	精加工循环
G71	G71	G73		粗车外圆
G72	G72	G74		粗车端面
G73	G73	G75		多重车削循环
G74	G74	G76		排屑钻端面孔
G75	G75	G77		外径/内径钻孔
G76	G76	G78		多头螺纹循环
G90	G77	G20	01	外径/内径车削循环
G92	G78	G21		螺纹切削循环
G94	G79	G24		端面车削循环
G96	G96	G96	02	恒表面切削速度控制
G97	G97	G97		恒表面切削速度控制取消
G98	G94	G94	05	每分进给
G99	G95	G95		每转进给
—	G90	G90	03	绝对值编程
—	G91	G91		增量值编程
—	G98	G98	11	返回到起始平面
—	G99	G99		返回到R平面

10.3.3 数控车床的基本编程方法

本书主要以BEIJING-FANUC 0i Mate-TB系统为例阐述数控车床的编程方法。

1. 快速定位指令G00

G00是刀具按系统设置的速度快速移动的指令。它只是快速定位，而无运动轨迹要求，也无切削加工过程。其编程格式为：

G00 X(U)___Z(W)___；

当采用绝对值编程时，刀具分别以各轴的快速进给速度运动到工件坐标系 X、Z 点。当采用增量值编程时，刀具分别以各轴的快速进给速度运动到距离现有位置为 U、W 的点。

在使用G00编程时应注意以下事项：

(1)G00为模态指令；

(2)G00移动速度不能用程序指令设定，只能由机床参数指定；

(3)G00 的执行过程。刀具由程序起始点加速到最大速度,然后快速移动,最后减速到终点,实现快速点定位;

(4)G00 状态时,刀具的实际运动路线并不一定是直线,而是一条折线。因此,要注意刀具是否与工件和夹具发生干涉,如图 10-10 所示。对不适合联动的场合,每轴可单动。

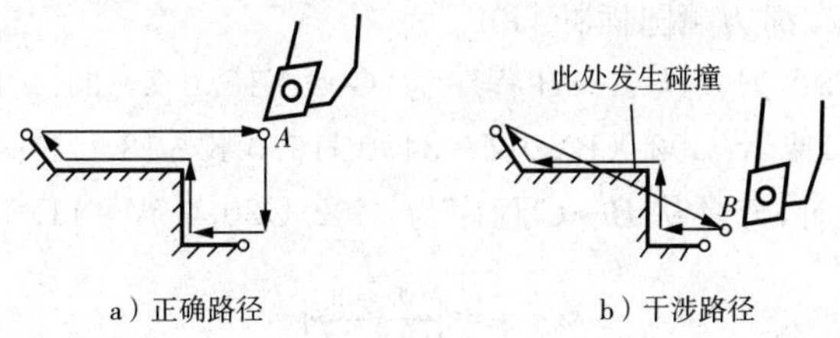

图 10-10　刀具与工件干涉现象

2. 直线插补指令 G01

G01 是直线运动的指令,它命令刀具在两坐标间以插补联动方式按指定的进给速度做任意斜率的直线运动。其编程格式为

G01 X(U)__Z(W)__F__ ;

在使用 G01 编程时应注意以下几点:

(1)G01 为模态指令;

(2)G01 状态时,刀具的运动轨迹是一条严格的直线。图 10-11 中线段 AB 和 BC 分别为刀具从 A 点到 B 点和从 B 点到 C 点的运动轨迹。

使用绝对值编程时,刀具从 $B \to C$ 程序:G01 X40.0 Z-62.0 F0.1 ;

使用增量值编程时,刀具从 $B \to C$ 程序:G01 U20.0 W-25.0 F0.1。

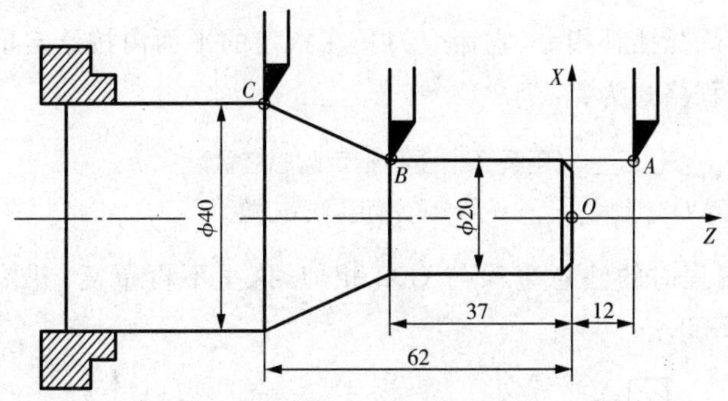

图 10-11　直线插补 G01

3. 顺圆插补指令 G02

G02 是顺时针圆弧插补指令,它命令刀具在指定的平面内按给定的进给速度作顺时针圆弧运动。其编程格式为

G02 X(U)__Z(W)__R__F__ ;(用圆弧半径 R 指定圆心位置)

或 G02 X(U)__Z(W)__I__K__F__ ;(用 I、K 指定圆心位置)

在使用 G02 编程时应注意以下几点:

(1)采用绝对值编程时,圆弧终点坐标为圆弧终点在工件坐标系中的坐标值,用 X、Z

表示;当采用增量值编程时,圆弧终点坐标为圆弧终点相对于圆弧起点的增量值。

(2)I、K 为圆心在 X 轴和 Z 轴方向上相对于圆弧起点的坐标增量,如(图 10-12)。

(3)圆弧顺逆的判别方法:只观察零件图的上半部分(图 10-12 中阴影部分),若圆弧从起点到终点为顺时针方向,则称顺圆;若为逆时针方向,则称逆圆。图 10-12 中刀具从 A 点到 B 点再到 C 点,都为顺圆插补 G02。

使用绝对值编程时,刀具从 A→B 程序为:G02 X12.0 Z-34.0 R20 F0.05 ;(用半径 R 编程,此方法常用。)或者 G02 X12.0 Z-34.0 I16.0 K-13.0 F0.05 ;(用 I、K 编程)

使用增量值编程时,刀具从 B→C 程序为:G02 U20.0 W-11.0 R10 F0.05 ;

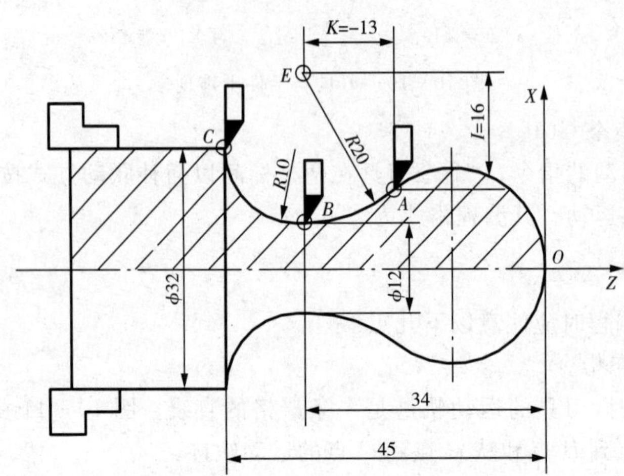

图 10-12 顺圆插补 G02

4. 逆圆插补指令 G03

G03 是逆时针圆弧插补指令,它命令刀具在指定的平面内按给定的进给速度作逆时针圆弧运动。其编程格式为:

G03 X(U)__Z(W)__R__F__ ;(用圆弧半径 R 指定圆心位置)

或 G03 X(U)__Z(W)__I__K__F__ ;(用 I、K 指定圆心位置)

在使用 G03 编程时的注意事项与 G02 相似,这里不再重复。图 10-13 中刀具从 A→B为逆圆插补 G03。

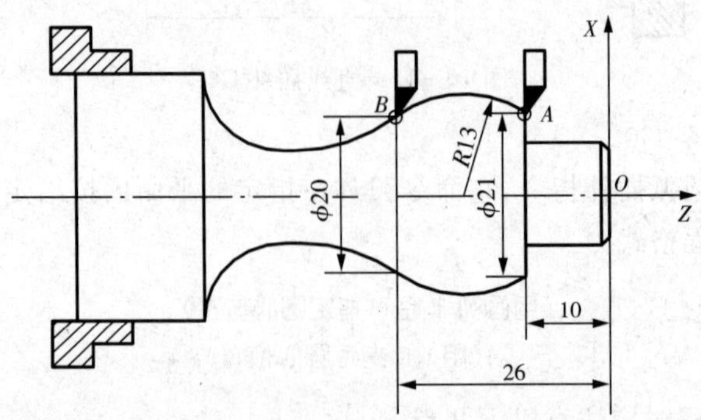

图 10-13 逆圆插补 G03

使用绝对值编程时,刀具从 A→B 程序为:G03 X20.0 Z-26.0 R13 F0.05 ;

使用增量值编程时,刀具从 A→B 程序为:G03 U-1.0 W-16.0 R13 F0.05。;

5. 暂停(延时)指令 G04

G04 为非模态指令,常在进行锪孔、车槽、车台阶轴清根等加工时,要求刀具在很短时间内实现无进给光整加工,此时可以用 G04 指令实现暂停,暂停结束后,继续执行下一段程序。其编程格式为:

G04 P__;或 G04 X(U)__ ;

其中 X、U、P 为暂停时间,P 后面的数值为整数,单位为毫秒;X(U)后面的数值为带小数点的数,单位为秒。

例如欲停留 1.8s 的时间,则程序为:G04 P1800 或 G04 X1.8 。

6. 米制输入与英制输入 G21、G20

如果一个程序段开始用 G20 指令,则表示程序中相关的一些数据为英制(in);如果一个程序段开始用 G21 指令,则表示程序中相关的一些数据为米制(mm)。机床出厂时一般设为 G21 状态,机床刀具各参数以米制单位设定。两者不能同时使用,停机断电前后 G20、G21 依然起作用,除非再重新设定。

7. 回参考点检验 G27

G27 指令的编程格式为:

G27 X(U)__Z(W)__T0000 ;

G27 用于检查 *X* 轴与 *Z* 轴是否正确返回参考点。执行 G27 指令的前提是机床在通电后必须返回过一次参考点。

在使用 G27 指令时,必须预先取消刀具补偿(T0000),否则会发生不正确的动作。

执行 G27 指令后,如果欲使机床停止,须加入 M00 指令,否则机床将继续执行下一个程序段。

8. 自动返回参考点 G28

G28 指令的编程格式为:

G28 X(U)__Z(W)__T0000 ;

执行 G28 指令时,刀具先快速移动到指令中所指的 X(U)、Z(W)中间点的坐标位置,然后自动回参考点。

在使用 G28 指令时,必须预先取消刀具补偿(T0000),否则会发生不正确的动作。

9. 从参考点返回 G29

G29 指令的编程格式为:

G29 X(U)__Z(W)__ ;

执行 G29 指令后,各轴由中间点移动到指令中所指的位置处定位。其中 X(U)、Z(W)为返回目标点的绝对坐标或相对 G28 中间点的增量坐标值。

10. 数控车床刀具补偿功能

在通常的编程中,将刀尖看作一个点,然而实际上刀尖是有圆弧的,在切削内孔、外圆及端面时,刀尖圆弧加工尺寸和形状,但在切削锥面和圆弧时,则会造成过切或少切现象,如(图 10-14),图中 P1～P9 为编程点。此时,可以用刀尖半径补偿指令来消除误差。

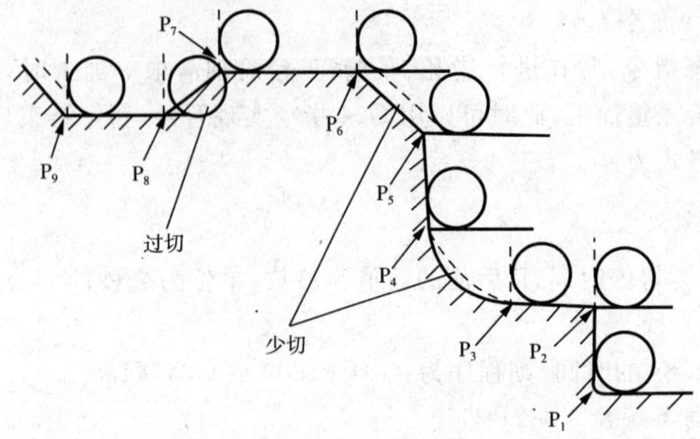

图 10-14　刀尖圆弧造成的过切或少切现象

(1)刀尖半径补偿指令(G40、G41、G42)

当系统执行到含有 T 代码的程序段时,是否进行刀尖半径补偿以及采用何种方式补偿,由 G 代码中的 G40、G41、G42 来决定,如图 10-15 所示。

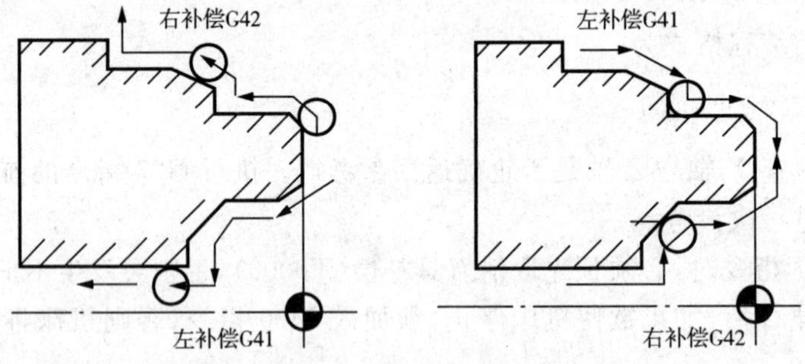

图 10-15　刀尖半径补偿的方向及代码

G40:取消刀尖半径补偿。刀尖运动轨迹与编程轨迹一致。

G41:刀尖半径左补偿。沿进给方向看,刀尖位置在编程位置的左边。

G42:刀尖半径右补偿。沿进给方向看,刀尖位置在编程位置的右边。

刀尖半径补偿的过程分为三步:

① 刀具补偿的建立。刀具从始点接近工件,刀具轨迹由 G41 或 G42 确定,在原来的程序轨迹基础上增加或减少一个刀尖半径值,如图 10-16 所示。

② 刀具补偿进行。执行有 G41、G42 指令的程序段后,刀具中心始终与编程轨迹相距一个偏置量。

③ 刀具补偿的取消。刀具离开工件,刀具中心的轨迹要过渡到与编程重合的过程,如图

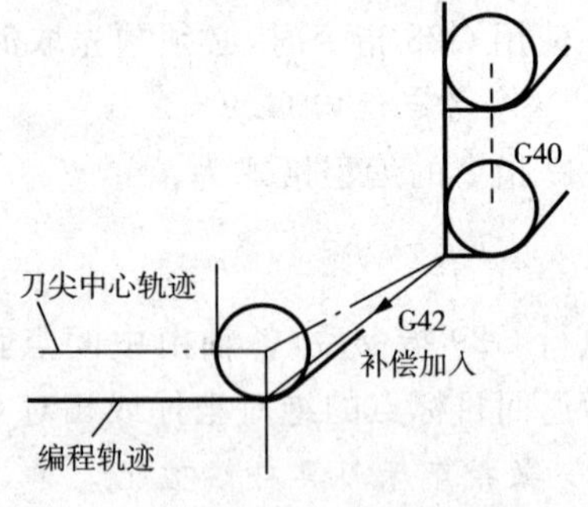

图 10-16　刀具补偿建立的过程

10－17 所示。

(2)刀尖方位的确定

数控车床总是按刀尖对刀,使刀尖位置与程序中的起刀点重合。刀尖位置方向不同,即刀具在切削时所摆的位置不同,则补偿量与补偿方向也不同。刀尖方位共有 8 种可供选择,如图 10－18 所示。

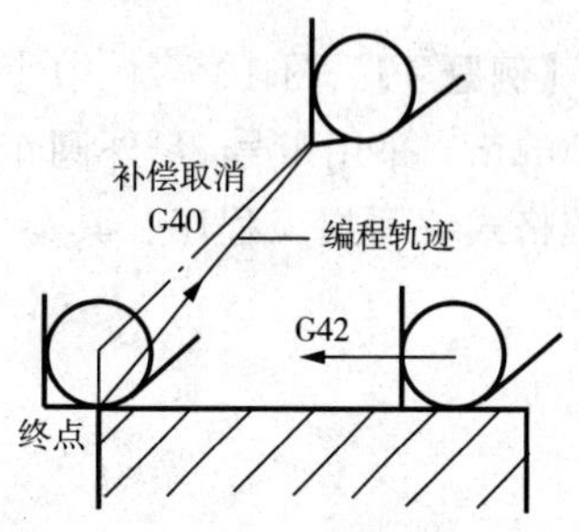

图 10－17　刀具补偿取消的过程

3. 刀具补偿量的设定

对应每一个刀具补偿号,都有一组偏置量 X、Z 以及刀尖半径补偿量 R 和刀尖方位号 T。根据装刀位置和刀具形状确定刀尖方位号。通过机床面板上的功能键 OFFSET 分别设定、修改这些参数。在数控加工中,根据相应的指令进行调用这些参数,提高零件的加工精度。

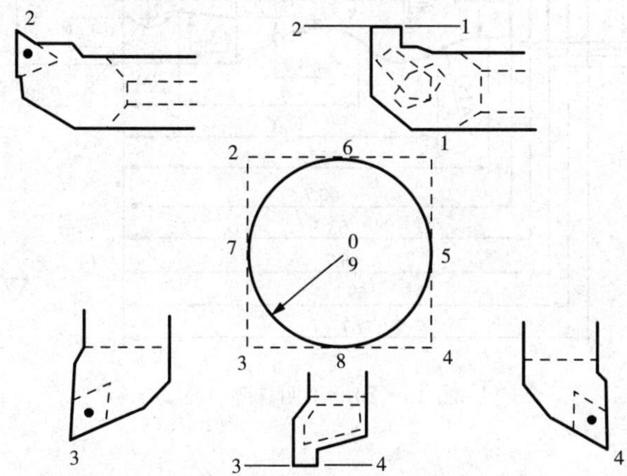

图 10－18　刀尖方位的规定

图 10－19 为 FANUC 0i Mate-TB 系统数控车床操作面板上刀具补偿量的设定画面。

OFFSET　　01　　　　O0004　N0030

NO	X	Z	R	T
01	025,023	022,001	021,002	1
02	025,051	003,300	000,500	3
03	014,730	002,000	003,300	0
04	010,050	006,081	002,000	2
05	006,588	-003,000	000,000	5
06	010,600	000,770	000,500	4
07	009,900	000,300	002,050	0

ACTUAL　PSITION　（RELATIVE）

U　22,500　　W　-10,000

W　　LSK

图 10－19　刀具补偿量的设定画面

10.3.4 数控车床编程实例

【例题 1】 图 10－20 中小明珠零件，材料为 LD2，毛坯规格为 ϕ20×130，额定工时为 20min。采用 1 号 35°外圆车刀车削，2 号 3mm 厚切断刀切断，用 FANUC 0i Mate-TB 系统格式编写加工程序。其参考程序如下：

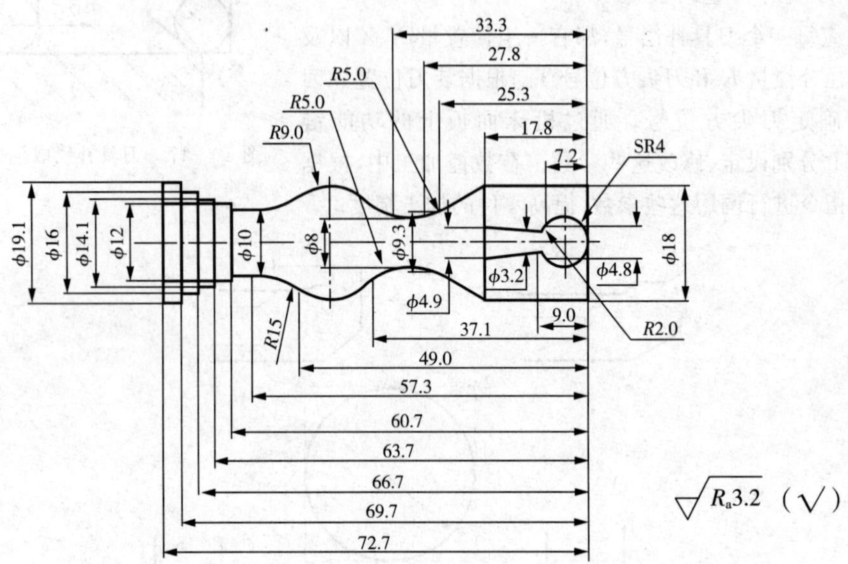

图 10－20 小明珠零件图

参考程序如下：

```
O1931;
N01  T0101 M03 S500;
N02  G00 X19.5 Z2.0;
N03  G01 Z-76.0 F0.1;
N04      X23;
N05  G00 Z2.0;
N06      X16.5;
N07  G01 Z-17.0;
N08      X20.0;
N09  G00 Z2.0;
N10      X13.5;
N11  G01 Z-17.0;
N12      X16.0;
N13  G00 Z2.0;
N14      X10.5;
```

```
N22  G00 X0;
N23  G01 Z0.5;
N24  G03 X5.68 Z-7.43 R4.5 F0.05;
N25  G02 X5.0 Z-9.24 R2;
N26  G01 X6.5 Z-17.0 F0.1;
N27      X19.16;
N28      Z-17.83;
N29      X16.5 Z-20.13;
N30      Z-39.36;
N31      X22.0;
N32  G00 Z-20.13;
N33  G01 X16.5;
N34      X13.5 Z-22.73;
N35      Z-37.36;
```

```
N15 G01 Z-17.0;
N16     X13.0;
N17 G00 Z2.0;
N18     X8.5;
N19 G01 Z-17.0;
N20     X11.0;
N21 G00 Z2.0;
N36     X16.5;
N37 G00 Z-22.73;
N38 G01 X13.5;
N39     X10.5 Z-25.32;
N40 Z-35.8;
N41     X14.0;
N42 G00 Z-25.32;
```

```
N43 G01 X10.5;
N44 G02 X9.0 Z-27.77 R4.5 F0.05;
N45 G01 Z-33.31 F0.1;
N46 G02 X12.19 Z-36.75 R4.5 F0.05;
N47 G03 X16.5 Z-48.64 R9.5;
N48 G01 Z-69.74 F0.1;
N49     X22.0;
N50 G00 Z-48.64;
N51 G01 X16.5;
N52     X13.5 Z-51.32;
N53     Z-63.74;
N54     X18.0;
N55 G00 Z-51.32;
N56 G01 X13.5;
N57 G02 X11.0 Z-57.21 R14.5 F0.05;
N58 G01 Z-60.74 F0.1;
N59     X12.5;
N60     Z-63.2;
N61     X14.5;
N62     Z-66.2;
N63     X20.0;
N64 G00 Z2.0;
N65     X0;
N66 G01 Z0;
N67 G03 X4.77 Z-7.15 R4 F0.05;
N68 G02 X3.17 Z-8.96 R2;
N69 G01 X4.95 Z-17.83 F0.1;
N70     X18.0;
N71     X9.34 Z-25.27;
N72 G02 X8.0 Z-27.83 R5 F0.05;
N73 G01 Z-33.31 F0.1;
N74 G02 X11.57 Z-37.13 R5 F0.05;
N75 G03 X15.0 Z-48.89 R9;
N76 G02 X10.0 Z-57.15 R15;
N77 G01 Z-60.74 F0.1;
N78     X12.0;
N79     Z-63.74;
N80     X14.0;
N81     Z-66.74;
N82     X16.0;
N83     Z-69.74;
N84     X19.0;
N85     Z-73.0;
N86     X22.0;
N87 G00 X100.0 Z100.0;
N88 T0202 M03 S300;
N89 G00 X25.0 Z-75.7;
N90 G01 X-1.0 F0.03;
N91 G00 X100.0 Z100.0;
N92 M05;
N93 M02;
```

【例题 2】 如图 10－21 所示宝塔零件，材料为 LD2，毛坯规格为 $\phi 20\times130$，额定工时为 20min。采用 1 号 35°外圆车刀车削外圆，2 号 3mm 厚切断刀切槽和切断，用 FANUC 0i Mate-TB 系统格式编写加工程序。

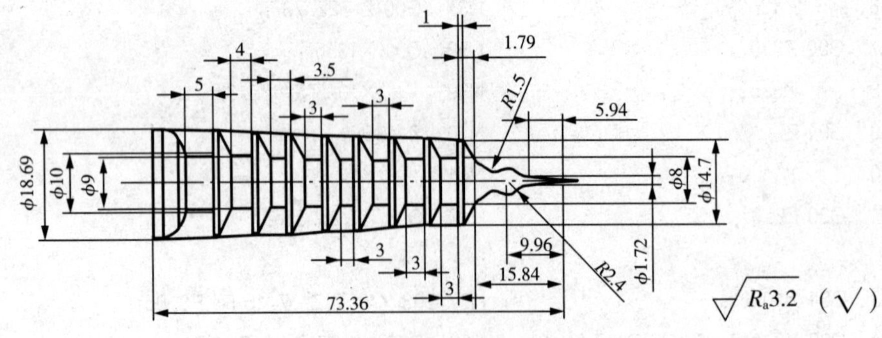

图 10-21　宝塔零件图

其参考程序如下：

```
O1932;
N01 T0101 M03 S500;
N02 G00 X16 Z2;
N03 G01 X19 Z-75 F0.1;
N04 G01 X23;
N05 G00 Z1;
N06 G00 X12;
N07 G01 Z-15.89;
N08 G01 X15 Z-16.89;
N09 G01 X19 Z-73.36;
N10 G01 X23;
N11 G00 Z1;
N12 G00 X8;
N13 G01 Z-15.89;
N14 G01 X15 Z-16.89;
N15 G01 X23;
N16 G00 Z1;
N17 G00 X4;
N18 G01 Z-6.25;
N19 G01 X23;
N20 G00 Z1;
N21 G00 X0;
N22 G01 Z0;
N23 G01 X4 Z-7.25;
N24 G03 X4 Z-13.15 R4 F0.05;
N25 G03 X8 Z-15.89 R7;
```

```
N89 G01 X20 Z-29.69;
N90 G01 X23;
N91 G00 Z-33.82;
N92 G01 X16;
N93 G01 X20 Z-36.84;
N94 G01 X23;
N95 G00 Z-33.82;
N96 G01 X12;
N97 G01 X20 Z-36.84;
N98 G01 X23;
N99 G00 Z-33.82;
N100 G01 X8;
N101 G01 X20 Z-36.84;
N102 G01 X23;
N103 G00 Z-39.58;
N104 G01 X16;
N105 G01 X20 Z-41.73;
N106 G01 X23;
N107 G00 Z-39.58;
N108 G01 X12;
N109 G01 X20 Z-41.73;
N110 G01 X23;
N111 G00 Z-39.58;
N112 G01 X8;
N113 G01 X20 Z-41.73;
```

```
N26 G01 X15 Z-16.89 F0.1;
N27 G01 X23;
N28 G00 Z1;
N29 G00 X0;
N30 G01 Z0;
N31 G01 X3.25 Z-7.25;
N32 G03 X3.25 Z-13.15 R4 F0.05;
N33 G03 X8 Z-15.89 R7;
N34 G01 X14.17 Z-16.89 F0.1;
N35 G01 X18.69 Z-73.36;
N36 G01 X23;
N37 G00 X100 Z100;
N38 M05;
N39 T0202 M03 S300;
N40 G00 X25 Z-21.78;
N41 G01 X8 F0.02;
N42 G01 X25 F0.1;
N43 G00 Z-27.8;
N44 G01 X8 F0.02;
N45 G01 X25 F0.1;
N46 G00 Z-33.82;
N47 G01 X8 F0.02;
N48 G01 X25 F0.1;
N49 G00 Z-39.58;
N50 G01 X8 F0.02;
N51 G01 X25 F0.1;
N52 G00 Z-45.73;
N53 G01 X8 F0.02;
N54 G01 X25 F0.1;
N55 G00 Z-52.01;
N56 G01 X8 F0.02;
N57 G01 X25 F0.1;
N58 G00 Z-58.16;
N59 G01 X9 F0.02;
N60 G01 X25 F0.1;
N61 G00 Z-65.47;
N62 G01 X10 F0.02;
N63 G01 X25 F0.1;
```

```
N114 G01 X23;
N115 G00 Z-45.73;
N116 G01 X16;
N117 G01 X20 Z-48.01;
N118 G01 X23;
N119 G00 Z-45.73;
N120 G01 X12;
N121 G01 X20 Z-48.01;
N122 G01 X23;
N123 G00 Z-45.73;
N124 G01 X8;
N125 G01 X20 Z-48.01;
N126 G01 X23;
N127 G00 Z-52.01;
N128 G01 X16;
N129 G01 X20 Z-54.16;
N130 G01 X23;
N131 G00 Z-52.01;
N132 G01 X12;
N133 G01 X20 Z-54.16;
N134 G01 X23;
N135 G00 Z-52.01;
N136 G01 X8;
N137 G01 X20 Z-54.16;
N138 G01 X23;
N139 G00 Z-58.16;
N140 G01 X16;
N141 G01 X20 Z-61.47;
N142 G01 X23;
N143 G00 Z-58.16;
N144 G01 X12;
N145 G01 X20 Z-61.47;
N146 G01 X23;
N147 G00 Z-58.16;
N148 G01 X9;
N149 G01 X20 Z-61.47;
N150 G01 X23;
N151 G00 Z-58.16;
```

```
N64 G00 X100 Z100 ;
N65 M05 ;
N66 T0101 M03 S500 ;
N67 G00 X25 Z-21.78 ;
N68 G01 X16 F0.1 ;
N69 G01 X20-23.54 ;
N70 G01 X23 ;
N71 G00 Z-21.78 ;
N72 G01 X12 ;
N73 G01 X20 Z-23.54 ;
N74 G01 X23 ;
N75 G00 Z-21.78 ;
N76 G01 X8 ;
N77 G01 X20 Z-23.54 ;
N78 G01 X23 ;
N79 G00 Z-27.8 ;
N80 G01 X16 ;
N81 G01 X20 Z-29.69 ;
N82 G01 X23 ;
N83 G00 Z-27.8 ;
N84 G01 X12 ;
N85 G01 X20 Z-29.69 ;
N86 G01 X23 ;
N87 G00 Z-27.8 ;
N88 G01 X8 ;
N152 G01 X9 ;
N153 G01 Z-59.16 ;
N154 G01 X17.5 Z-61.47 ;
N155 G01 X23 ;
N156 G00 Z-65.47 ;
N157 G01 X16 ;
N158 G01 X20 Z-71.41 ;
N159 G01 X23 ;
N160 G00 Z-65.47 ;
N161 G01 X12 ;
N162 G01 X20 Z-71.41 ;
N163 G01 X23 ;
N164 G00 Z-65.47 ;
N165 G01 X10 ;
N166 G01 Z-67.47 ;
N167 G01 X18.69 Z-71.41 ;
N168 G01 X23 ;
N169 G00 X100 Z100 ;
N170 M05 ;
N171 T0202 M03 S300 ;
N172 G00 X25 Z-76.36 ;
N173 G01 X-1 F0.02 ;
N174 G00 X100 Z100 ;
N175 M05 ;
N176 M02 ;
```

10.4 数控铣床

数控铣床(NC Milling Machine)是由普通铣床发展而来的一种数字控制机床,其加工能力很强,能够铣削加工各种平面轮廓和立体轮廓零件,如各种形状复杂的凸轮、叶片、样板、螺旋桨、模具等。此外,配上相应的刀具还可进行钻孔、扩孔、铰孔、锪孔、镗孔和攻螺纹等。

加工中心(Machine Center)是在数控铣床的基础上,配备了刀具库、换刀机械手、第四轴及回转工作台等部件衍化而成的,它集铣削、钻削、铰削、镗削及螺纹切削等工艺一体,通常称镗铣类加工中心,习惯称加工中心。就机床操作、程序编制及工艺适应性而言,数控铣床和加工中心并没有本质区别,所以本书只介绍数控铣床部分的内容,而略去了加工中心方面的内容。

10.4.1　数控铣床的分类

1. 按其控制坐标轴的联动数分类

(1)二轴联动数控铣床:可对三轴中的任意两轴联动。

(2)三轴联动数控铣床:可对三轴同时联动。

2. 按其主轴的布局形式分类

(1)立式数控铣床。立式数控铣床的主轴轴线垂直于机床加工工作平面,即垂直于水平面,是数控铣床中数量最多的一种,应用范围也最为广泛。立式数控铣床主要用于加工机械零件类的平面、内外轮廓、孔、攻螺纹等以及加工各类模具。

(2)卧式数控铣床。卧式数控铣床主轴轴线与机床加工工作平面平行,即平行于水平面。主要用于加工零件侧面的轮廓,如箱体类零件的加工。卧式数控铣床通过增加数控转盘来实现四轴或五轴联动加工。对需要在一次装夹中改变工位进行加工的零件和箱体类零件的加工,优势特别明显。

(3)复合式数控铣床。复合式数控铣床是指一台机床上有立式和卧式两个主轴,或者主轴可作 90°旋转的数控铣床。复合式数控铣床同时具备立式数控铣床和卧式数控铣床的功能,故又称为立、卧两用数控铣床。这类数控铣床对加工对象的适应性更强,因而使用范围更广,但价格较高。

(4)龙门数控铣床。龙门数控铣床的主轴固定在龙门架上,主轴可在龙门架的横向与垂直导轨上移动,而龙门架则沿床身作纵向移动。龙门数控铣床一般是大型数控铣床,主要用于大型机械零件及大型模具的加工。

10.4.2　数控铣床的编程基础

1. 数控铣床坐标系

数控铣床坐标系采用笛卡尔坐标系。机床主轴轴线方向为 Z 轴,刀具远离工件的方向为 Z 轴正方向。X 轴位于与工件安装面相平行的水平面内,对于卧式铣床,人面对机床主轴,左侧方向为 X 轴正方向;对于立式铣床,人面对机床主轴,右侧方向为 X 轴正方向。Y 轴方向则根据 X、Z 轴按右手笛卡尔直角坐标系来确定。图 10－22 为常见的数控铣床坐标系。图中 $X'O'Y'Z'$ 为机床坐标系;$XOYZ$ 为工件坐标系,O 为工件零点。

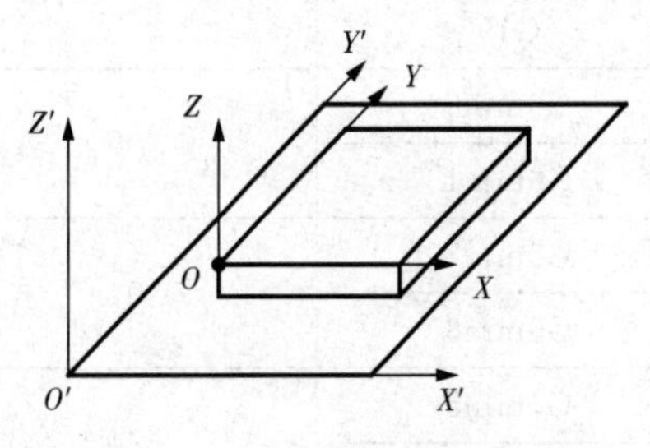

图 10－22　数控铣床坐标系

在选择工件零点的位置时应注意以下几点:

◆ 工件零点应选在零件图的尺寸基准上,这样便于坐标值的计算;

◆ 工件零点尽量选在精度较高的加工表面,以提高被加工零件的加工精度;

◆ 对于对称零件,工件零点应选在对称中心上;

◆ 对于一般零点,通常选在工件外轮廓的某一角上;

◆ Z 轴方向上的零点,一般选在工件表面。

2. 典型数控铣削系统的 G 代码

G 代码虽已国际标准化,但各厂家数控系统的 G 代码含义并不完全相同,在编写程序前应参阅系统编程说明书。表 10-6 给出了 BEIJING-FANUC 0i-MB 铣削系统的 G 代码含义,供读者学习参考。

表 10-6 BEIJING-FANUC 0i-MB 系统的 G 代码

G 代码	组	功 能
G00	01	定位
G01		直线插补
G02		圆弧插补/螺旋线插补 CW
G03		圆弧插补/螺旋线插补 CCW
G04	00	停刀,准确停止
G05.1		AI 先行控制
G07.1(G107)		圆柱插补
G08		先行控制
G09		准确停止
G10		可编程数据输入
G11		可编程数据输入方式取消
G15	17	极坐标指令取消
G16		极坐标指令
G17	02	选择 XOY 平面
G18		选择 XOZ 平面
G19		选择 YOZ 平面
G6mm0	06	英寸输入
G6mm1		毫米输入
G6mm2	04	存储行程检测功能有效
G6mm3		存储行程检测功能无效
G6mm5	24	主轴速度波动监测功能无效
G6mm6		主轴速度波动监测功能有效
G6mm7	00	返回参考点检测
G6mm8		返回参考点
G6mm9		从参考点返回
G30		返回第 2,3,4 参考点
G30		跳转功能

（续表）

G 代码	组	功　能
G33	01	螺纹切削
G37	00	自动刀具长度测量
G39		拐角偏置圆弧插补
G40	07	刀具半径补偿取消/三维补偿取消
G41		左侧刀具半径补偿/三维补偿
G42		右侧刀具半径补偿
G40.1(G150)	19	法线方向控制取消方式
G41.1(G151)		法线方向控制左侧接通
G42.1(G152)		法线方向控制右侧接通
G43	08	正向刀具长度补偿
G44		负向刀具长度补偿
G45	00	刀具偏置值增加
G46		刀具偏置值减少
G47		2 倍刀具偏置值
G48		1/2 倍刀具偏置值
G49	08	刀具长度补偿取消
G50	11	比例缩放取消
G51		比例缩放有效
G50.1	22	可编程镜像取消
G51.1		可编程镜像有效
G52	00	局部坐标系设定
G53		选择机床坐标系
G54	14	选择工件坐标系 1
G54.1		选择附加工件坐标系
G55		选择工件坐标系 2
G56		选择工件坐标系 3
G57		选择工件坐标系 4
G58		选择工件坐标系 5
G59		选择工件坐标系 6
G60	00/01	单方向定位
G61	15	准确停止方式
G62		自动拐角倍率
G63		攻丝方式
G64		切削方式

（续表）

G代码	组	功　能
G65	00	宏程序调用
G66	12	宏程序模态调用
G67		宏程序模态调用取消
G68	16	坐标旋转/三维坐标转换
G69		坐标旋转取消/三维坐标转换取消
G73	09	排屑钻孔循环
G74		左旋攻丝循环
G76	09	精镗循环
G80	09	固定循环取消/外部操作功能取消
G81		钻孔循环、锪镗循环或外部操作功能
G82		钻孔循环或反镗循环
G83		排屑钻孔循环
G84		攻丝循环
G85		镗孔循环
G86		镗孔循环
G87		背镗循环
G88		镗孔循环
G89		镗孔循环
G90	03	绝对值编程
G91		增量值编程
G92	00	设定工件坐标系或最大主轴速度控制
G92.1		工件坐标系预置
G94	05	每分进给
G95		每转进给
G96	13	恒表面速度控制
G97		恒表面速度控制取消
G98	10	固定循环返回到初始点
G99		固定循环返回到R点

10.4.3 数控铣床的基本编程方法

本书主要以BEIJING-FANUC 0i-MB系统为例阐述数控铣床的编程方法。

1. 快速定位指令G00

G00是指刀具快速移动到工件坐标系中的位置。其编程格式为：

```
G00  X__ Y__ Z__;
```

当采用绝对值编程时,X__Y__Z__为目标点在工件坐标系中的坐标;当采用增量值编程时,X__Y__Z__为目标点相对于起始点的增量坐标,不运动的坐标可以不写。

2. 直线插补指令 G01

直线插补指令 G01 表示刀具相对于工件以 F 指令的进给速度从当前点向终点进行直线插补,加工出任意斜率的平面(或空间)直线。其编程格式为:

```
G01  X__ Y__ Z__ F__;
```

式中 X__ Y__ Z__为目标点坐标,用绝对值坐标或增量值坐标编程均可;F 为刀具移动速度。

3. 圆弧插补(G02,G03)

用 G02 和 G03 指定圆弧插补时,G02 表示顺时针插补,G03 表示逆时针插补,如图 10－23 所示。圆弧的顺逆方向判断方法是:沿圆弧所在平面(如 *XY* 平面)另一个坐标的负方向(－*Z*)看去,顺时针方向为 G02,逆时针方向为 G03。其编程格式为:

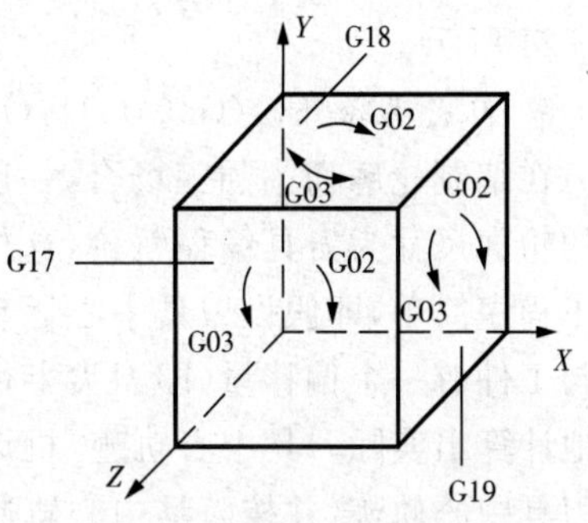

图 10－23　圆弧顺逆的判别

(1)用 *I*、*J*、*K* 表示的圆弧插补

在 *XY* 平面上:G17 G02 X__Y__I__J__F__ ;

　　　　　或　G17 G03 X__Y__I__J__F__ ;

在 *XZ* 平面上:G18 G02 X__Z__I__K__F__ ;

　　　　　或　G18 G03 X__Z__I__K__F__ ;

在 *YZ* 平面上:G19 G02 Y__Z__J__K__F__ ;

　　　　　或　G19 G03 Y__Z__J__K__F__ ;

式中:

① G17、G18、G19 为圆弧插补平面选择指令,以此来确定被加工表面所在的平面,G17 可以省略。

② *X*,*Y*,*Z* 为圆弧终点坐标值(用绝对坐标或增量坐标均可),采用相对坐标时,其值为圆弧终点相对于圆弧起点的增量值。

③ *I*,*J*,*K* 分别表示圆弧圆心相对于圆弧起点在 *X*,*Y*,*Z* 轴方向上的增量值,也可以理解为圆弧起点圆心的矢量(矢量方向指向圆心)在 *X*,*Y*,*Z* 轴上的投影,*I*,*J*,*K* 为零时可省略。

④ *F* 规定了刀具沿圆弧切向的进给速度。

(2)用 *R* 表示的圆弧插补

在 *XY* 平面上:G17 G02 X__Y__R__F__ ;

　　　　　或　G17 G03 X__Y__R__F__ ;

在 *XZ* 平面上:G18 G02 X__Z__R__F__ ;

　　　　　或　G18 G03 X__Z__R__F__;

在 *YZ* 平面上：G19 G02 Y__Z__R__F__；

或 G19 G03 Y__Z__R__F__；

用圆弧半径 R 编程时，数控系统为满足插补运算需要，规定当所插补圆弧小于 180°时，用正号编制半径程序，当圆弧大于 180°时，用负号编制半径程序。

4. 可设定的零点偏置 G54～G59

可设定的零点偏置给出工件零点在机床坐标系中的位置。当工件装夹到机床上后求出偏移量，并通过操作面板输入到规定的数据区。程序可以通过选择相应的 G 功能 G54～G59 激活此值。如图 10－24 所示。

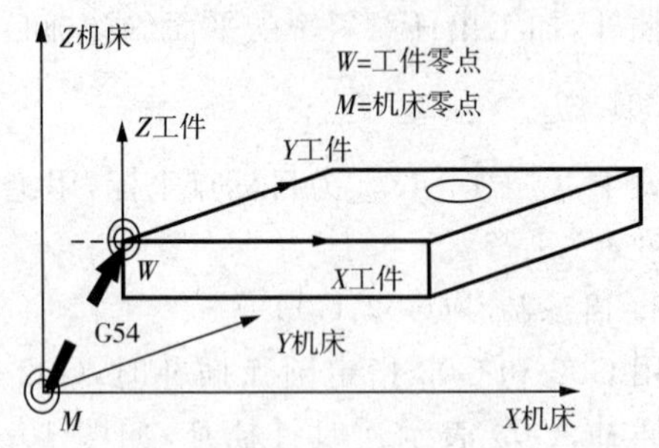

图 10－24 可设定的零点偏置

5. 刀尖半径补偿(G40,G41,G42)

在编制轮廓切削加工场合，一般以工件的轮廓尺寸为刀具编程轨迹，这样编制加工程序简单，即假设刀具中心运动轨迹是沿工件轮廓运动的，而实际的刀具运动轨迹应与工件有一个偏移量(即刀尖半径)，如图 10－25 所示。利用刀具半径补偿功能可以方便地计算出实际刀具中心轨迹，机床可以自动判断补偿的方向和补偿值，自动计算出实际刀具中心轨迹，并按刀具中心轨迹运动。

G40 为刀具补偿取消指令，G41 为刀具左补偿指令，G42 为刀具右补偿指令。左补偿指令 G41 是沿刀具前进的方向观察，刀具偏工件轮廓的左边，而 G42 则偏右边。如图 10－26 所示。

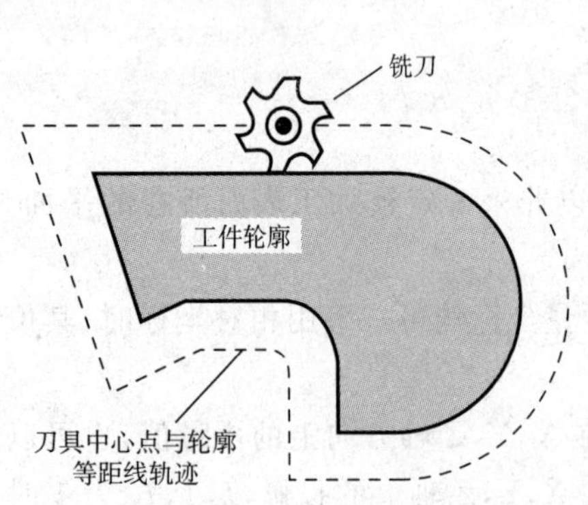

图 10－25 刀尖半径补偿

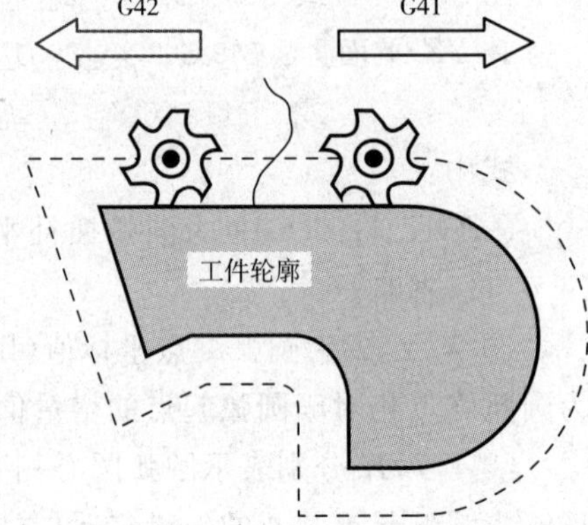

图 10－26 G41、G42 补偿方向判别

编程格式为：

G41 X __ Y__；(在工件轮廓左边刀补)

G42 X __ Y__；(在工件轮廓右边刀补)

G40 X __ Y__；(取消刀尖半径补偿)

注意：

(1)刀具补偿过程中，刀具补偿地址 D 中的半径值必须与 G41/G42 一起执行方能

生效。

(2)只有在线性插补时(G00、G01)才可以进行 G41/G42 的选择。

(3)刀具半径补偿的过程分三步,即刀补的建立:刀具中心从与编程轨迹重合过渡到与编程轨迹偏离一个偏置量的过程;刀补进行,即执行有 G41、G42 指令的程序段后,刀具中心始终与编程轨迹相距一个偏置量;刀补得取消,即刀具离开工件,刀具中心轨迹要过渡到与编程轨迹重合的过程。

(4)G40 必须和 G41 或 G42 成对使用。

6. 刀具长度补偿(G43、G44、G49)

加工工件常用几把刀,且长度一般都不相同,改变程序比较麻烦,故先通过 MDI 面板输入,将编程时的刀具长度和实际使用的刀具长度之差设定于刀具偏置存储器中(H001～400)。用刀具长度补偿功能补偿这个差值而不用修改程序。如图 10－27 所示。

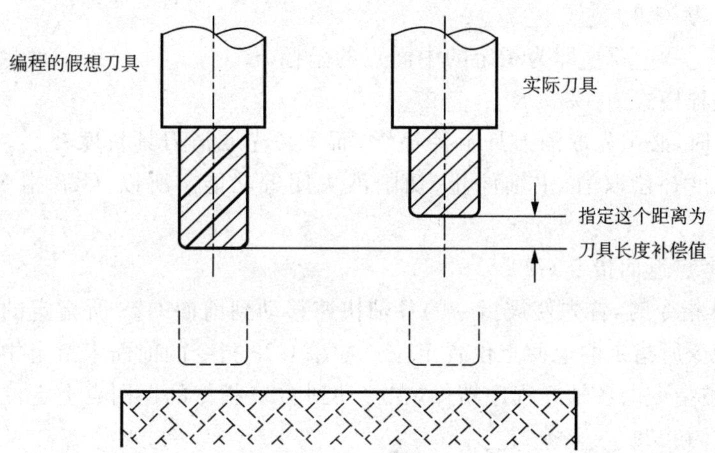

图 10－27　刀具长度补偿

G43 为刀具长度正补偿指令,G44 为刀具长度负补偿指令,G49 为取消刀具长度补偿指令。其编程格式为:

G43　Z __ H__;(正补偿,刀具上升)
G44　Z __ H__;(负补偿,刀具下降)

式中的 H__为指定刀具长度补偿值的地址。

例:(H001＝100)

```
N01   G28 Z0 T05 M06 ;
N02   G90 G92 Z0 ;
N03   G43 Z5 H01 ;
N04   G01 Z－50 F300 ;
N05   G49 ;
```

7. 返回参考点(G27、G28、G29)

(1)返回参考点检查 G27

G27 用于检查刀具是否已经正确地返回到程序中指定的参考点。如果刀具已经正确地沿着指定轴返回到参考点，该轴的指示灯亮。如果指示灯不亮，则说明程序中所给的指令有错误或机床定位误差过大。

编程格式为：G27 X__ Y__ Z__；

式中的 X__ Y__ Z__即为指定的参考点的坐标。

应用 G27 指令时应注意以下几点：

① 执行 G27 指令的前提是机床在通电后必须返回过一次参考点（手动返回或 G28 指令返回）

② 使用 G27 指令时，必须先取消刀具长度和半径补偿，否则会发生不正确的动作。

(2)自动返回参考点指令 G28

执行 G28 指令时，各轴快速移动到指令值所指定的中间点位置，然后自动返回到参考点定位。

编程格式为：G28 X__ Y__ Z__；

式中的 X__ Y__ Z__即为指定的中间点的坐标。

在使用编程格式为：G28 X__ Y__ Z__；

G28 指令时，必须先取消刀具半径补偿，而不必先取消刀具长度补偿。因为 G28 指令包括刀具长度补偿取消、主轴停止、切削液关闭等功能。所以，G28 指令常用于自动换刀。

(3)从参考点返回指令 G29

执行 G29 指令时，首先使被指令的各轴快速移动到前面 G28 所指定的中间点，然后再移动到被指令所指定的返回点位置定位。如果 G29 指令的前面未指定中间点，则执行 G29 指令时，被指令的各轴经程序零点，在移动到 G29 指令的返回点上定位。

编程格式为：G29 X__ Y__ Z__；

式中的 X__ Y__ Z__即为指定的返回点的坐标。

通常 G28 和 G29 指令应配合使用，使机床换刀后直接返回加工点，而不必计算中间点与参考点之间的实际距离。

8. 设定工件坐标系指令 G92

G92 指令是将工件原点设定在相对于刀具起始点的某一空间点上。

编程格式：G92 X__ Y__ Z__；

式中的 X__ Y__ Z__即为刀具的起始点在工件坐标系中的坐标值。

若程序格式为　G92 XaYbZc；

则将工件原点设定到距刀具起始点距离为 $X=-a$，$Y=-b$，$Z=-c$ 的位置上。

9. 子程序调用和结束指令(M98、M99)

在程序中含有某些固定顺序或重复出现的区域时，作为子程序存入贮存器以简化程序编程。M98 为主程序调用子程序指令，M99 为子程序返回主程序指令。

```
O××××；
.
.
.
```

```
M99;
```

调用子程序格式：

```
M98  P×××  ××××;
```

式中：P 后面的前 3 位为重复调用次数，省略时为调用 1 次，后 4 位为子程序程序号。

10.4.4　数控铣床编程实例

【例题 1】 已知主轴转速为 1000 r/min，刀具进给速度为 150 mm/min，铣刀直径为 10mm，一次下刀 8mm。要求编写图 10－28 中 8mm 深凹槽的数控铣削加工程序。

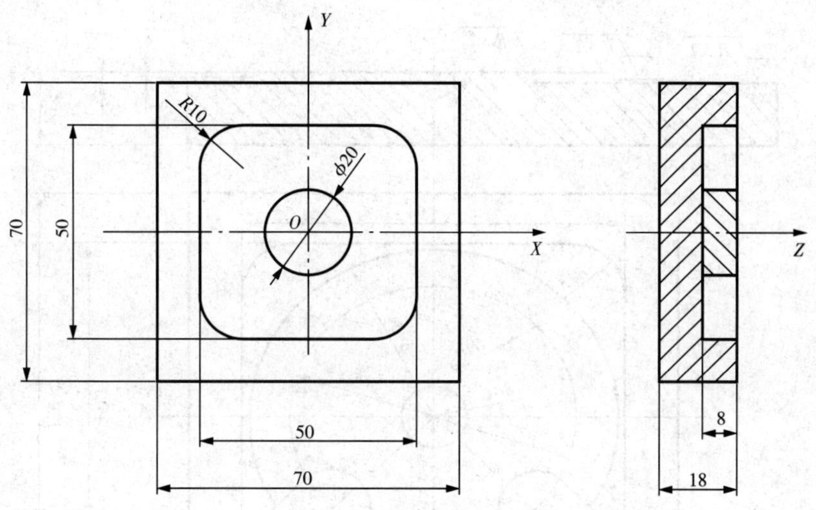

图 10－28　深凹槽铣削加工零件图

其参考程序如下：

```
O1963;
N01  G92 X0 Y0 Z40 ;
N02  M03 S1000 ;
N03  G00 X－50 Y－50 ;
N04  G42 G01 X－25 Y0 D01 F150 ;
N05  G01 Z－8 ;
N06       Y15;
N07  G02 X－15 Y25 R10 ;
N08  G01 X15 ;
N09  G02 X25 Y15 R10 ;
N10  G01 Y－15 ;
N11  G02 X15 Y－25 R10 ;
N12  G01 X－15 ;
N13  G02 X－25 Y－15 R10 ;
N14  G01 Y0 ;
```

```
N15  G02 X-10 Y0 R7.5 ;
N16  G03 I 10 ;
N17  G02 X-25 Y0 R7.5 ;
N18  G01 Z20 ;
N19  G40 G00 X0 Y0 D01 ;
N20  M30 ;
```

【例题 2】 已知立铣刀(T01)的直径为20mm,钻头(T02)的直径为16mm,毛坯的材料为铝块,毛坯尺寸为:120mm × 120mm × 20mm,要求按图10-29编写数控铣削加工程序。

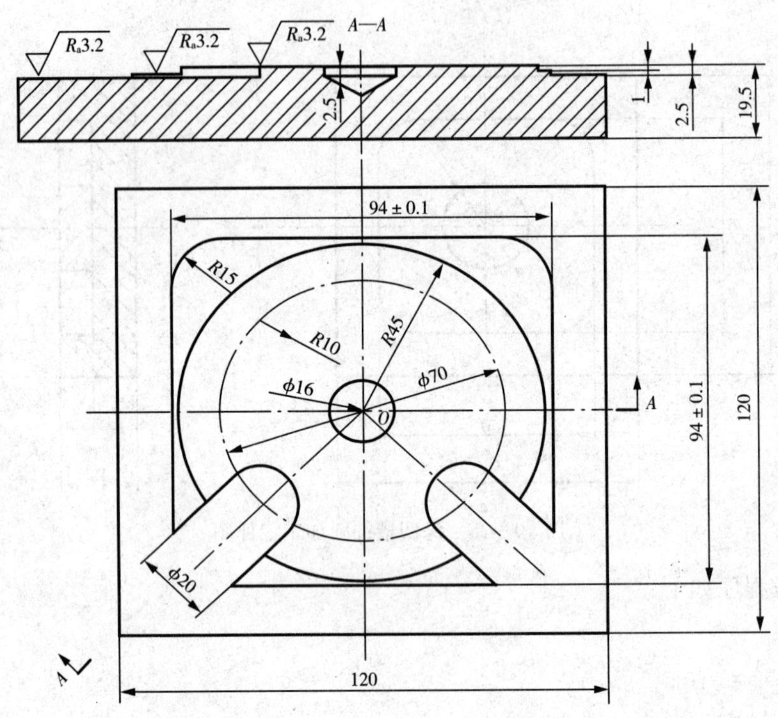

图 10-29 数控铣加工零件图

其参考程序如下:

主程序(程序 1):

```
%
O1964;
N10  G17G54G40G49G15G80G21 ;
N20  G91G28Z0 ;
N30  T1M6 ;
N35  M01 ;
/N38  M08 ;
N40  M03S800 ;
```

```
N50  G90G43G00Z50H01 ;
N60  X0Y0;
N70  G42X75Y47D01 ;
N80  Z-3;
N90  G01X-32F300 ;
N100  G03X-47Y32R15F200 ;
N110  G01Y-47F300 ;
N120  X47;
N130  Y32;
N140  G03X32Y47R15F200 ;
N150  G01X-75F300 ;
N160  G00Z50 ;
N170  G40X0Y0 ;
N180  G16 ;
N190  X98Y225;
N200  Z-3;
N210  G01X35 ;
N220  G00Z50 ;
N230  X98Y315;
N240  Z-3;
N250  G01X35 ;
N260  G00Z50 ;
N270  G15 ;
N280  X0Y0;
N290  G42X60Y45D01 ;
N300  Z-2;
N310  G01X0 ;
N320  G03J-45F200 ;
N330  G01X-60F300 ;
N340  G00Z50 ;
N350  G40X0Y0 ;
N360  X60Y39;
N370  Z-0.5;
N380  G91M98P31990 ;
N390  G90 G00Z50 ;
/N395  M09 ;
N400  M05 ;
N410  G91G28Z0 ;
N420  T2M6 ;
```

```
N425  M01 ;
/N428  M08 ;
N430  M03S300 ;
N440  G90G43G00Z50H02 ;
N450  X0Y0;
N460  G98G81Z-7R5F50 ;
N470  G80 ;
/N475  M09 ;
N480  M5 ;
N490  G28Z50 ;
N500  G28X0Y0 ;
N510  G49 ;
N520  M30 ;
```

子程序(程序 2):

```
%
O1990;
N10  G01X-120F300 ;
N20  G00Y-16 ;
N30  G01X120 ;
N40  G00Y-16 ;
N50  M99 ;
```

【实训安排】

时间		内容
第一天	3 小时	讲课: (1)数控车安全知识及实训要求; (2)数控车的编程
	3 小时	讲课及示范: (1)机床操作面板介绍; (2)零件加工过程演示; (3)学生轮流熟悉面板按钮及练习对刀
第二天	6 小时	每位学生自行设计一个简单的回转体零件,并独立完成其加工
第三天	6 小时	每位学生自行设计一个比较复杂的数控车综合件,并独立完成其加工
第一天	3 小时	讲课: (1)数控铣的安全知识及实训要求; (2)数控铣的编程

（续表）

时　间		内　容
第一天	3 小时	讲课及示范： (1)机床操作面板介绍； (2)零件加工过程演示； (3)学生轮流熟悉面板按钮及练习对刀
第二天	6 小时	每位学生自行设计一个简单的数控铣零件，并独立完成其加工
第三天	6 小时	每位学生自行设计一个比较复杂的数控铣综合件，并独立完成其加工

复习思考题

10－1　数控机床有何特点？简述数控机床的组成及部分作用。

10－2　简述数控机床程序编制的内容和步骤。

10－3　何谓数控机床的机床零点、工件零点、编程零点？

10－4　何谓模态指令？它和非模态指令有何区别？试举例说明。

10－5　已知一条直线的起点坐标为(30,－20)，终点坐标为(10,20)，试写出 G90 和 G91 状态下的直线插补程序。

10－6　你在实习中所用的数控车床型号是_________。试编制下图零件数控车精加工程序，图 a 中零件外圆 ϕ64、图 b 中外圆 ϕ60 及图 c 中外圆 ϕ40 均不加工。

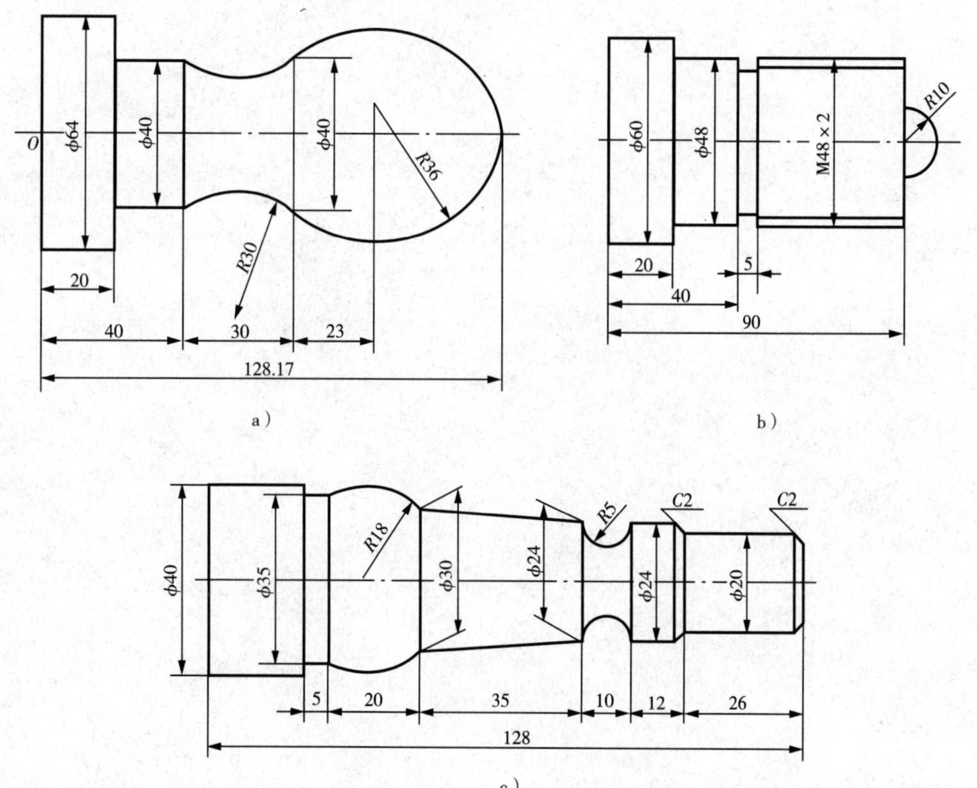

a）　b）　c）

10-7　你在实习中所用的数控铣床型号是________。试编制下图零件数控铣的加工程序。

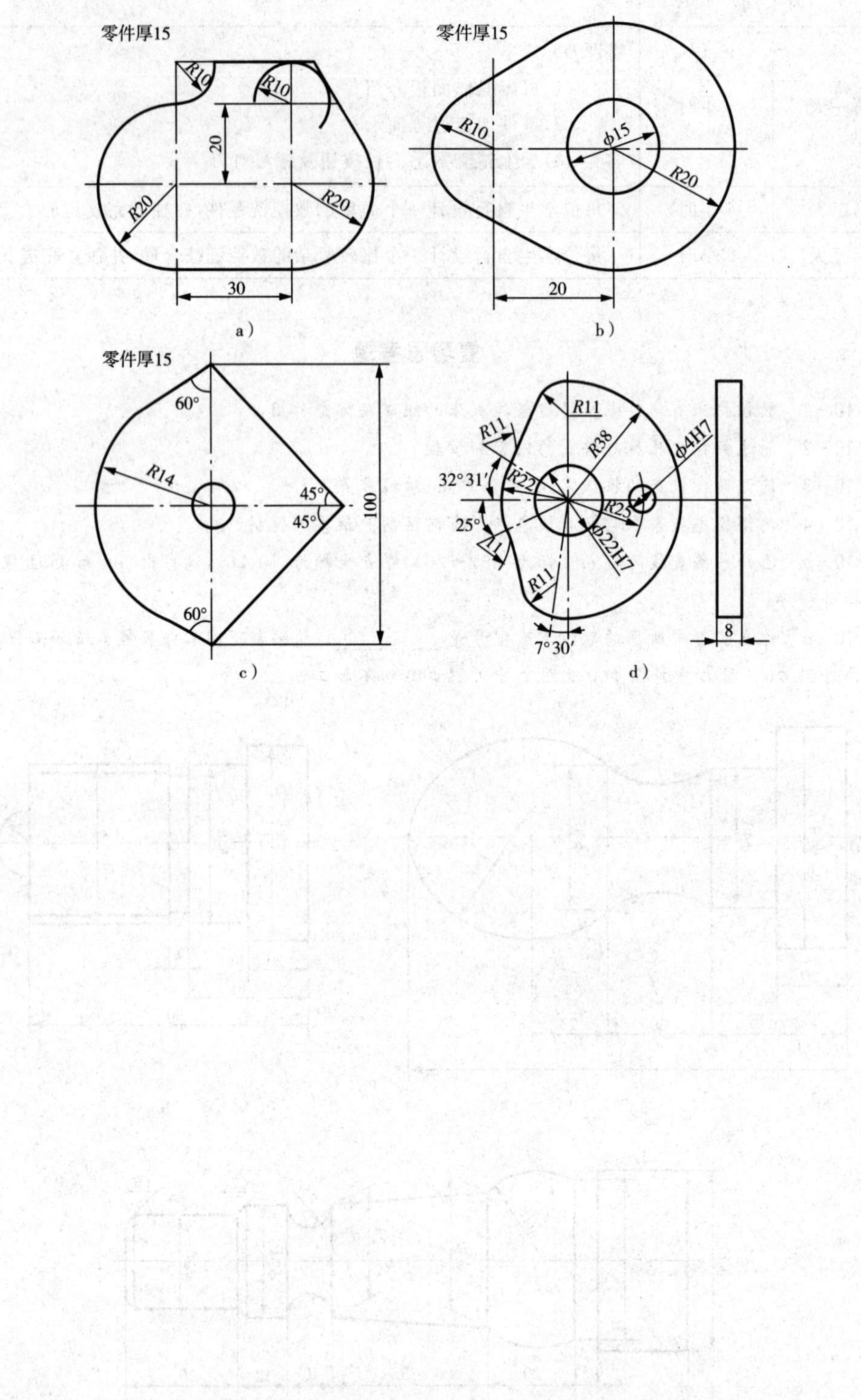

第 11 章　特种加工简介

【实训要求】

(1)了解特种加工的概念、分类及其特点。

(2)了解常用特种加工方法(电火花线切割加工、激光加工等)的工作原理、特点及其应用。

【安全文明生产】

1. 电火花加工安全知识

电火花加工除了必须遵守一般实训安全操作技术规范外,还应注意以下几点:

(1)电火花加工机床尽管自动化程度较高,但其电源并非无人操作类机床电源,故加工时不要擅自离开机床。

(2)切勿将非导电物体,包括锈蚀的工件或电极装上机床进行加工,否则会损坏电源。

(3)放电加工时有火花产生,需注意防火。进行电火花成型加工时,应开启液温、液面、火花监视器。

(4)线切割加工时进给速度不要太快(即单位时间切割向积不要太大),否则既影响加工质量,又易引起断丝。

(5)加工中不要用手或其他物体去触摸工件或电极。

(6)尽管电加工机床具有较好的绝缘性能,但应注意某些元器件或零部件腐蚀后,可能会引起漏电事故。

(7)机床使用后必须清理擦拭干净,以免造成机床零部件的腐蚀。

2. 激光加工安全知识

(1)由于激光人眼看不见,激光的光路系统应尽可能全部封闭,且设置于较高位置,特别是外光路系统应用金属管封闭传递,以防止对人体的直接照射。

(2)激光加工工作台应采用玻璃等防护装置,以防止反射光。激光加工场地应设有栅栏、隔墙和屏风等,防止无关人员进入加工区。

(3)操作时必须佩戴对激光不透明的防护眼镜,尽量穿白色的工作服,以减少激光温反射的影响。

(4)在激光加工区不要存放易爆、易燃物品,如氧气瓶等。激光加工室应放置灭火器材,防止在切割过程中火灾发生时的紧急处理。

【讲课内容】

特种加工是直指接利用电能、化学能、电化学能、声能、光能等进行加工的方法。它主要用于加工难切削材料(如高强度、高韧性、高硬度、高脆性、耐高温、磁性材料等)以及精密细小和形状复杂的零件。在航天、电子、轻工等部门以及电机、电器、仪表、汽车和拖拉机等行业中,已成为不可缺少的加工方法。

特种加工与传统的切削加工相比有如下特点:

◆ 工具的硬度可以低于被加工材料的硬度,因此可加工超硬的、耐热的、高熔点的金属以及软的、脆的非金属材料。

◆ 在加工过程中,工具和工件间不存在显著的切削力,因此可加工细微表面(如窄缝和小孔)和柔性零件(如细长轴、薄壁件和弹性元件等),能获得较好的表面质量,热应力、残余应力、冷作硬化、热影响区以及毛刺均较小。

◆ 能用简单的运动加工复杂的型面。

特种加工是近几十年发展起来的新工艺,目前仍在继续研究和发展,种类较多,这里只简略介绍电火花加工、激光加工等。

11.1 电火花线切割加工

电火花线切割加工(Wire Cut Electrical Discharge Machining,简称 WEDM)是用线状电极(钼丝或铜丝)靠火花放电对工件进行切割,故称为电火花线切割,有时简称线切割。电火花线切割是电火花加工的一种,根据走丝速度可分为快走丝和慢走丝两种。快走丝又称高速走丝,一般走丝速度是 8m/s~10m/s,这是我国生产和使用的主要机种,也是我国独创的电火花线切割加工模式;慢走丝又称为低速走丝,一般走丝速度是 10m/min~14m/min,这是国外生产和使用的主要机种,我国也已生产和逐步更多地采用慢走丝机床。

11.1.1 电火花线切割加工的基本原理

电火花加工是利用电能和热能进行加工的方法,国外称为放电加工。

电火花线切割加工的基本原理如图 11-1 所示。被切割的工件接脉冲电源的正极,电极丝接脉冲电源的负极,当来一个电脉冲时,在电极丝和工件之间可能产生一次火花放电,在放电通道中心温度瞬时可高达 10000℃~12000℃,高温使工件局部金属熔化,甚至有少量汽化,高温也使电极丝和工件之间的工作液部分产生气化,这些汽化后的工作液和金属蒸气瞬间迅速热膨胀,并具有爆炸的特性。靠这种热膨胀和局部微爆炸,抛出熔化和气化了的金属材料而对工件材料进行电蚀切割加工。

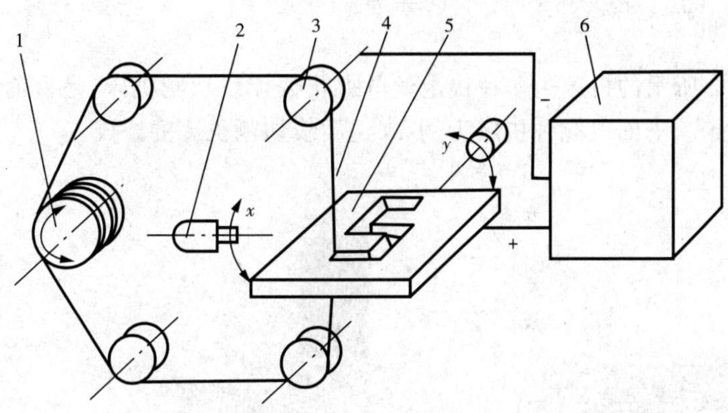

图 11-1　电火花线切割加工原理图

1—贮丝筒；2—工作台驱动电动机；3—导轮

4—线状电极；5—工件；6—脉冲电源

11.1.2　电火花线切割加工的特点

◆ 不需制造成形电极，用简单的电极丝即可对工件进行加工。

◆ 由于电极丝比较细，可以加工微细异形孔、窄缝和复杂形状的工件。

◆ 能加工各种冲模、凸轮、样板等外形复杂的精密零件。

◆ 由于切缝很窄，切割时只对工件材料进行“套料”加工，故余料还可以利用。

◆ 自动化程度高，操作方便，劳动强度低。

◆ 与一般切削加工相比，电火花线切割加工的金属去除率低，因此加工成本高，不适合形状简单的大批量零件的加工。

◆ 电火花线切割不能加工非导电材料。

11.1.3　电火花线切割加工的适用范围

1. 模具加工

适用于加工各种形状的冲模。调整不同的间隙补偿量，只需一次编程就可以切割凸模、凸模固定板、凹模及卸料板等。

2. 加工特殊材料

对于某些高硬度、高熔点的金属材料，用传统的切割加工方法几乎是不可能的，采用电火花线切割加工既经济，质量又好。

3. 加工形状复杂的工件

对于加工窄缝、曲率半径小的过渡圆角、形状复杂的零件，利用电火花线切割加工非常方便。

11.1.4 电火花线切割机床的组成

如图 11-2 所示的机床为一种快走丝电火花数控线切割机床，是目前国内使用最广泛的线切割机床。下面以此种机床为例，来说明线切割机床的组成。

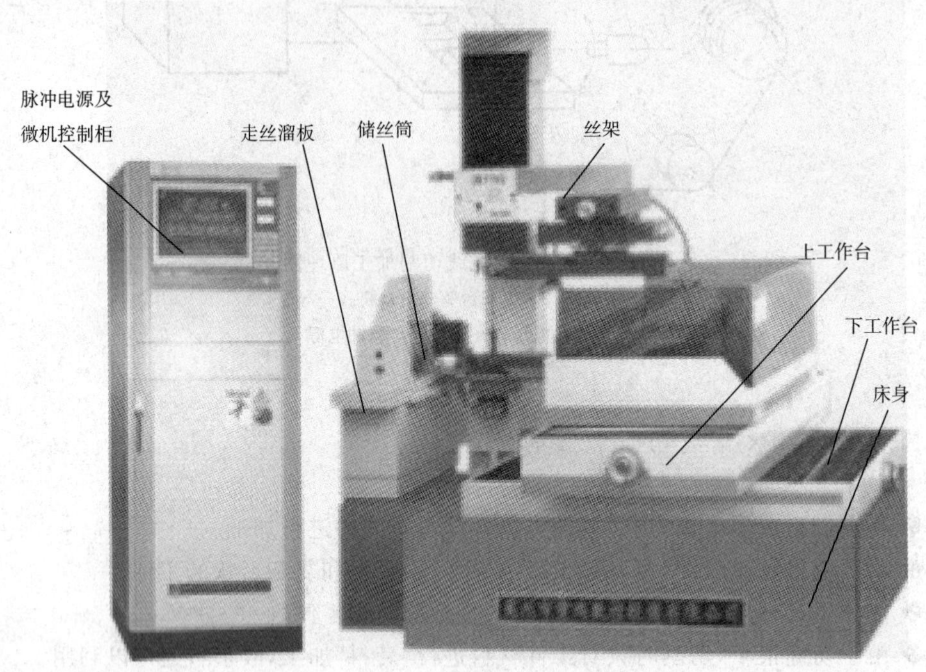

图 11-2 快走丝电火花数控线切割机床

快走丝电火花数控线切割机床主要由机床本体、脉冲电源、微机控制装置、工作液循环系统等部分组成。

1. 机床本体

机床本体由床身、运丝机构、工作台及丝架等组成。

(1)床身。床身通常为铸铁件，是机床的支撑体，上面装有工作台、丝架、运丝机构，其结构为箱式结构，内部装有机床电器及工作液循环系统。

(2)运丝机构。电动机通过联轴器带动储丝筒交替作正、反向转动，钼丝整齐地排列在储丝筒上，并通过丝架导轮作往复高速移动(线速度为 8m/s～10m/s)。

(3)工作台。工作台用来装夹工件，分上下两层，分别与 X、Y 向丝杠相连，由两个步进电机分别驱动。步进电机每接收到计算机发出的一个脉冲信号，其输出轴就旋转一个步距角，再通过一对变速齿轮带动丝杠转动，从而使工作台在相应的方向上移动 0.001mm。

(4)丝架。丝架的作用主要是在电极丝按给定线速度运动时，对电极丝起支撑作用，并使电极丝工作部分与工作台平面保持一定的几何角度。

2. 脉冲电源

脉冲电源又称高频电源，其作用是把普通的 50Hz 交流电转换成高频率的单向脉冲电压。加工时，电极丝接脉冲电源负极，工件接正极。

3. 微机控制装置

微机控制装置的作用主要是轨迹控制和加工控制。电火花线切割机床的轨迹控制系统曾经历过靠模仿形控制、光电仿形控制，现已普遍采用数字程序控制，并已发展到计算机直接控制阶段。加工控制包括进给控制、短路回退、间隙补偿、图形缩放、旋转和平移、适应控制、自动找中心、信息显示、自诊断功能等。其控制精度为±0.001mm，加工精度为±0.01mm。

4. 工作液循环系统

工作液循环系统由工作液、工作液箱、工作液泵和循环导管组成。工作液起绝缘、排屑和冷却的作用。每次脉冲放电后，工件与电极丝（钼丝）之间必须迅速恢复绝缘状态，否则脉冲放电就会转变成稳定持续的电弧放电，影响加工质量。在加工过程中，工作液可把加工过程中产生的金属颗粒迅速地从电极之间冲走，使加工顺利进行，工作液还可冷却受热的电极丝和工件，防止工件变形。

11.1.5　数控电火花线切割编程简介

1. 线切割基本编程方法

目前我国数控线切割机床常用的程序格式有符合国际标准的 ISO 格式（G 代码）和我国自己开发的 3B、4B、5B 格式。下面重点介绍 ISO 格式（G 代码）编程，同时对 3B 格式编程也作简要的介绍。

(1)ISO 格式（G 代码）编程

数控线切割机床的 ISO 格式（G 代码）与数控车、数控铣和加工中心的代码类似，其程序段格式为

N×××G××X××××××Y××××××I××××××J××××××

其中：N——程序段号，×××为 1～4 位数字序号；

G——准备功能，其后的两位数字××表示不同的功能，见表 11－1；

X、Y——直线或圆弧终点的坐标值，以 μm 为单位，其后为 1～6 位数；

I、J——圆弧的圆心相对圆弧起点的坐标增量，以 μm 为单位，其后为 1～6 位数。

表 11－1　数控线切割机床常用的 ISO 指令代码

代　码	功　能	代　码	功　能
G00	快速定位	G55	加工坐标系 2
G01	直线插补	G56	加工坐标系 3
G02	顺圆插补	G57	加工坐标系 4

(续表)

代 码	功 能	代 码	功 能
G03	逆圆插补	G58	加工坐标系 5
G05	*X* 轴镜像	G59	加工坐标系 6
G06	*Y* 轴镜像	G80	接触感知
G07	*X*、*Y* 轴交换	G82	半程移动
G08	*X* 轴镜像,*Y* 轴镜像	G84	微弱放电找正
G09	*X* 轴镜像,*X*、*Y* 轴交换	G90	绝对坐标
G10	*Y* 轴镜像,*X*、*Y* 轴交换	G91	相对坐标
G11	*Y* 轴镜像,*X* 轴镜像,*X*、*Y* 轴交换	G92	定起点
G12	清除镜像	M00	程序暂停
G40	取消间隙补偿	M02	程序结束
G41	左偏间隙补偿,D 偏移量	M05	接触感知解除
G42	右偏间隙补偿,D 偏移量	M96	主程序调用文件程序
G50	消除锥度	M97	主程序调用文件结束
G51	锥度左偏,A 角度值	W	下导轮到工作台面高度
G52	锥度右偏,A 角度值	H	工作厚度
G54	加工坐标系 1	S	工作台面到上导轮高度

(2)3B 格式编程

3B 格式相对于 ISO 格式(G 代码)来说,功能少,兼容性差,只能用相对坐标而不能用绝对坐标编程,但其针对性强,通俗易懂,且被我国许多快走丝线切割机床生产厂家采用。其编程格式为:

BxByBJGZ

其中:B——分隔符,用来区分、隔离 x,y 和 J 等数码,B 后的数字若为零,则此零可省略不写;

x,y——直线的终点或圆弧的起点坐标值,均取绝对值,以 μm 为单位;

J——计数长度,以 μm 为单位;

G——计数方向,分为 Gx 和 Gy,分别代表按 x 和 y 方向计数,工作台在该方向每走 1μm,计数长度 J 即累减 1,当累减到 J=0,则该段程序加工结束;

Z——加工指令,分为直线 L 与圆弧 R 两大类,并各自按不同的情况进一步细分为具体指令。

3B 格式编程容易、使用方便,具体编程方法可参阅机床编程说明书或有关文献。

2. 线切割编程实例

如图 11-3 所示凸模零件，用 ϕ0.14mm 电极丝加工，取单边放电间隙为 0.01mm，编制凸模线切割加工程序（假设图中尺寸为平均尺寸）。首先按平均尺寸绘制凸模刃口轮廓图，建立如图 11-3 所示坐标系，用 CAD 绘图（或计算）求出节点坐标值；取 O 点为穿丝点，加工顺序为 $O-A-B-C-D-E-F-G-H-I-J-A-O$；计算凸模间隙补偿量 $R=(0.14/2+0.01)=0.08$(mm)。

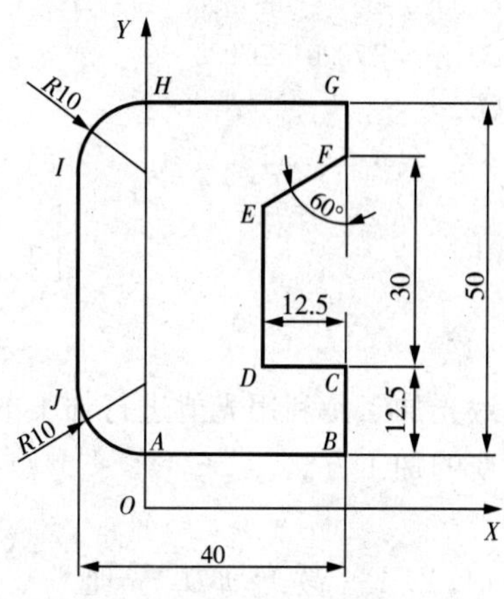

图 11-3　凸模零件图

ISO 格式加工程序如下：

```
T84 T86 G90 G92 X0 Y0 ;
G42 D80;
G01 X0 Y8000;
G01 X30000 Y8000;
G01 X30000 Y20500;
G01 X17500 Y20500;
G01 X17500 Y43283;
G01 X30000 Y50500;
G01 X30000 Y58000;
G01 X0 Y58000;
G03 X-10000 Y48000 I0 J-10000 ;
G01 X-10000 Y33000;
G01 X-10000 Y18000;
G03 X0 Y8000 I10000 J0;
G40;
G01 X0 Y0;
T85 T87 M02 ;
```

3B 格式加工程序如下：

```
B0      B7920   B7920   G Y L2
B30080  B0      B30080  G X L1
B0      B12660  B12660  G Y L2
B12500  B0      B12500  G X L3
B0      B22657  B22657  G Y L2
B12500  B7217   B12500  G X L1
B0      B7626   B7626   G Y L2
B30080  B0      B30080  G X L3
B0      B10080  B10080  G Y NR2
B0      B15000  B15000  G Y L4
B0      B15000  B15000  G Y L4
```

B10080 B0 B10080 G X NR3

B0 B7920 B7920 G Y L4

DD

11.2 激光加工

激光加工是利用光能进行加工的方法,是20世纪60年代激光技术发展以后形成的一种新的加工方法。

11.2.1 激光加工原理

激光是一种受激辐射的强度非常高、方向性非常好的单色光,通过光学系统可以使它聚焦成一个极小的光斑(直径为几微米到几十微米),从而获得极高的能量密度和极高的温度(10000℃以上)。当激光聚焦在被加工表面时,光能被加工表面吸收并转换成热能,使工件材料在千分之几秒时间内熔化和气化或改变物质性能,以达到加工或使材料局部改性的目的。

图11-4为激光加工装置图。激光加工机包括激光器、电源、光学系统和机械系统等四个部分。其中激光器是最主要的部件。激光器按照所用的工作物质可分为固体激光器、气体激光器、液体激光器和半导体激光器四种。

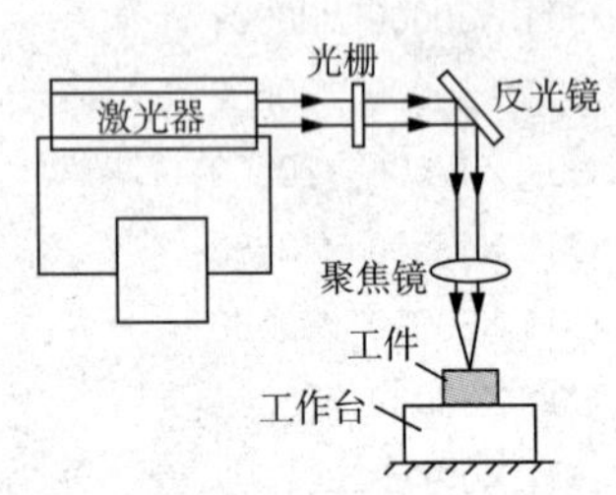

图11-4 激光加工装置图

11.2.2 激光加工的特点

(1)激光加工不需要加工工具,所以不存在工具损耗的问题。同时也不存在断屑、排屑的麻烦。这对高度自动化的生产系统非常有利。国外已在柔性制造系统中采用激光加工机床。

(2)激光加工功率密度高,因而几乎能加工所有的材料(不像电火花加工要求材料具有导电性),如金属、陶瓷、石英、金刚石、橡胶等。即使是玻璃等透明材料,在采取色化和打毛措施后仍能加工。

(3)因激光能聚焦成极细的光束,所以能加工深而小的微孔和窄缝(直径或宽度仅几微米),适合于精微加工。

(4)激光加工速度快、效率高,热影响区小,加工精度高(孔的尺寸精度可达$\pm 3\mu m$)。

(5)激光加工不存在明显的切削力,可加工低刚度的薄壁零件。

(6)激光可透过透明材料(如玻璃)对工件进行加工,这对某些特殊情况(如工件只能在真空环境中加工)是十分方便的。

(7)激光加工技术高精、复杂,设备价格昂贵。更大功率的激光器尚在试验研究阶段。

11.2.3　激光加工应用

1. 激光打孔

激光打孔是激光加工中应用最广的。激光打孔速度快、效率高,可打很小的孔和在超硬材料上打孔。目前激光打孔已广泛应用于金刚石拉丝模、钟表宝石轴承、陶瓷、玻璃等非金属材料和硬质合金、不锈钢等金属材料的小孔加工。对于激光打孔,激光的焦点位置对孔的质量影响很大,如果焦点与加工表面之间距离很大,则激光能量密度显著减小,不能进行加工。如果焦点位置在被加工表面的两侧偏离 1mm 左右时可以进行加工,此时加工出孔的断面形状随焦点位置不同而发生显著的变化。加工面在焦点和透镜之间时,加工出的孔是圆锥形;加工面和焦点位置一致时,加工出的孔的直径上下基本相同;当加工表面在焦点以外时,加工出的孔呈腰鼓形。激光打孔不需要工具,不存在工具损耗问题,适合于自动化连续加工。

2. 激光切割

激光切割的原理与激光打孔基本相同。不同的是,工件与激光束要相对移动。激光切割不仅具有切缝窄、速度快、热影响区小、省材料、成本低等优点,而且可以在任何方向上切割,包括内尖角。目前激光已成功地用于切割钢板、不锈钢、钛、钽、镍等金属材料以及布匹、木材、纸张、塑料等非金属材料。

3. 激光雕刻

激光雕刻所需能量密度较低,装工件的工作台由二坐标数控系统传动。激光雕刻一般用于印染行业及美术作品。

4. 激光焊接

激光焊接与激光打孔的原理稍有不同,焊接时不需要那么高的能量密度使工件材料气化蚀除,而只要将工件的加工区烧熔使其黏合在一起。因此,激光焊接所需要的能量密度较低,通常可用减小激光输出功率来实现。

激光焊接有下列优点:

(1)激光照射时间短,焊接过程迅速,它不仅有利于提高生产率,而且被焊材料不易氧化,热影响区小,适合于对热敏感性很强的材料焊接。

(2)激光焊接既没有焊渣,也不须去除工件的氧化膜,甚至可以透过玻璃进行焊接,特别适宜微型机械和精密焊接。

(3)激光焊接不仅可用于同种材料的焊接,而且还可用于两种不同的材料焊接,甚至可以用于金属和非金属之间的焊接。

5. 激光热处理

用大功率激光进行金属表面热处理是近几年发展起来的一项崭新工艺。激光金属硬化处理的作用原理是,照射到金属表面上的激光能使构成金属表面的原子迅速蒸发,由此产生的微冲击波会导致大量晶格缺陷的形成,从而实现表面的硬化。激光处理法比高温炉处理、化学处理以及感应加热处理有更多独特的优点，如快速、不需淬火介质、硬化均匀、变形小、硬度高达 60HRC 以上、硬化深度可精确控制等。

【实训安排】

时间		内容
第一天	0.5 小时	讲解及示范 (1)电火花线切割加工安全知识及实训要求 (2)电火花线切割加工有关基础知识及编程
	2.5 小时	学生分组独立操作
	0.5 小时	讲解及示范 (1)激光加工安全知识及实训要求 (2)激光加工有关基础知识
	2.5 小时	学生分组独立操作

复习思考题

11-1　什么是特种加工？它与传统切削加工比较有何特点？

11-2　你在实习中见过的特种加工设备有哪些？各自应有场合如何？

11-3　简述电火花线切割加工的原理。

11-4　分别用 G 代码和 3B 代码对下图零件进行编程并加工(加工路线按图中 1 至 8 进行，1 为切入段，8 为切出段)。

清华 P282

11-5　简述激光加工的原理。